国家出版基金项目
NATIONAL PUBLICATION FOUNDATION

"十二五""十三五"国家重点图书出版规划项目

风力发电工程技术丛书

风力机
原理

赵振宙　王同光　郑源　编著

U0280890

中国水利水电出版社
www.waterpub.com.cn
·北京·

内 容 提 要

本书是《风力发电工程技术丛书》之一，主要介绍了风力机的发电原理。全书主要内容包括风电场的概念，风的威布尔分布、瑞利分布以及风电场的规划与选址；风力机的分类以及风力机主要部件的工作原理；风轮的基本理论，包括 Betz 理论、叶素理论、涡流理论；风轮的空气动力学运行原理；风力机的结构设计；垂直轴风力机的运行原理；风力机的发电运行，包括风力发电系统和并网运行；风力机的运行和维护技术。本书还介绍了三种其他类型风轮的应用原理。

本书适合作为高等院校相关专业的教学、参考用书，也可为风力发电的专业人员在风力发电机组方面的学习提供参考。

图书在版编目（ＣＩＰ）数据

风力机原理 / 赵振宙，王同光，郑源编著. -- 北京：
中国水利水电出版社，2016.1(2023.8重印)
（风力发电工程技术丛书）
ISBN 978-7-5170-4214-3

Ⅰ．①风… Ⅱ．①赵… ②王… ③郑… Ⅲ．①风力发
电机 Ⅳ．①TM315

中国版本图书馆CIP数据核字(2016)第063620号

书　　名	风力发电工程技术丛书 **风力机原理** FENGLIJI YUANLI	
作　　者	赵振宙　王同光　郑源　编著	
出版发行	中国水利水电出版社 （北京市海淀区玉渊潭南路1号D座　100038） 网址：www.waterpub.com.cn E-mail：sales@mwr.gov.cn 电话：(010) 68545888（营销中心）	
经　　售	北京科水图书销售有限公司 电话：(010) 68545874、63202643 全国各地新华书店和相关出版物销售网点	
排　　版	中国水利水电出版社微机排版中心	
印　　刷	天津嘉恒印务有限公司	
规　　格	184mm×260mm　16 开本　17.5 印张　415 千字	
版　　次	2016 年 1 月第 1 版　2023 年 8 月第 3 次印刷	
印　　数	4001—5000 册	
定　　价	**62.00 元**	

主要参编单位 （排名不分先后）

河海大学

中国长江三峡集团公司

中国水利水电出版社

水资源高效利用与工程安全国家工程研究中心

华北电力大学

水电水利规划设计总院

水利部水利水电规划设计总院

中国能源建设集团有限公司

上海勘测设计研究院

中国电建集团华东勘测设计研究院有限公司

中国电建集团西北勘测设计研究院有限公司

中国电建集团中南勘测设计研究院有限公司

中国电建集团北京勘测设计研究院有限公司

中国电建集团昆明勘测设计研究院有限公司

长江勘测规划设计研究院

中水珠江规划勘测设计有限公司

内蒙古电力勘测设计院

新疆金风科技股份有限公司

华锐风电科技股份有限公司

中国水利水电第七工程局有限公司

中国能源建设集团广东省电力设计研究院有限公司

中国能源建设集团安徽省电力设计院有限公司

同济大学

华南理工大学

中国三峡新能源有限公司

丛书总策划 李　莉

编委会办公室

主　　　任　胡昌支　陈东明

副　主　任　王春学　李　莉

成　　　员　殷海军　丁　琪　高丽霄　王　梅　邹　昱

　　　　　　张秀娟　汤何美子　王　惠

前　言

　　风能是清洁能源，具有取之不尽、用之不竭，就地可取、不需运输，广泛分布、分散使用，不污染环境、不破坏生态，周而复始、可以再生等诸多的优点。风能发电具有显著的社会和环保效益。

　　中国是风能大国，风资源总量达 20 亿 kW，其中陆上及近海的风资源达15 亿 kW，海上可开发利用的达 5 亿 kW 以上，风能开发利用的潜力巨大。近年来，在《中华人民共和国可再生能源法》的推动下，在社会各界的积极支持下，中国风电产业步入跨越式发展，进入了世界领先行列。从国内发电比例而言，风电已经超过了核电，成为继煤电和水电后的第三大电源。风电装机容量快速增长，风电设备制造能力明显提高，2010 年年底我国风力发电机组容量已达到 4500 万 kW，位列世界第一位。但因起步较晚，预计即使到2020 年风电发电量仅为全国发电量的 3% 左右。我国风电发展仍然与国外存在相当大的差距，风电专业人才的匮乏是制约中国风电发展的重要因素之一。

　　本书主要介绍了风力机的发电原理，为风力发电的专业人员在风力发电机组本体方面的学习提供参考。全书共分 11 章。第 1 章为绪论，介绍了风电发展现状、风力机历史发展过程以及未来的发展重点。第 2 章为风与风能，主要介绍了风的形成、风的种类、风的特性、风的测量等有关概念，还介绍了我国风资源的分布。第 3 章为风电场规划与选址，介绍了风的威布尔分布、瑞利分布以及风电场宏观与微观选址。第 4 章为风力机类型和构造。第 5 章为风力机基本气动理论，介绍了 Betz 理论、叶素理论、涡流理论等。第 6 章为水平轴风力机；第 7 章为风力机载荷和结构应力。第 8 章为垂直轴风力机。第 9章为风力发电机组运行，介绍了风力发电系统和并网运行。第 10 章为风力机运行与维护。第 11 章为其他风力机，介绍了三种其他类型风力机。希望本书能为同行从业者的入门提供帮助。

在本书编写过程中，得到了河海大学能源与电气学院新能源系相关老师的支持。在此，特别感谢为本书提供帮助和支持的相关同志。同时，本书参阅了大量的参考文献，在此对其作者也表示感谢。

由于作者水平有限，书中难免会存在一些错误，敬请批评指正。

作者

2015 年 12 月

主要符号

A——风力机扫风面积，尾舵面积，m^2；

B——叶片数；

C——比例因子；

C_D——空气动力学阻力系数；

C_L——空气动力学升力系数；

C_M——叶片仰俯力矩系数；

C_P——风能利用系数，Betz 风能利用系数为 0.593；

d——风轮直径，m；

D——阻力，N；

e——偏心矩，N·m；

F——风轮扫掠面积，m^2；

F_g——离心力，N；

f——频率，Hz；

G——重力，N；

H——高度，m；

h——塔架高，翼型最大厚度，m；

i——增速比，传动比；

k——威布尔形状因子；

L——升力，N；

L/D——叶片翼型的升阻比；

l——叶片长度；

M——制动力矩，N·m；

M_D——阻力对叶片轴的弯矩，N·m；

M_g——重力对叶片轴的弯矩，N·m；

M_L——升力对叶片轴的弯矩，N·m；

n——风轮额定转速，r/min；

P——风功率，W 或 kW；

P_e——风有效功率，kW；

p——压强，N/m²；

R——风轮半径，m；

R——力矩，N·m；

r_i——风轮转动中心到叶片任意位置的半径，m；

S_y——一个叶片的面积，m²；

T——温度，℃；

t——弦长，m；

u——叶尖线速度，m/s；

v——风速，m/s；

v_r——相对风速，m/s；

z_0——地面粗糙度系数；

α——叶片攻角，或者叶片迎角，(°)；

α_i——叶片旋转中心到叶片任一半径 r_i 部位的攻角，或者叶片迎角，(°)；

β——叶片翼型安装角，(°)；

γ——风轮偏航角，(°)；

η——风力发电机的全效率，%；

β_i——叶片旋转中心到叶片任一半径 r_i 部位翼型安装角，(°)；

λ——叶尖速比；

λ_i——从风轮转动中心到叶片任一位置的半径 r_i 的叶尖速比；

ρ——空气密度，kg/m³；

σ——叶片的密实度；

θ——叶片入流角，(°)；

φ_i——叶片旋转中心到叶片任一半径 r_i 部位相对风向角，(°)；

ω——角速度，rad/s；

ωr——叶片翼型的线速度，m/s。

目　录

第1章 绪　　论

　　风是极其普遍的自然现象，发电是风能的主要利用方式。据科学计算，整个地球所蕴含的风能约为 2.74 亿 MW，可利用的风能约为总含量的 1‰，是地球上可利用总水能的 11 倍。作为当前可再生能源技术中相对成熟，并同时可商业化开发和规模化发展的一种清洁能源，风能的利用方式和发电技术的发展受到世界越来越多的关注。

　　本章主要介绍了目前风电发展现状、风力机发展过程和未来发展方向。

1.1　风电的发展现状

1.1.1　世界风电的发展现状

　　1973 年石油危机暴发后，美国以及西欧等发达国家为寻求替代化石燃料的能源投入了大量经费，组织了空气动力学、结构力学和材料科学等领域学者，利用新技术来研制现代风力发电机组，开创了风能开发的新时代。

　　经过数十年的努力，风电的发展取得了相当大的成就。在 20 世纪末，世界范围内的风电装机总容量每隔三年翻一番，发电成本降低到 80 年代早期的 1/6 左右。进入 21 世纪后，全球风电依然保持着快速增长的势头。其主要表现在三个方面。

　　首先，从新增装机容量来看。如图 1-1 所示，2014 年，全球风电产业新装机容量高达 51477MW，同比增长 44%。2012 年，全球风电新增装机容量排名前十位的国家分别是中国、德国、美国、巴西、印度、意大利、英国、瑞典、法国、土耳其，新增装机容量分别为 23351MW、5279MW、4854MW、2472MW、2515MW、1871MW、1736MW、1050MW、1042MW、804MW，占全球风电新增装机容量的市场份额分别为 45.2%、10.2%、9.4%、4.8%、4.5%、3.6%、3.4%、2%、2%、1.6%。

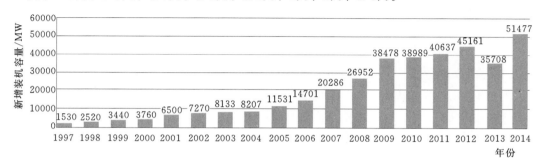

图 1-1　全球 1997—2014 年新增装机容量（数据来源：全球风能理事会）

其次，从累计装机容量看。如图 1-2 所示，2012 年，全球风电产业累计装机容量高达 283068MW，同比增加 18.7%。从主要国家来看，中国、美国、德国、西班牙、印度、英国、意大利、法国、加拿大、葡萄牙等国家的累计装机容量位居全球前十位，2014 年，累计装机容量分别为 114763MW、65879MW、39165MW、22987MW、22466MW、12440MW、9694MW、9285MW、8663MW、5939MW，占全球风电累计装机容量的市场份额依次为 31%、17.8%、10.6%、6.2%、6.1%、3.4%、2.6%、2.5%、2.3%、1.6%。

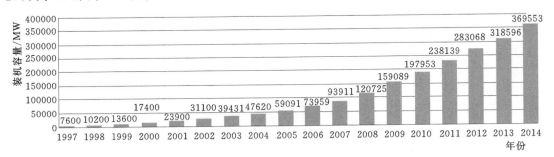

图 1-2　1997—2014 年全球风电累计装机容量（数据来源：全球风能理事会）

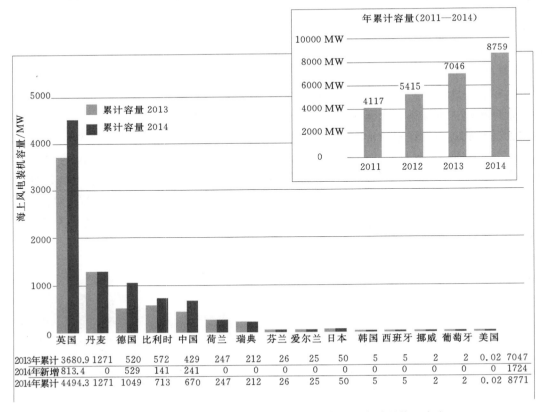

	英国	丹麦	德国	比利时	中国	荷兰	瑞典	芬兰	爱尔兰	日本	韩国	西班牙	挪威	葡萄牙	美国
2013年累计	3680.9	1271	520	572	429	247	212	26	25	50	5	5	2	2	0.02	7047
2014年新增	813.4	0	529	141	241	0	0	0	0	0	0	0	0	0	1724
2014年累计	4494.3	1271	1049	713	670	247	212	26	25	50	5	5	2	2	0.02	8771

图 1-3　世界各国海上风电装机容量（数据来源：全球风能理事会）

最后，从海上风电装机容量看。如图 1-3 所示，2014 年全球海上风电累计装机容量高达 8771MW，同比增长 24%；新增装机容量 1724MW。其中，英国、丹麦、德国、比利时、中国、荷兰、瑞典、日本、芬兰、爱尔兰、韩国、西班牙等国家海上风电累计装机容量位居全球前列，累计装机容量分别为 4494.3MW、1271MW、1049.2MW、712.5MW、670MW、246.8MW、211.7MW、49.7MW、26.3MW、25.2MW、5MW、5MW。从海上风电新增装机容量看，2014 年英国、德国、中国、比利时海上风电新增装机容量分别为 813.4MW、529MW、241MW、141MW。

根据 2004 年 "Wind Force 12（风能 12）" 发表的 2005—2020 年世界风电和电力需求增长的预测报告，按照风电目前的发展趋势，2005—2007 年期间的平均当年装机容量增长率为 25%，2008—2012 年期间降为 20%，预测到 2015 年降为 15%，2017—2020 年期间降为 10%。根据 2015 年全球理事会发表的全球风电发展年报预测 2015 年新增的装机容量将再次达到 50GW，到 2018 年将达到 60GW。

当然，世界风电的飞速发展，与各国积极地采取各种激励政策密不可分。鼓励风能开发利用的政策有多种，如长期保护性电价、配额制、可再生能源效益基金和招投标等政策。从应用实践来看，保护性电价政策是一种更为有效刺激风电发展的措施，欧洲 14 个国家采用了这一政策。20 世纪 90 年代以来，德国、丹麦、西班牙等国风电迅速增长，主要归功于保护性电价政策措施的实施。

1.1.2 中国风电的发展现状

据中国气象局研究结果，风能资源可开发量为 7 亿～12 亿 kW，具有巨大的潜力，表明中国风能资源非常丰富。我国风电发展历经了以下三个阶段。

第一阶段为 1986—1990 年，为我国并网风电项目的探索和示范阶段。特点是项目规模小，单机容量小。在此期间共建立了 4 个风电场，安装了 32 台风力发电机组，最大单机容量为 200kW，总装机容量为 4.215MW，平均年新增装机容量仅为 0.843MW。

第二阶段为 1991—1995 年，为示范项目取得成效并逐步推广阶段。共建立了 5 个风电场，安装风力发电机组 131 台，装机容量为 33.285MW，最大单机容量为 500kW，平均年新增装机容量为 6.097MW。

第三阶段为 1996 年以后，为扩大建设规模阶段。特点是项目规模和装机容量较大，发展速度较快，平均年新增装机容量为 61.8MW，最大单机容量达 1.3MW。2005 年《中华人民共和国可再生能源法案》颁布后，我国风能事业进入了一个新的时期。如图 1-4 所示，根据风能协会数据，从 2005 年开始，我国每年风电总装机容量成倍增长。到 2008 年，我国新增风电装机容量 6154MW，累计总装机容量已经达到 12002MW，我国超过印度成为继美国、德国和西班牙之后的第四风电大国。2012 年，我国累计风电装机容量已经超过美国，全球排名第一，且 2013 年和 2014 年持续引领增长势头，如图 1-5 所示。

2002 年年底，我国先后建起了 32 个风电场，全国风电总装机容量达到 46.62 万 kW，此外还有我国台湾的云林、新竹和澎湖等三个风电场，装机容量为 8.5MW。如图 1-6 所

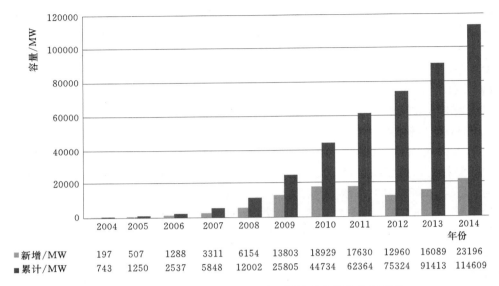

	2004	2005	2006	2007	2008	2009	2010	2011	2012	2013	2014
新增/MW	197	507	1288	3311	6154	13803	18929	17630	12960	16089	23196
累计/MW	743	1250	2537	5848	12002	25805	44734	62364	75324	91413	114609

图 1-4 2004—2014 年中国新增及累计风电机组装机容量

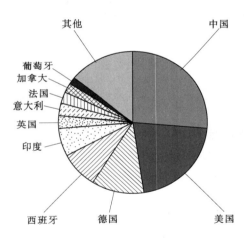

图 1-5 2012 年全球累计风电装机
容量前 10 位国家

示，根据风能协会数据，我国风电发展在各地区呈现不均衡的态势，主要集中在华北、东北、西北以及华东地区。其中，辽宁、新疆、广东和内蒙古是我国风电发展最快的 4 个省（自治区），占全国风电装机容量的 75%。装机容量居前三位的风电场依次为新疆达坂城二场、广东南澳风电场和内蒙古辉腾锡勒风电场，其装机容量占全国总装机容量的 37.3%。

我国风电的发展也顺应世界风电的发展趋势。除陆上风电以外，我国也在积极地发展海上风电，根据风能协会数据，截至 2014 年年底，我国已经建成的海上风电项目共计 657.88MW，如图 1-7 所示，是除英国、丹麦以外海上风电装机最多的国家。我国第一个、也是亚洲第一个海上风电场为上海东海大桥海上风电场。上海东海大桥海上风电场一期项目于 2008 年 5 月 5 日由国家发改委核准，作为海上风电示范项目建设，位于东海大桥东侧 1.0km 以外，北端距陆地岸线 8km，南端距陆地岸线 13km，场址范围海域面积 14km²，由 34 台国产 3MW 离岸型风电机组组成，总装机容量为 10.2 万 kW。项目投资 21.22 亿元。风电场通过 35kV 海底电缆接入岸上 110kV 风电场升压变电站，接入上海市电网。

国内风电建设的热潮达到了白热化的程度。目前，国家拟建 7 个千万千瓦级风电基地：甘肃酒泉地区为 1100 万 kW，新疆哈密地区为 2000 万 kW，吉林西部为 2000 万 kW，内蒙古（包含蒙东和蒙西两个地区）为 5000 万 kW，河北沿海和北部地区为 1000 万 kW，江苏沿海和近海地区为 1000 万 kW。

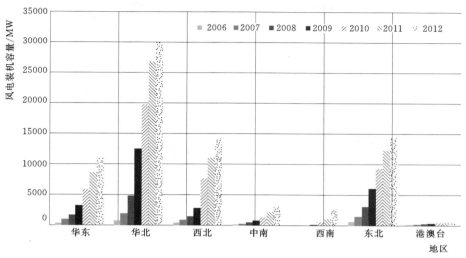

图 1-6　2006—2012 年我国各地区累计风电装机容量

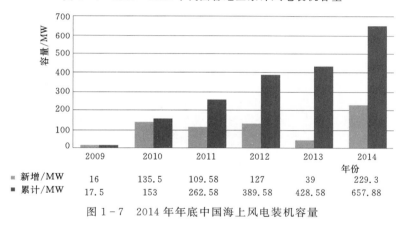

	2009	2010	2011	2012	2013	2014
新增/MW	16	135.5	109.58	127	39	229.3
累计/MW	17.5	153	262.58	389.58	428.58	657.88

图 1-7　2014 年年底中国海上风电装机容量

1.2　风　车　起　源

　　风车是最早利用风能的机械设备，在公元 644 年由波斯人阿布·鲁鲁亚发明，结构如图 1-8 所示。风车结构简单，整体为木质结构，旋转轴垂直于地面，主要用来磨制谷物。

　　在 13 世纪中叶，我国人民利用简易的垂直轴风车来进行提水灌溉、碾米等工作，结构如图 1-9 所示。风车翼板由竹竿和帆布构成，风车轴垂直旋转。

　　最早的水平轴风车源于欧洲。据报道，早在 1119 年，布拉班特（前西欧公国，现分为两部分，分属荷兰和比利时两国）就有所谓的柱风车（Post Windwill）。后来，迅速从欧洲的西北区域传播到北欧和东欧，如芬兰和俄国。到 13 世纪，这种全木质制作的柱风车在德国随处可见。在两个世纪后，一种塔风车诞生，这种风车固定在一个由石块砌成的圆柱形塔顶，后从法国传到地中海区域。在 16 世纪，荷兰对此类风车进行了极大的改进，产生了荷兰风车。荷兰风车塔顶可以旋转，允许变向，应用范围十分广阔，到了 19 世纪，荷兰风车已经极为完善。

图 1-8　古老的磨粮食的风车

图 1-9　古老的中国风车

1.2.1　柱风车

在历史记载中，最早的水平轴风车为柱风车，其特点是整个风车都固定在一个柱轴上，并围绕其旋转，结构如图 1-10 所示。

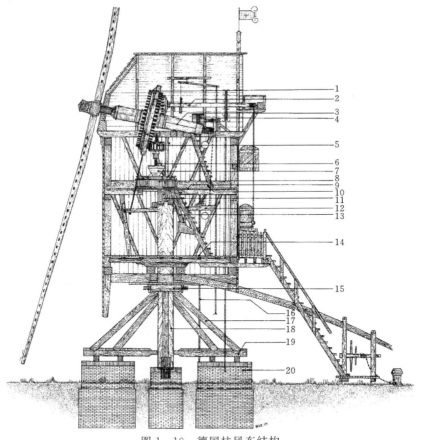

图 1-10　德国柱风车结构

1—风轮齿轮；2—麻袋停运；3—风轮轴；4—刹车；5—磨齿轮；6—磨轴；7—漏斗；8—磨盘；9—石板；
10—谷物粉板；11—磨横梁；12—磨刹车；13—谷物粉出口；14—粮食仓地板；15—冠状轴；
16—刹车链；17—方形柱；18—主轴；19—支架；20—地基

从图 1-10 可以看出，风轮轴底端有四根方木固定，顶端伸入磨房与磨横梁连接，横梁用来固定磨盘。粮食从漏斗进入磨内，研磨后从出口流出。风轮旋转产生的力矩驱动垂直轴，从而带动磨盘旋转，对粮食进行研磨。整个磨房外有一个木制尾巴，其末端离地较近，其作用是利用人工来调节风轮叶片的对风位置。风车依靠装满砂子的麻袋载重，通过绳索来制动转轴，再通过齿轮传递力矩来制动风轮；当风车运行时，卸掉麻袋则可继续运转。

在 15 世纪早期，人类开始尝试利用柱风车泵水来灌溉，但是整个磨房都围绕主轴旋转的特点使得柱风车不适宜用来泵水，因此产生了另一类仅有顶部可旋转的管状柱风车（Hollow Post Mill），如图 1-11 所示。此柱风车底座成金字塔型且固定不旋转，其顶部风轮可以根据风向调节方向。风车内结构大大简化，取消了复杂的磨结构，只有风轮齿轮、传动齿轮和轴承等。此类风车最初仅用来汲水，后也用来磨制谷物以及锯木。

图 1-11　管状柱风车

图 1-12　塔风车

塔风车与柱风车结构相似，主要在地中海区域广泛使用。风车的支撑呈塔状结构，由石料砌成，如图 1-12 所示。塔顶用于固定风车，并可以旋转。

1.2.2　荷兰风车

荷兰被誉为"风车之国"，风车是荷兰的象征。荷兰位于地球的盛行西风带，濒临大西洋，一年四季盛吹西风，是典型的海洋性气候国家，海陆风长年不息。这给缺乏动力资源的荷兰创造了优越条件——利用风力来提供动力。

荷兰风车对荷兰的经济有着特别重大的意义。在 16—17 世纪，世界商业中占首要地位的各种原料从各路水道运往荷兰利用风车加工，其中包括北欧各国和波罗的海沿岸各国的木材，德国的大麻子和亚麻子，印度和东南亚的肉桂和胡椒。在荷兰的大港鹿特丹和阿姆斯特丹的近郊，有很多风车的磨坊、锯木厂和造纸厂。随着荷兰人民围海造陆工程的大规模开展，风车在这项艰巨的工程中也发挥了巨大的作用。根据当地的湿润多雨、风向多变的气候特点，荷兰对风车进行了改革，使荷兰风车比柱风车的功能更强大，能够满足当时各种动力需求，如磨粉、泵水和锯木等。并给风车配上活动的顶篷，为了能四面迎风，又把风车的顶篷安装在滚轮上。这种风车就被称为荷兰式风车，结构如图1-13所示。

图1-13 荷兰大风车

最大的荷兰风车有几层楼高，翼板长达20m。有的风车由整块大柞木做成。18世纪末，荷兰的风车约有12000架，每台有410kW。这些风车用来碾谷物、碾粗盐、碾烟叶、榨油、压滚毛呢、压毛毡、造纸以及排除沼泽地的积水等。其中，通过风车不停地吸水、排水，保障了荷兰2/3的土地免受沉沦，并为荷兰充分地开拓和利用土地提供条件。

20世纪以来，由于蒸汽机、内燃机、涡轮机的发展，依靠风力提供动力的风车渐渐失去优势，几乎被人遗忘。但因风车利用自然风力，具有无污染和用之不竭的特点，被荷兰人民一直沿用至今。直到现在，荷兰还有2000多架各式各样的风车。

荷兰境内的金德代克—埃尔斯豪特，尤以风车闻名，成为荷兰一道独特的风景线。在世界范围内，没有其他任何一个地方的风车比金德代克—埃尔斯豪特的风车多。18世纪金德代克村开始修建坚固的风车，部分风车至今仍然保存完好。当地人民依靠发展水利技术和应用水利技术，建设了这个排水系统，并且成功地保护了这片土地。

荷兰风车的主要作用是将风力转化为叶轮转动的机械动力。从物理上讲，就是将风能转化为机械能，将低处的水提上来，这个提水的工作现在已由电力驱动的抽水机代替。如今，荷兰有一个全欧洲最大的抽水站。

金德代克位于鹿特丹附近，该村镇坐落在被称为阿尔布拉瑟丹低田的地区。荷兰人围海造出了阿尔布拉瑟丹低田（它们的海拔高度低于海平面），这些风车的作用则是将阿尔布拉瑟丹低田中多余的水抽出来，由于这个低田地区一直是洪水的多发地区，所以在这里建造风车的目的就是将多余的水抽出，然后排放在存水区中。如果存水区的水位达到一个高度后，人们就再一次将水从存水区中抽出，然后排放到河流中。

1927年起，实际的抽水工作主要由柴油机抽水站完成，风车不再被使用。后在第二次世界大战中，由于柴油机缺乏燃料而不能驱动抽水机，风车又一次得到使用，这也是人们最后一次使用风车进行抽水工作。

如今，在夏季里，风车再次得以"使用"，但主要用于旅游观光，游客们沿着运河和河流散步，到近处细细观看这些巨大的风车，欣赏这儿美丽如画的风景。风车在荷兰历史上是功臣，为荷兰经济发展起到了不小的作用。随着时代的发展，荷兰的风车也在变化，如今除传统的木结构风车外，荷兰国土上又出现了不少现代的金属结构风车，其造型简单，线条明快，成为荷兰国土上的另一道风景线。

荷兰鸟类保护组织向政府提交申述，要求减少新建风车的数量，原因是这些风车对沿海的候鸟构成生命威胁。夜晚或天气不好的时候，候鸟在飞行中往往不能及时发现和躲避风车，很容易被风车产生的气流吸进去。据统计，荷兰北方堤坝附近每年都要有近800万只候鸟来此栖息，荷兰其他地方的风车每年都要因此伤害数千只小鸟的生命。因此，该组织认为应该适当减少新建风车的数量。

1.2.3 美国风车

在19世纪早期，欧洲风车的发展处于鼎盛时期，美国风车也得到了相应的发展。美国风车如图1-14（a）所示，拥有10～30片叶片和一个尾翼。美国风车旋转速度较慢，但产生较大的力矩，通过带动长长的与地面垂直的传动轴，将力矩传到风车底部的水泵。

美国风车结构复杂，在恶劣天气时，会因无法调整风轮转速而损坏。为了改变这种状况，设计了尾翼可以活动的风车，在大风时尾翼展向偏转90°，翼展平行于风车旋转面。在尾翼的作用下，将风车移出风向，风车停止旋转，如图1-14（b）所示。当风速较小时，尾翼再向展向垂直于风车旋转面的方向偏转，风车正对风向，风车又开始运行。

（a）美国风车　　　　　　　　　　（b）尾翼可以活动的风车

图1-14 美国风车

美国风车的最大直径通常在5～8m，但在美国历史曾经造出直径超过15m的风车。这些多叶片风车特别适用于低风速状况，在2～3m/s的风速下就开始转动，气动力矩相对比较高。

1.3 风力发电历史过程

美国纽约和德国柏林分别于1882年和1884年建立了第一批总装机容量约为500kW的电站。在20世纪初，几乎所有的大型城市和工业化国家都开始大规模地使用电力。

人类利用风能发电是在城市早已实现了电力供应，而在农村仍没有电力覆盖的工业背景下开始的。当时，欧洲风车和美国风车依然盛行，人们尝试利用原本用来泵水的风车来发电。第一个系统地尝试利用风能来发电的工程师是丹麦工程师 Poul La Cour。

1.3.1　Poul La Cour 直流风力机

　　Poul La Cour 在丹麦政府的支持下，为解决丹麦农村供电难题，开始研究风能发电。他是第一个基于科学理论对传统风车进行完善的研究者，是利用风能生产电力的先驱，这也标志着历史风车向现代风力机的转变。

图 1-15　Poul La Cour 风力机

　　Poul La Cour 发明的风力机如图 1-15 所示。风力机采用水平轴布置，有四个叶片，通过一个长轴以及齿轮箱来带动置于地面的发电机，产生直流电流，电流通过蓄电池供离网用户使用。此风力机已经初具现代风力机的规模。Poul La Cour 还采用电解制氢来存储风能，然后再利用氢气灯来为校园照明。

　　Poul La Cour 是第一个采用风洞试验检测风力机性能的科学家。Lykkegard 公司对 Poul La Cour 直流风力机的工业生产是风力机成功的标志。到 1908 年已经有 72 台 Poul La Cour 直流风力机用于农村电力供应。在第一次世界大战期间，由于化石燃料价格的上涨，促使 Poul La Cour 直流风力机应用更加广泛，到 1918 年共有 120 台风力机在运行。Poul La Cour 直流风力机成功的另一个历史背景是，当时丹麦农村在二次大战以后仍然使用直流电，风力机与产生直流电的柴油机或燃气轮机并联应用，比与产生交流电的发电设备并联应用在技术上更加容易实现。

　　据记载，Poul La Cour 直流风力机的风能利用系数不高，仅为 0.22，在好的风场其年发电量可以达到 5 万 kW·h。德国风能工作组对 Poul La Cour 风力机深入研究，发现该风力机可靠性极强。在 1924—1943 年的运行报告显示，齿轮箱和轴承的使用寿命为 20 年，运行 20 年后必须更换。

　　Poul La Cour 风力机在第一次世界大战后，由于化石燃料价格便宜而受到冷落。但在二次大战爆发后，再一次受到人们的关注。许多已经停运多年的风力机再次开始运转，更多的风力机开始被制造。

1.3.2　Smidth 风轮

　　与 Smidth 风轮相比，Poul La Cour 的四叶片风轮设计理念有些落后。Smidth 公司生产的风轮以"发动机（Aeromotor）"命名。第一台 Smidth 风轮设计额定功率为 50kW，风轮旋转直径为 17.5m，设计风速为 11m/s，采用两片木质结构的叶片，叶尖速比为 9，叶

图 1-16　桁架结构塔柱的
Smidth 风力机

片无扭角定桨设计，采用空气动力制动装置控制速度，有的风力机塔架采用桁架结构，如图 1-16 所示。大部分采用混凝土塔式结构，如图 1-17 所示。

图 1-17　混凝土塔架式结构的 Smidth 风力机　　　　图 1-18　三叶片 Smidth 风力机

随后，Smidth 设计了输出功率更大的三叶片风力机，如图 1-18 所示。主要规格为：上风式风轮，三个固定扭曲叶片，NACA4312 翼型，叶片有效长度 9m，转速 30r/min，在 10m/s 额定风速时额定功率为 70kW，旋转直径为 24m，安装角在接近轮毂处为 16°，叶尖处为 3°，起始风速 5m/s，停机风速 20m/s，设计叶尖速比为 5，异步发电机 200kW，8 极；转差率满载时为 1%，增速比 $k=25$，塔架为混凝土塔式结构，塔高 24m。为了减小轮毂的弯曲应力，叶片用支撑架连接。叶片采用了传统风车技术的木架钢梁结构，木架上覆盖铝合金蒙皮。

异步发电机使转速保持恒定。在与电网解列发生飞车的情况下，调速器控制的伺服电机使叶尖处的扰流器转 90°，起动气动刹车。

从结构和形状可以看出，Smidth 风力机与现代风力机更加相近，只是美观性较差一些。

1.3.3　德国大型风力机

在第一次世界大战之前，德国开始尝试风能发电。20 世纪 30 年代，在美国的许可下，生产了 3600 台美国风车，主要用于提水，少量风车经改装后用于发电。

在第一次世界大战之后，德国人 Kurt Bilau 基于更加先进的技术理念去发展风力发电技术。他已经认识到美国低速风车不具有最佳性能，开始尝试具有更高叶尖速比的四叶片 Ventimotor 风力机。

在航空机翼空气动力学背景下，物理学家 Albert Betz 对风力机的物理和气动性能进行了计算，得出风力机最大风能转化效率为 59.3%，这一理论直到现在依然被证明是正确的。此外，空气动力学理论和叶片的轻型设计在 20 世纪迅速发展，为现代大型风力机的发展奠定了基础。

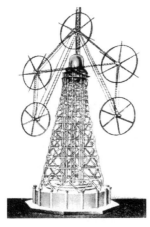

图 1-19　Honnef 风力机

钢铁结构工程师 Hermann Honnef 构想了一个巨型风力机。设想一个巨型塔架支撑五个风轮，每个风轮直径为 160m，额定输出功率为 2 万 kW，如图 1-19 所示。在极端风速下，在桁架塔顶部的驱动件使风轮倾斜，最后处于水平位置。此风力机设计基于数学和工程原理，实现面临着许多问题。

在 1930—1940 年期间，由于德国本土燃料和电力的缺乏，于 1939 年成立了 RAW 风能研究组织，汇聚了许多科学家、技术人员和工业企业等。RAW 组织资助了很多风电项目，其中一项为 1937 年由工程师 Franz Kleinhenz 发布的巨型风力机计划，结构如图 1-20 所示。该风力机的结构参数 为：风 轮 直 径 130m，三 或 四 个 叶 片；额 定 功 率 10000kW，叶尖速比为 5，风轮为顺风式，轮毂高度为 250m，电机的直径为 28.5m。直到 1942 年，该项目还处于积极的筹备之中，但在世界大战爆发后，该项目实施计划破灭。

图 1-20　Franz 计划的风力机

图 1-21　WIME D-30 型风力机

德国在 20 世纪 30 年代主要忙于风力机理论研究和大的风电规划，直到 1931 年，才在 USSR 建立了第一台 WIME D-30 型大型风力机，如图 1-21 所示。WIME D-30 型风力机的主要参数为：三叶片风轮，桁架式塔身，旋转直径 30m，额定功率 100kW，额定风速 10.5m/s，额定转速为 30r/min，叶尖速比为 4.5。叶片采用变桨距控制，依靠一个圆形轨道对风力机进行偏航。此风力机在 1931—1942 年间运行良好，生产的电力并入小型电网。此风力机良好的运行实践经验，增强了建造 5000kW 大型风力机的信心，但这些计划都因其后的二次世界大战而终止。

1.3.4　美国的第一台大型风力机

Palmer C. Putnam 是美国第一位享有实现风电并网发电美誉的科学家，与马萨诸塞州一些著名科学家和技术人员合作开发出第一台大型风力机。

1941 年 10 月，第一台大型风力机在佛蒙特州的小山顶上安装，如图 1-22 所示。该风力机主要参数为：风轮直径为 53.3m；额定输出功率为 1250kW；塔高为 35.6m，重 75t；叶片采用不锈钢制作，无扭曲；两个叶片采用拍向铰链连接，以减少强风下叶片的风载荷，风轮轴与叶片轴之间的角度随风速和转速变化；翼型为 NACA4418，恒定弦长 3.7m，叶片有效长度为 20m，每个叶片重量为 6.9t；额定风速 13.5m/s，额定转速 29r/min；仰角为 12.5°，锥角可变 6°～20°；增速比 $k=20.6$；风力机速度和功率输出控制采用叶片液压系统实现，采用 1250kW 同步发电机。风轮能够承受 62m/s 的风速。此风力机运行了四年，直到 1945 年 3 月 26 日，因一片叶片在运行中折断而终止。后期，由于缺少维修资金而被拆除。

图 1-22 世界第一台大型
风力机（美国设计）

1.4 20 世纪 50 年代的风力机

第二次世界大战之后，一次能源煤、油的价格下降，一次能源的发电成本较低。同时，大众没有意识到一次能消耗会造成严重的环境问题。因此，利用风能发电的技术研究紧迫性比大战之前有所下降。但仍然有少数地区对风力机发电技术继续进行研究。

1.4.1 英国风力机

英国风力机具有代表性的是由英国 Enfield 公司制造的 100kW 中型风力机，如图 1-23 所示。该风力机基于法国工程师 Andreau 的设计理念。空心叶片旋转时，离心力使叶片

（a）外形图

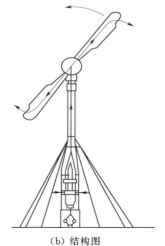

（b）结构图

图 1-23 英国风力机

内的空气从轮毂流向叶尖。轮毂内部处于低压状态，将空气从塔底吸入，驱动装在塔身中的涡轮机。

主要特点有双活动空心叶片、自调向风轮，装有灵敏的功率控制系统，利用液压伺服电机的自动距控制机构变桨，可变锥角。额定功率 100kW，额定风速 13.5m/s，在 13.5～29m/s 风速范围内功率保持恒定。风轮的转速可变，最大为 95r/min，吸气量 1655m³/min，同步发电机 100kW/415V。塔架高度 30m。

测试结果显示，风轮的效率较低，只有 22％。分析其原因为轮毂附近的旋转连接部分漏气，总效率也为依次配置的风轮、风扇、涡轮机和发电机四个部件效率的乘积。

1.4.2　德国 W-34 型风力机

W-34 型风力机在 1958 年由 Hutter 发明，风轮直径 34m，额定输出功率为 100kW，如图 1-24 所示。Hutter 的 W-34 型风力机对现代风力机的设计有很大影响，很多现代先进风轮设计的理念都是采用 W-34 型的理念。

W-34 型风力机采用两叶片，由玻璃纤维复合材料制成，风轮叶片通过跷跷板铰链轮毂与风轮轴相连，这比以前的铰链连接更加简单，可通过空气动力学原理来调整叶片夹角，而铰链连接轮毂需要通过液压系统来完成。W-34 型风力机设计的目的是利用内陆风速较低的风能，更重要的是采用轻型设计，这对德国 20 世纪 80 年代后的风轮设计产生重要影响。W-34 型风力机在 1958—1968 年期间一直运行良好，到 1968 年因租用的土地到期而不得不被拆除。

图 1-24　W-34 型风力机　　　　　　图 1-25　BEST ROMANI 风力机

1.4.3　法国 BEST ROMANI 风力机

BEST ROMANI 风力机由瓦多特设计，1958 年 4 月—1962 年 4 月，向电网提供了 22.1 万 kW·h 电，如图 1-25 所示。

BEST ROMANI 风力机主要规格为：下风式风轮，自调向；三个固定的扭曲叶片，由铝合金制成；翼型 NACA23012，23015，23018；直径 30.1m；额定功率 800kW；额定风度 16.7m/s；转速 47.3r/min；叶尖速比为 7；增速比 $k=21.5$；发电机为六极同步发电机，转速 1000r/min；起始风速 7m/s；塔高 32m；总重量 160t。

风轮在风速 25m/s，阵风达 35m/s 的情况下仍能工作，静止时可承受 65m/s 风速。机械动力通过速比分别为 7.5：1 和 3：1 的两个行星齿轮箱，从风轮传到发电机。该风力机有个与机舱焊接在一起的空心立柱，形状如翼型的尾部，立柱和圆柱塔身之间的缝隙吸入空气，从而使塔身尾流的影响降到最低程度。立柱上还装有梯子供攀登上机舱。为了便于起动，设有离合器使风轮空转。

当与电网解列发生飞车时，自动装置立即将同步发电机与 60m 长的电阻线连接。这种电气制动加上直径 1.80m 的圆盘制动器，可使风轮轴在两转之内停车。

这台风力发电机作为试验机型运行了五年。在暴风中曾连续 12h 提供 1000kW 动力。在最佳速度下效率可到 Betz 极限的 80%。1960 年 8 月 30 日，在试验中输出功率曾在 2.85s 内由 300kW 增加到 900kW。

为减小增速比，1963 年试验的另一个风轮，转速达 71r/min，对应的叶尖速度为 112m/s，结果有一个叶片损坏。叶片损坏后，由于当时石油价格很低，该风轮被拆除，再没有被修理。

1.5 能源危机时期的风力机

1973 年，世界面临能源危机，能源紧缺的问题重新被人类重视。这时，石油和煤炭的价格突然上升，短短的几个月内涨为原价格的几倍。人们都在讨论能源危机，并发现国家的经济严重地依赖于一次能源，一次能源也带来严重的环境污染问题。但还未把能源危机和环境污染的重要性提到同一高度进行讨论。

1973 年，石油价格上涨，人们开始讨论如何减少对石油进口的依赖，除了节省能源以外，政治界开始尝试寻找新的资源，特别是可再生能源，如各种形式的太阳能。风能利用的发展也借此春风再次得到发展。

1973 年，美国启动了联邦风能研究试验，能源部提供 20 亿美元用来研究风能，在接下来的几年进行了无数次的风力机试验和研究。美国的风电研究除了政府资助以外，还有相当数目的因个人致力于发展风能发电技术而进行的资助。

此后不久，欧洲就开始了现代风能技术的研究，特别在由丹麦、瑞典和德国领头的欧洲国家。例如，丹麦在 1974 年宣布，其所需电力的 10% 将由风能产生。在研究和发展大型风力机的同时，不少在 20 世纪 40 年代终止使用的小型风力机也开始重新被利用，特别是 55kW 的小型风力机。到 1990 年，超过 2500 台从 50～300kW 的风力机被安装，总装机容量达到 200MW，形成具有一定规模的风电工业产业。

1.6 20世纪80年代的大型风力机

在 20 世纪 80 年代，政府资助和启动的风电项目已经主要趋向于组建兆瓦级的大型试验风力机。用户几乎都是著名的大型工业企业。

1.6.1 美国

1975—1987 年，一系列大型试验风力机建造起来，并进行了试验。美国典型的风力机有 MOD-0～MOD-5。图 1-26 所示为建于 1987 年的两叶片风力机 MOD-5，其旋转直径为 97m，输出功率为 3.2MW。

1978 年和 1980 年，美国能源部在风能分部主任 L. V. Divone（迪翁）领导下，建造了两台大型风力机 MOD-1 和 MOD-2。

（1）MOD-1 风力机。由 NASA、通用电气和波音公司制造的 2000kW 美国 MOD-1 风力机，于 1979 年夏天安装在北卡罗来纳州博恩德 Howard's knob 山顶，如图 1-27 所示。

图 1-26 MOD-5 风力机

图 1-27 MOD-1 风力机

MOD-1 风力机主要规格为：下风式两叶片可变桨距风轮，刚性轮毂，桁架式塔身；不锈钢叶片，翼型为 NACA44×× 系列；弦长线性变化，叶根部位 3.65m，叶尖为 0.85m；扭角为 11°；锥角为 9°，仰角为 0°；直径为 61m，额定功率为 2000kW；额定风速 11.2m/s，起动风速为 5m/s，停机风速为 15.8m/s，设计最大风速为 56m/s；转速为 35r/min，叶尖速比为 7.8；同步发电机规格为 2225kW，1800r/min，4.16kV；传动比 $k=51$，塔高 40m，轮毂高度 42.5m；调向采用液压驱动，调向速率为 0.25°/s；由电脑控制和液压制动器控制桨距；风轮重量为 46t，机舱和风轮重量 148t，钢管桁架塔身 144t；预计在平均风速 8m/s 时，发电量为 600 万 kW·h。

叶片采用硬壳结构，前缘用钢焊接翼梁，后缘为空气动力外形的聚酸酯泡沫塑料，外表为一层不锈钢蒙皮。承受叶片基本负载的空心钢梁，是用 ASME SA 533 钢板焊接而成的。叶片通过一个三排球轴承与轮毂连接，可使桨距角从顺桨位置转到 105°至全功率位置。

这台风力机从运行开始未遇到严重的技术和性能方面的问题。

（2）MOD-2风力机。MOD-2风力机是当时世界上最大的风力机之一，结构如图1-28所示，安装在华盛顿州的戈尔登达尔（Goldendale）。其运行方式完全由计算机控制，采用无人值守的模式。通过装在塔身、机舱、叶片等各部位的传感器、风速表和其他仪器，随时监测不同高度的风速和其他重要的情况，如结冰、疲劳和磨损等。

来自传感器的信息输入机舱内微处理器，使风轮自动对准风向、起动发电机或停止，改变可控叶片尖部的桨距，以便在变化的风况下输出最大功率。如果风力机的任何部分发生损坏或工作不正常，微处理器将使机组立即停机，技术人员将通过控制终端了解造成

图1-28　MOD-2风力机

停机事故的具体原因。若不需要维护人员前往修理，微处理机会得到指令重新起动风力机。

主要规格为上风式双叶片风轮；钢制叶片，通过叶尖部分的叶片变桨距来控制转速和功率；直径为91.5m；额定功率2500kW；额定风速12.5m/s，起动风速4m/s，停机风速为15.8m/s，最大设计可承受风速56m/s；额定转速17.5r/min，设计叶尖速比为6.7，同步发电机规格为2500kW，1800r/min；传动比$k=103$；钢制圆柱形塔架，底部为漏斗形；塔高61m，塔底直径6.4m；塔身15～61m处直径为3.05m；机舱长度为11m，高度为2.75m；风轮重量为48t；机舱重量94t，塔重177.5t。

MOD-2风力机的设计采用了跷跷板轮毂技术，即刚性叶片通过垂直于翼梁的铰链轴与驱动轴连接。跷板式轮毂能减小叶片和传到塔身的振动载荷。

MOD-2风力机塔身设计为柔性塔。这里的柔性塔定义为，系统工作频率与塔身弯曲振动的一阶固有频率之比$n～2n$之间，n为风轮转速。由于塔身的固有频率离开一次强迫振动频率$2n$足够远，从而不发生共振。但还应注意避开高次共振频率。"柔性塔"比"钢性塔"成本低，但要求更精确的动力学分析。

1.6.2　丹麦

在丹麦，风力机开始主要由私人投资建设。图1-29所示的风力机是2MW的Tvind型大型风力机，由当地居民于1977年建造，以满足他们对电力的需求，Tvind是丹麦西海岸一个700人的村庄。

风轮的主要规格为下风式可变桨距风轮；三个玻璃钢制叶片；翼型NACA23035、NACA23024、NACA23012；每片重3.5t，锥角9°；仰角4°；直径54m，额定风速15m/s，最大风速20m/s；额定转速40r/min，叶尖速比为7.5；同步发电机2000kW，3kV，750r/min；增速比$k=19$；齿轮箱重18t；混凝土塔高53m。

其后，丹麦在Nibe安装了两个型号的风力机，如图1-30所示，分别称为Nibe A风力机和Nibe B风力机。两风力机离水边150m，相互之间距离220m。两台机组的风轮设计和调速装置设计均不相同。试验目的是为将来风力发电系统决策做基础。

图 1-29 Tvind 型风力机

图 1-30 Nibe A 风力机和 Nibe B 风力机

其主要特点如下：

（1）Nibe A 风力机。三叶片，上风式，通过三个单独的叶片进行失速调节功率，风轮叶片有支撑结构。

（2）Nibe B 风力机。三叶片，上风式，通过控制整个叶片桨距角来调节功率，风轮叶片直接与轮毂相连，不用辅助支撑结构。

两风力机共同的规格为：风轮直径 40m；轮毂高度 45m；锥角 6°；仰角 6°；叶片结构为钢/玻璃钢梁，玻璃钢外壳；翼型为 NACA4412～4434，标准粗糙度，扭角 11°；额定功率 630kW，额定风速 13m/s；额定转速 34r/min，尖速比 5.5；起动风速 6m/s；异步发电机：四级，630kW，1500r/min；齿轮箱：三级齿轮，速比 45：1；采用自动控制液压调向，调向速率约 0.4°/s，预计年发电量 150 万 kW·h；混凝土塔高 41m；外部 12m 叶片重量 0.9t。风轮 B 叶片重量 3.5t，机舱和风力叶片总重 80t。

1.6.3 德国

德国联邦政府期望利用风能为德国提供 8% 的电力，因而大力发展风力发电。其中有两个项目，引人关注。

第一个项目为 Growian Ⅰ。这台风力机于 1981 年在 Kaiser‐Wilhelm‐Koog 开始兴建，如图 1‐31 所示。

该风力机的主要规格为下风式双叶片可变桨距风轮，跷板式轮毂；叶片采用钢梁玻璃钢制作；直径为 100.4m，功率 3000kW；额定风速 11.8m/s，起始风速为 6.3m/s；停机风速 24m/s，叶尖速比为 8.3；转速为 18.5r/min 左右，增速比为 81；异步发电机规格为 3000kW，6.3kV，1500r/min；拉索固定的钢圆筒柱塔高 100m，外径 3.5m；年发电量 1200 万 kW·h；机舱重量为 310t，机组运行有计算机控制；沿盛行风向距风力机 500m 处，竖立两个气象塔，测量风速、风向、温度和湿度。

第二个项目建造了一单叶片的大型风力机，如图 1‐32 所示。这是一种更为先进的风力机 Growian Ⅱ。该风力机为下风式水平轴单叶片设计。叶片扫风面直径 145m。机舱安装在拉索固定的钢塔顶部，塔高 120m。设计额定功率为 5000kW，额定风速为 11m/s。

图 1‐31　Kaiser‐Wilhelm‐Koog 风力机

图 1‐32　单叶片风力机

1.6.4　瑞典

在英格斯特鲁姆（S.Engstrom）领导下，瑞典建造了两台大型风力机。第一台是旋转直径 75m、输出功率为 2MW 的试验风力机，于 1982 年安装在哥特兰岛建立；几个月后，建起了第二台输出功率为 3MW 的大型风力机，安装于瑞典南部沿海马尔默附近的 Maglarp。

这两台风力机采用钢制或玻璃钢制的双叶片可变桨距风轮。具体的规格见表 1‐1。

表 1‐1　两台风力机比较

安 装 地 点	Mnglarp	Golland
风轮	双叶片可变桨距型	双叶片可变桨距型
风轮位置	下风式	上风式
轮毂类型	铰接	固定

续表

安 装 地 点	Mnglarp	Golland
直径	78m	75m
功率	3000kW	2000kW
额定风速	13m/s	
起动风速	6m/s	
停机风速	21m/s	
转速	25r/min	
发电机	同步发电机，3300kW，1500r/min	2400kW，1512r/min
齿轮箱	双极新型齿轮箱	调向电机
低速轴直径	外径 530mm，内径 250mm	
调向装置	自调向	调向电机
塔身材料	圆柱钢管	混凝土
塔高	80m	80m
机舱重量	66t	

1.6.5 加拿大

加拿大政府研究机构也在不断地探索风力发电技术，主要负责机构为国家研究委员会（National Research Council，NRC）。加拿大研究的重点是垂直轴风力机——Darrieus 型风力机。利用一些小型的试验风力机代替柴油发电机进行供电。该项目在 1985 年达到顶峰，最大 Darrieus 型风力机，其旋转半径达 64m，高度为 100m，额定输出功率为 4MW。但由于短期试验的结果并非令人十分满意，项目被终止，风力机被拆散，相关的试验结果也很少在公开的杂志上发表。图 1-33 所示为由垂直轴风力机构成的风电场。

图 1-33 Tehachapi 山的垂直轴风力机风电场

1.7 风力发电机组的发展趋势

20世纪80年代后，随着风力发电技术的迅速发展，风力发电机组逐步向商业化、大型化发展。到1990年底，出现了多个生产兆瓦级风力发电机组的制造商。风力发电机组的安装场址也不局限于陆地和沿海岸地带，不断地扩展到海上，出现了近海风电场。发电方式也从传统的、利用感应发电机的失速型控制方式，逐步转变为利用变流装置的变速型控制方式。总的来讲，未来风电发电机组的发展趋势体现在以下方面：

（1）水平轴风力发电机组仍然为技术主流。水平轴风力发电机组的技术特点突出，具有风能利用率高、结构紧凑等方面的优势，使水平轴风电机组仍然是国内大型风电机组发展的主流机型，并占到95%以上的世界风电设备市场份额，在国内占到100%的市场份额。同期发展的垂直轴风力机组则因存在一些技术难题，较少得到市场认可和推广应用。但垂直轴风力机具有其独特的技术特点，近年来国内外仍在持续进行一些研究和开发工作。

近年来，国内风电市场中风电机组的单机容量持续增大，随着单机容量不断增大和利用效率提高，主流机型已经从2005年的750～850kW增加到2013年的1.5～2.5MW。2012年新安装的机组的平均单机容量达到了1.65MW，而2013年新安装的机组的平均单机容量已经达到了1.73MW，最大风电机组达6MW。

近年来，海上风电场的开发进一步加快了大容量风电机组的发展，我国华锐风电的3MW海上风电机组已经在海上风电场批量应用。3.6MW、4MW、5MW、5.5MW和6MW海上风电机组已经陆续下线并投入试运行。目前，华锐、金风、上海电气、联合动力、湖南湘电、重庆海装、东方汽轮机、广东明阳和太原重工等公司都已经研制出5～6MW的大容量海上风电机组产品，为大规模开发海上风电积极做好准备。

（2）变桨变速功率调节技术得到广泛采用。变桨距功率调节方式具有载荷控制平稳、安全和高效等优点，近年在大型风电机组上得到了广泛采用。结合变桨距技术的应用以及电力电子技术的发展，大多数风电机组制造厂商采用了变速恒频技术，并开发出了变桨变速风电机组，在风能转换效率上有了进一步完善和提高。2012年，在全国安装的风电机组全部采用了变桨变速恒频技术。2MW以上的风电机组大多采用三个独立的电控调桨机构，通过三组变速电机和减速箱对桨叶分别进行闭环控制。

（3）双馈异步发电技术仍占主导地位。外资企业丹麦Vestas公司、西班牙Gamesa公司、美国GE风能公司、印度Suzlon公司以及Nordex公司等都在生产双馈异步发电型变速风电机组。

我国企业华锐风电、东方气轮机、国电联合动力、广东明阳、上海电气和重庆海装等企业也在生产双馈异步发电机变速恒频风电机组。2013年我国新增风电机组中，双馈异步发电型变速风电机组约占69%的比例。目前，我国华锐风电研发的3MW的双馈异步发电型变速恒频风电机组已经在海上风电场批量投入应用，6MW的双馈异步发电型变速恒频风电机组已经试运行。国电联合动力6MW的双馈异步发电型变速恒频风电机组已经安装试验。

（4）海上风电。海上风电场的开发目前倍受重视。丹麦、德国、西班牙、瑞典等国家都在计划着较大的海上风电场项目。海上风速较陆上更大且更稳定，一般陆上风电场平均设备利用小时数为2000h，较好的为2600h，在海上则可达3000h。为了便于浮吊的施工，海上风电场一般建在水深为3～8m处，同容量装机，海上比陆上成本增加60％，电流增加50％以上。

在我国，随着海上风电场规划规模的不断扩大，各主要风电机组整机制造厂都积极投入大功率海上风电机组的研制工作。2010年，3MW海上风电机组率先推出，并在上海东海大桥海上风电场批量投入并网运行。6MW海上风电机组已于2011年10月在江苏射阳县临港产业区完成首台机组的吊装。6MW直驱式海上风电机组已经下线。中外公司合作研发的5MW海上直驱永磁风电机组已经投入试运行。"海上风力发电工程技术研发中心"的成立，形成了全套产业链的整合，完成了5MW海上风电机组的研发。6MW海上风电机组已经安装试运行。多家国内公司都在全力研制大型海上风电机组。

（5）直驱式风力发电机组。直驱式风电机组能有效地减少由于齿轮箱故障导致的风电机组停机事故，提高了系统的运行可靠性，降低了设备的维修成本。直驱式风电机组一般需要采用全功率变流方式并网发电，随着几年来全功率变流并网技术的发展和应用，使风轮和发电机系统的调速范围得以扩大，可以有效地提高风能利用率，改善向电网供电的质量。直驱式风电机组研发的技术关键是发电机系统，随着高性能材料、电机设计技术和电子变流器制作技术的进步，此种机型具有很好的发展前景。目前，全功率变流技术存在的主要问题是对电网的谐波污染较大，设备成本较高。

我国新疆金风科技有限公司与德国Vensys公司合作研制的1.5MW直驱式风电机组，已有上千台安装在风电场。金风科技有限公司研制的2.5MW直驱式风电机组已经批量投放国内外市场。金风科技在2011年、2012年和2013年连续成为我国风电市场的第一大供应商。

第2章 风 与 风 能

太阳辐射差异造成地球表面大气受热不均，温度差异造成了大气层压力分布不均。在压力差的作用下，空气流沿水平方向由高压区流向低压区，空气的流动形成了风，风所具有的动能为风能。因此，风能也属于太阳能，是太阳能的一种转化形式。

本章将详细地讨论风的成因、种类和测量方法；风能的基本性质和分布，还将进一步讨论用来估测给定风况下风能潜力的方法。

2.1 风 的 形 成

2.1.1 "大气环流"理想模型

地球从太阳接收约 $1.7 \times 10^{14}\,kW$ 的辐射能量，其中有 $1\% \sim 2\%$ 的热能到达地球表面后，转换成了风能。地球被数千米厚的大气层包围，太阳辐射加热了大气。地球各纬度的太阳辐射强度不同，使得各地冷热有差异，造成了大气运动。

赤道和低纬度地区，太阳高度角大，近似直射，日照时间长，辐射强度大，地面和大气接受的热量多，大气温度较高；相反，高纬度地区，太阳高度较小，为斜射，日照时间短，地面和大气接受的热量少，温度低。这种高纬度和低纬度之间的温度差异，形成了地球南北之间的气压梯度，使空气做水平运动，风沿垂直于等压线的方向从高压地区吹向低压地区。使空气水平运动方向发生偏向的力，称为地转偏向力。在地球自转中，地转偏向力使北半球气流向右偏转，南半球气流向左偏转，所以地球大气运动除了受气压梯度力的影响外，还受地球偏转力的影响。地球周围大气层宏观的真实运动为这两种力综合影响的结果，如图2-1所示。

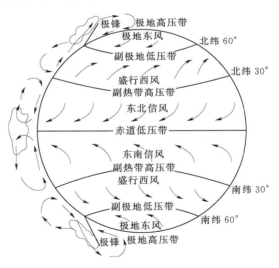

图2-1 地球表面风的形成和风向

地球自转也影响着大气的运动。接近极地面的冷空气由于地转偏向力的作用而偏向西方，而大气层上部的暖空气偏向东方。这引起了北半球围绕低压区的反时针方向环流和南半球顺时针方向的环流。由于地球不断自转，在纬度30°附近，热空气在高空一侧有空气流向赤道，由于地转偏向力的作用，北半球吹东北风，南半球吹东南风，风速稳定但不大，3~4 级，这就是所谓的信风。所以，在南北纬度 30°之间的地带被称为信风带。在副热带高压向着极地一侧，有空气流向中纬度。在地球自转的影响下，南北半球都吹偏西风，并且风速较大，称为盛行西风带。从基地地面高气压流出的空气，受地转偏向力趋势，南北半球均吹偏东风，这样就在纬度 60°~90°之间形成了极地东风带。上述各部，即热带-赤道信风圈、中纬盛行西风圈、极地东风圈组成了地球上三个大气环流圈，这便是著名的"三圈环流"，如图 2-1 所示。空气在离地面 18km 高空内的流动情况如图 2-1 左侧所示。相邻的环流圈相互间，旋转方向相反。南北信风带环流从赤道无风带彼此分离，又各自在副热带高压区与亚热带高压带环流分开，而后者又各自与南北极地东风带环流分开。

但是，"三圈环流"是一种理想的环流模型，反映了大气环流的宏观情况。实际上，受到地形和海洋等因素的影响，如海陆分布的不均匀、海洋和大陆受热温度变化的不同、大陆地形的多样性等，实际的环流比理想模型要复杂得多。不过，对于地形比较均匀的南半球，其大气环流接近于上述理想模型。从微观上讲，距地球表面 100m 内的风速和风向是变化的，且此高度区域内，山坳和海洋不仅可改变气流运动的方向，还可使风速加速；而丘陵、山地、森林和建筑物使地表面摩擦力增大，会降低风速；相反孤立的山峰，因海拔高而使风速降低。

2.1.2 气压与风

驱使大气运动的原因错综复杂，水平风、垂直升降气流、不规则的紊流运动都是造成大气运动的原因。

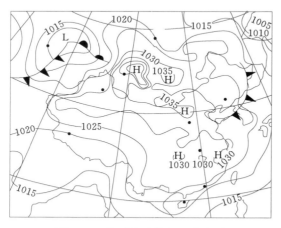

图 2-2 某时大陆等气压分布图

图 2-2 所示为大陆等气压分布图，曲线是等压线。如果闭合等压线的气压值高于周围，则称其为高气压区；相反称为低气压区。如同山峰的山脊和山谷，从高气压伸展出来的部分称为高压脊，从低气压伸展出来的部分称为低压槽。

一般把单位距离内气压的变化值称为气压梯度。等压线分布有疏有密，等压线的疏密程度标志着单位距离内气压差的大小。等压线越密集，代表气压梯度越大。这种由于气压梯度而产生的旁压力称为气压梯度力，这是推动空气运动的作用力。气压梯度力把两地间的空气从高气压区域推向低气压区域，空气流动便形成了风。气压梯度力越大，空气流动的速度越快，风速越大。气压梯度力的大小可以用下式来表示

$$F_g = -\frac{1}{\rho}\frac{\Delta p}{\Delta n} \tag{2-1}$$

式中　F_g——气压梯度力；

　　　$\dfrac{\Delta p}{\Delta n}$——气压梯度；

　　　ρ——空气密度。

从式（2-1）可以看出，气压梯度力与气团的空气密度成反比，而与气压梯度成正比。

但是，风并非直接从高气压吹向低气压，而是不停地在发生偏转，偏转方向可通过左手法则、右手法则进行判别，如图2-3所示。北半球遵循右手法则，风总是向右偏转，南半球遵循左手法则，风总是向左偏转。风之所以发生偏转，是因为空气在相对地面运动时承受了另外一种力，这种因地球自转使空气水平运动发生偏向的力称为地转偏向力。值得注意的是，地转偏向力在空气相对地球静止时为零。地转偏向力的大小可以用下式来表示

图 2-3　风偏转方向

$$F_a = 2v\omega\sin\varphi \tag{2-2}$$

式中　F_a——地转偏向力；

　　　v——风速；

　　　ω——地球自转角；

　　　φ——纬度。

从式（2-2）可以看出，地转偏向力随风速增大而增大，且与风向始终垂直。在风速相同的情况下，纬度越高，地转偏向力越大，在南北极达到最大值，而在赤道为零。在同一纬度，风速越大，地转偏向力越大。

在地转偏向力的作用下，风向不断发生偏转。直到风向被偏转到与气压梯度力成90°角，此时气压梯度力对风的分作用力为零。气压梯度力与地转偏向力正好方向相反，大小相等，达到平衡。在平衡状态下，风向与气压等压线保持平行，如图2-4所示。这种平衡规律显示了气压和风的相互关系，即风速与气压梯度成正比，风向与等压线成平行。图2-4中，L为低压，H为高压。

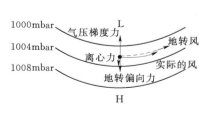

图 2-4　风偏转

图 2-5　风偏转方向

以北半球为例，在高空大气里，按照气压与风的关系分析，风近似地沿着等压线的闭合环进行流动。在高气压区以顺时针方向流转，在低气压区以逆时针方向流转。但在近地面，由于受到摩擦力的影响，在高气压区气流一边以顺时针的方向旋转，一边向外扩散；

相反在低气压区，气流一边以逆时针的方向旋转，一边向内汇集。两者均表现为螺旋状的流动，如图 2-5 所示。

2.2 风 的 种 类

按照划分的标准不同，风的种类很多。按照风形成的原因划分，有海陆风、山谷风、焚风、季风、干热风、旋风、龙卷风和台风。这里主要介绍与风力机联系较紧密的前四种风，后四种风速对风能利用意义不大，故不作介绍。

2.2.1 海陆风

海洋的热容量大，海水温度随季节的变化较小。海洋地域平坦，对气流流动阻力甚小，因而在大洋上形成的风带最接近理想环流模型。大陆上气压季节性变化十分明显，这种理想风带被扰乱。因此，在存在海陆差异的地区，风速和风向会受到昼夜和季节的影响。白昼时，大陆吸收了大量的太阳辐射热，导致大陆表面空气的升温速度较快，大陆表面的气流受膨胀上升至高空，然后流向海洋，到海洋上空受冷却后再下沉。大陆表面因气流上升而形成了低压区，近地层海洋因上空气流下沉而形成高压区。在高低压的作用力下，为补偿陆地附近的低气压，海平面上的空气向陆地流动，形成海风。因而，海风是一股从海上吹向陆地的风。

夜间，风形成的过程恰好相反。海洋吸收阳光而蕴藏了大量的热量，海洋表面气流降温较慢，陆地表面空气温度下降较快，地表的空气从陆地流向海面，形成了陆风。

在地球的中纬度地区，海风可以从海岸线深入陆地 50km；而在低纬度的海风风速可达 4~8m/s，而陆风一般只有 1~3m/s。故在海岛上，经常白天多雨，夜间多晴朗。在较大的海岛上，白天的海风由四周向海岛汇合，夜间则岛上气流流向大海。

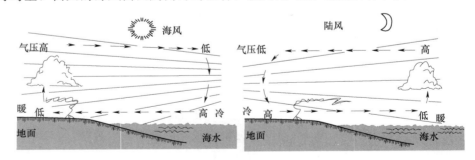

图 2-6 海陆风形成原理

2.2.2 季风

季风是由海陆分布、大气环流、大陆地形等因素造成的。随着季节的不同，陆地和海洋的太阳辐射产生了海洋与陆地之间的温度差异。冬季，大陆比海洋温度低，大陆的气压比海洋的高。底层气流由大陆吹向海洋，高层气流由海洋流向大陆，形成了冬季的季风环流。

夏季相反，大陆地表增热比海洋剧烈，气压随高度变化慢于海洋上空，所以到一定高度，就产生从大陆指向海洋的水平气压梯度，空气由大陆流向海洋，海上形成高压，大陆形成低压，空气从海上流向大陆，形成了与高空方向相反的气流，构成了夏季的季风环流。这种现象在中国大陆很明显，冬天刮北风，气候干燥而寒冷；夏天刮南风，气候湿润而多雨。

世界上季风明显的地区主要有南亚、东亚、非洲中部、北美东南部、南美巴西东部以及澳大利亚北部，其中以印度季风和东亚季风最著名。有季风的地区都可出现雨季和旱季等季风气候。夏季时，吹向大陆的风将湿润的海洋空气输进内陆，往往在那里被迫上升成云致雨，形成雨季；冬季时，风自大陆吹向海洋，空气干燥，伴以下沉，天气晴好，形成旱季。

2.2.3 山谷风

在山区，白天风从山谷吹向山坡，这种风称为谷风；到夜间，风从山坡吹向山谷，这种风称为山风。山风和谷风统称为山谷风，其形成原理与海陆风相似。

白天山坡受热较快，温度高于山谷中同高度的空气温度，坡地表面的空气受热后沿倾斜方向上升，谷底则被冷空气填补，从而形成谷风。夜间，山坡因辐射冷却，降温速度比山谷中同高度的空气较快，因此气流从山坡吹向谷底，从而形成了山风。这两种风的形成条件如图2-7所示。通常这种现象会生成很强的气流，进而形成强风。谷风一般在日出后2~3h出现，并随着温度的升高风速加大，午后达到最大，然后随着温度降低，风速逐渐减小。日落前1~2h谷风平息，山风代之而起，这样周而复始，使山顶昼夜有风，终年刮风。尤其在夏季，谷风、山风愈加明显。

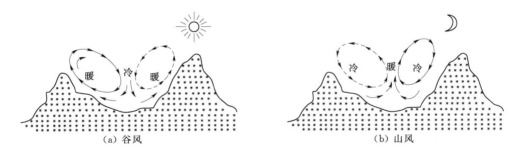

（a）谷风　　　　　　　　　　　　　　　　（b）山风

图2-7　山谷风的形成

谷风的平均速度约为2~4m/s，有时可达7~10m/s。谷风通过山隘时风速加大。山风比谷风小一些，但在峡谷中风力加强，有时会损坏谷底的农作物。谷风所达厚度一般为谷底以上500~1000m，这一厚度还随气层不稳定程度的增加而增大。

我国除山地以外，高原和盆地边缘也会出现与山谷风类似的风，风向和风速却有明显的日变化。出现在青藏高原边缘的山谷风，特别是与四川盆地相邻的地区，对青藏高原边缘一带的天气有着很大的影响。在水汽充足的条件下，白天在山坡上空凝云致雨，夜间在盆地边缘造成降水。

2.2.4　焚风

如图 2-8 所示为焚风形成示意图，当气流跨越山脊时，背风面产生一种热而干燥的风，称为焚风。这种风不像山风那样经常出现，而是在山岭两面气压不同的条件下发生。

图 2-8　焚风形成示意图

在山岭的一侧是高气压，另一侧是低气压时，空气会从高气压区向低气压区流动。但因受山阻碍，空气被迫上升，气压降低，空气膨胀，温度也随之降低。空气每上升 100m，气温则下降 0.6℃。当空气上升到一定高度时，水汽遇冷凝结，形成雨水。空气到达山脊附近后，则变得稀薄干燥，然后翻过山脊，顺坡而下，空气在下降的过程中变得紧密且温度增高。空气每下降 100m，气温则会上升 1℃。因此，空气沿着高大的山岭沉降到山麓的时候，气温常会有大幅度的提升。迎风和背风两面的空气即使高度相同，背风面空气的温度也总是比迎风面的高。每当背风山坡刮炎热干燥的焚风时，迎风山坡却常常下雨或落雪。

焚风的害处很多：会造成果木和农作物的干枯，形成森林大火；当然也可以加速冬季积雪融化，利于早点使草木生长。

2.3　风　廓　线

风速表示风移动的速度，即单位时间内风移动的距离，是描述风能特性的一个重要参数。

风速受地面粗糙度的影响颇大。植被、建筑物或其他地面设施增加了空气流动的阻力，导致地表附近的风速降低。随着离地面高度的增加，地表粗糙度对风速的影响减弱，风速随高度的增加而变大。随着地面粗糙度的增大，风速随距地高度增加而变化的现象愈加明显。定义这种风速随垂直高度增加而发生改变，形成的风速变化曲线为风廓线。

图 2-9（a）所示为某场址典型的风廓线。从理论上讲，地面的风速应为零，在一定海拔下，速度随高度的增加而增大。气象观察表明，风速随高度增加的相对变化量因地而异。如图 2-9（b）所示，在大城市环境下，从地面到高空 45m/s 的稳定风速需要 550m 的高度，而在农村则需要 400m 的高度，在海上仅需要 300m 的高度。下式描述了风速变化规律，即

$$\frac{\overline{v}}{\overline{v}_0} = \left(\frac{H}{H_0}\right)^n \tag{2-3}$$

式中　$\overline{v}_0$——距离地面 H_0 处的平均风速；

　　　$\overline{v}$——高度 H 处的平均风速。

需要注意的是 $\overline{v}_0$ 和 $\overline{v}$ 为统计数据，式（2-3）只能拟合长期的气象观察结果，而对于单独的瞬时风速未必可行。式（2-3）中，幂指数 n 与表面粗糙度 z_0 关系为

$$n = 0.04\ln z_0 + 0.003(\ln z_0)^2 + 0.24 \tag{2-4}$$

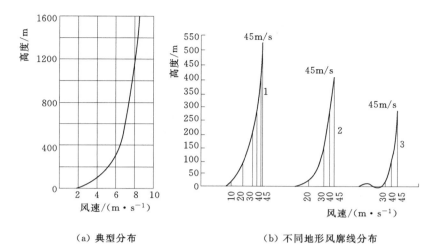

（a）典型分布　　　　　　　　（b）不同地形风廓线分布

图 2-9　风速随高度的变化曲线

1—大城市；2—城市和多树农村；3—平原和沿海

粗糙度 z_0 是风电场设计中需要考虑的一个重要因素。假设风力机半径为 30m，塔架高 100m，叶尖最低处距地面 70m，最高处距地面 130m。若安装在如图 2-9 所示风廓线的地形，因不同高度的风速不相同，因此，作用在旋转叶片上的力和叶片获得的风功率也不相同。表 2-1 给出了不同地貌特征的粗糙度。

表 2-1　不同地表面粗糙度的 z_0 和 n 值的关系

地 面 类 型	粗糙度 z_0/m	n
水面、沙、雪	0.001~0.2	0.10~0.13
矮草、农作物、乡村地区	0.02~0.3	0.13~0.20
森林、城市郊区	0.30~2	0.20~0.27
城市、高大建筑物	2~10	0.27~0.40

气象观测站所获得的数据源于不同高度的传感器，根据世界气象组织的建议，以 10m 高度的风速作为当地风速。然而，风能计算所关注的通常是风力机轮毂高度近 100m 左右高度的风速。这要求在地形粗糙度的基础上，利用在任意高度收集的数据都可以得到其他高度的风速。

由于边界层的影响，风速随高度以指数关系增大，可以利用式（2-3）进行计算，简单而精确。如果风速是在高度 z、粗糙度 z_0 下获得的，则高度 z_R 处的风速由下式给出

$$v_{z_R} = v_z \frac{\ln(z_R/z_0)}{\ln(z/z_0)} \qquad (2-5)$$

式中　v_{z_R}、v_z——z_R 和 z 处的速度。

如果 10m 处的风速为 7m/s，粗糙度为 0.1，高出地面 40m 处的速度就是 9.1m/s。

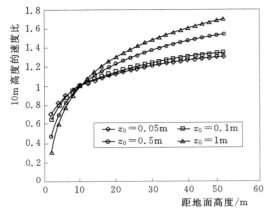

图 2-10　相对于 10m 高度不同粗糙度的风速

但要注意的是 40m 高度处的功率是 10m 处的 2.2 倍。图 2-10 为以 10m 高度为基准的不同高度的风速比与粗糙度的影响曲线。

一定条件下，需要参考某高度的气象数据，并将这些数据转变成其他具有相同的风速轮廓线，但粗糙度不同的风速数据。在这种情况下，可以假设超出某一特定高度后，风速受地表特性影响不明显。假设这个高度为距地面 60m。因此，根据参考位置的速度可将 60m 处的速度表示为

$$v_{60} = v_{z_R} \frac{\ln(60/z_{0R})}{\ln(z_R/z_{0R})} \qquad (2-6)$$

此处的 z_{0R} 是参考点处的粗糙度。考虑第二个位置

$$v_{60} = v_z \frac{\ln(60/z_0)}{\ln(z/z_0)} \qquad (2-7)$$

用式（2-6）除以式（2-7）得出

$$v_z = v_{z_R} \frac{\ln(60/z_{0R})\ln(z/z_0)}{\ln(60/z_0)\ln(z_R/z_{0R})} \qquad (2-8)$$

例：10m 高度的气象站测出的风速为 7m/s。确定出相同风速轮廓线的风电场高度为 40m 处的风速。天文台和风力机所处位置的粗糙度分别为 0.03m 和 0.1m。则根据式（2-8）可得出

$$v_z = 7 \times \frac{\ln(60/0.03)\ln(40/0.1)}{\ln(60/0.1)\ln(10/0.03)} = 8.58(\text{m/s})$$

2.4　地形和障碍物对风速的影响

2.4.1　障碍物对风速的影响

当遇到建筑物、树木、岩石等类似障碍物时，风速和风向均会迅速发生改变。在障碍物后缘会产生很强的湍流，该湍流在下游方向远处逐渐减弱。图 2-11 所示为由障碍物造成的风湍流及其风速变化轮廓线。气流湍流会减小风力机的有效功率，也会增加风力机的疲劳载荷。

湍流强度和延伸长度与障碍物的高度有关。如图 2-11 所示，在障碍物的迎风侧，湍流区长度可高达障碍物的 2 倍高度，背风侧湍流延伸长度可达障碍物高度的 10～20 倍。障碍物高宽比越小，湍流衰减越快；高宽比越大，湍流区越大。在高宽比无限大的极端条件下，湍流区长度可以达到障碍物高度的 35 倍。

在垂直方向，湍流影响范围的最大高度达障碍物高度的 2 倍。当风力机叶片扫风最低点所处的高度是障碍物高度的 3 倍时，障碍物对风力机的影响可以忽略。但若风力机前有较多障碍物时，平均风速因障碍物而发生改变，此时必须考虑障碍物对风力机性能的影

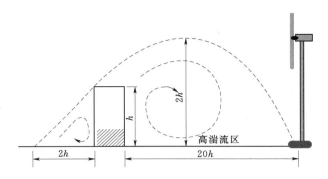

图 2-11　由障碍物造成的风湍流

响。因此，在风电场选址时应考虑到附近区域的障碍物，塔的高度必须足够高以便来克服湍流区的影响。

2.4.2　山脉对风的影响

山脊、丘陵和悬崖的形态极大地影响着风廓线。如图 2-12 所示，光滑的山脊会加速穿越的气流，这是因为风通过山脊时受阻压缩而引起加速。山脊的形状决定了加速的程度，表面裸露时，对风速影响更加明显。若山脊的斜率在 6°～16°之间，加速明显，可充分利用这种效应来开展风力发电项目。若斜率超过 27°或低于 3°，加速不明显，不利于风力发电。如图 2-13（a）所示，对于长而地表坡度平缓的山脊，其顶部及迎风面上半部一般都是较好的风场；在其背风面，因可能存在湍流而不宜设置风力机。

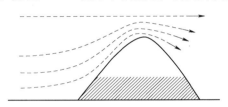

图 2-12　传过山脊时造成的加速效应

另一重要因素是山脊走向。若盛行风风向与脊线垂直，则加速效应更明显。若山脊脊线与盛行风平行，则对风速无加速效应。

在山的缺口，走向与风向平行的山峡，当气流通过通道收敛部位，风速均会提高，这样的部位俗称为风口，如图 2-13（b）所示。当风穿越风口这样的间隙时，产生喷管效应，速度会增强，形成了狭管风。风口的几何参数，如宽度、长度、坡度等，都是决定加速程度的主要因素。若两座高山之间的间隙面向风向，则风口处是一个极佳的风电场。两高山表面越光滑植被越少，粗糙度越小，则对风的加速效果越好。

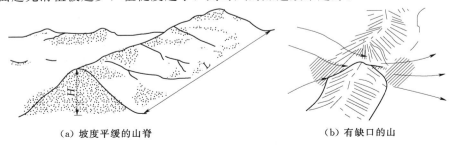

（a）坡度平缓的山脊　　　　　　　　　　（b）有缺口的山

图 2-13　山脉对风的影响

2.5　风　的　特　性

风速和方向随时间连续地发生变化，能量和功率也随之发生改变，表现出了极大的随机性。这种变化存在短期波动，也存在昼夜变化和季节变化。

2.5.1　风速

风速是描述风特征的一个重要参数。图 2 - 14 所示为在 30s 内风速变化曲线，可以看出，风速在 5.1～7.2m/s 范围内波动，这种波动表现出极大的随机性。风速的短期变化主要由当地的地理和气候引起。

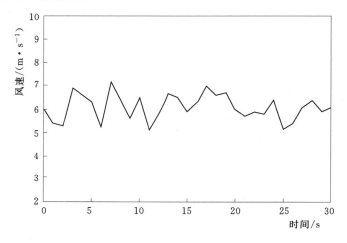

图 2 - 14　30s 内的风速变化

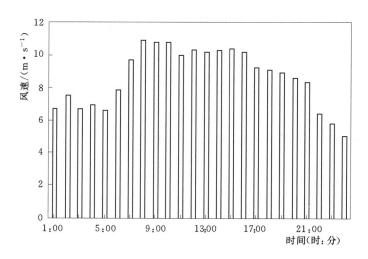

图 2 - 15　24h 内的风速变化

图 2 - 15 所示条形图表示了某地区昼夜 24h 的风速变化规律。昼夜速度改变主要由海

上和陆地表面之间的温差引起。从图 2-15 中可以看出，普遍规律是白天的风较强，晚上的风较弱。应当指出，图 2-15 这样昼夜风速变化规律对风力发电非常有利，因为白天用电负荷比夜间用电负荷要大得多。

图 2-16 所示为某地区一年 12 个月的风速变化情况。由于地球的倾斜和椭圆形绕日轨道，导致各个季节风速不同，其主要原因是一年中白天的变化。这种效应在两极处更加突出。由年风速-时间曲线可以得到年平均风速，年平均风速可以简单初步地衡量一个地区的风资源状态。

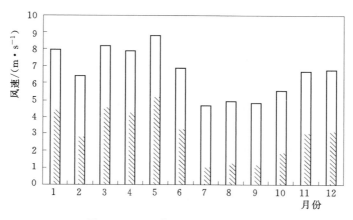

图 2-16 12 个月风速的变化幅度

2.5.2 风向

风向是描述风特性的又一重要参数。气象上把风吹来的方向定为风向。

风来自北方，称为北风；风来自南方，称为南风。气象台预报风时，把风向在某个方向左右摆动不能确定时，则加以"偏"字，如在北风方位左右摆动，则称为偏北风。风向测量单位，陆地一般用 16 个方位表示，海上则多用 36 个方位表示。若风向用 16 个方位表示，则用方向英文首字母的大写组合来表示方向，如北东北（NNE）、东北（NE）、东东北（ENE）、东（E）、东东南（ESE）、东南（SE）、南东南（SSE）、南（S）、南西南（SSW）、西南（SW）、西西南（WSW）、西（W）、西西北（WNW）、西北（NW）、北西北（NNW）、北（N）。静风记"C"。风向是风电场选址的一个重要参考因素。若欲从某一特定方向获取所需的风能，则必须避免此气流方向上存在任何的障碍物。

早期用风向仪中的风向标来确定风向。现在，大多数风速仪可同时记录风向和风速。图 2-17 所示为一典型的风向仪装置，由尾翼、指向杆、平衡锤及旋转主轴四部分组成的首尾不对称平衡装置。风向仪可以测定风向，一般安装在离地面 10m 高度的测风塔上，如果附近有障碍物，则风向仪至少要高出障碍物

图 2-17 风向仪

6m 高度。

定义在一定时间内各种风向出现的次数占所观测总次数的百分比为风向频率。

$$风向频率 = \frac{某风向出现次数}{风向总观测次数} \times 100\% \tag{2-9}$$

风速频率反映了风速的重复性，指在一个月或一年的周期中发生相同风速的时数占这段时间刮风时数的百分比。

风速和风向的信息都可以风玫瑰图的形式呈现。风玫瑰图表示不同方向的风特性分布示意图，该示意图被划分成 8、12 甚至 16 等分的空间区域来表示不同的方向，根据各方向风特性出现的频率按相应的比例长度绘制在该图上，如图 2-18 所示。

风频玫瑰图可表示三类信息：①盛行风向，根据当地多年观测资料的年风向玫瑰图，风向频率较大的方向为盛行风向，以季度绘制的风玫瑰图可以呈现出四季的盛行风向；②风向旋转方向，在季风区，一年中风向由偏北逐渐过渡到偏南，再由偏南逐渐过渡到偏北，也存在一些地区，风向不是逐步过渡而是直接交替，风向旋转不存在；③最小风向频率，指与两个盛行风向对应轴大致垂直的两侧为风向频率最小的方向，当盛行风向有季节风向旋转性质时，最小风向频率应该在旋转方向的另一侧。

用同样的方法表示各方向的平均风速，称为风速玫瑰图。用相同方法表示不同方向获取的能量，称为风能玫瑰图。图 2-18 所示为某一场址的风频玫瑰图、风速玫瑰图和风能玫瑰图。

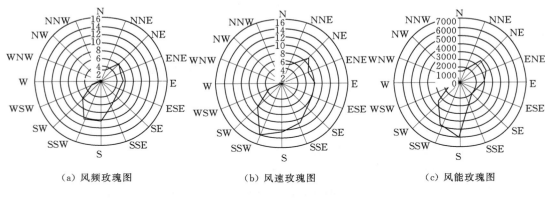

| （a）风频玫瑰图 | （b）风速玫瑰图 | （c）风能玫瑰图 |

图 2-18 风玫瑰图

2.5.3 湍流

风速特性的观察记录表明，风具有湍流特性，即风向和风速在不停地发生改变。甚至在极短的时间内，会有相当大的变化，这种在极短的时间产生的 50% 或者更高的风速突变为阵风。突变的风速有时增大，有时减小。通常把速度突然减小的阵风称为负阵风。

图 2-19 所示为 8min 内风速风向随时间的瞬时变化过程。对于风力机而言，计算载荷、设计功率调节系统和设计对风系统等，都需要准确地了解瞬时风速、风向的变化。

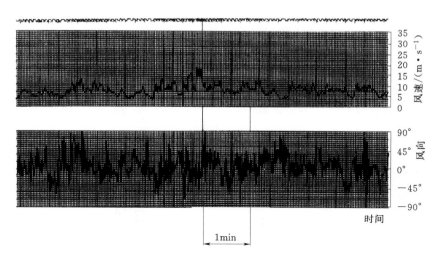

图 2-19　8min 内风速风向随时间的瞬时变化过程

风向和风速的瞬时变化可以看成是均匀气流和旋流的叠加。一个切向速度 Δv 的简单旋流，被速度为 v_m 的均匀气流所夹带，其方向和速度的变化规律为

$$v = v_m + \Delta v \qquad (2-10)$$

当 v_m 和 Δv 的方向相同时，速度最大；当 v_m 和 Δv 的方向相反时，速度最小。据实际统计，$\Delta v / v_m$ 的值一般为 $0.15 \sim 0.4$。设 Δv 的大小固定，则可写为

$$v_{max} = v_m + \Delta v \qquad (2-11)$$

$$v_{min} = v_m - \Delta v \qquad (2-12)$$

由此可得

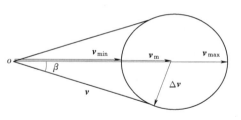

图 2-20　阵风的产生

$$v_m = \frac{v_{max} + \Delta v_{min}}{2} \qquad (2-13)$$

$$\Delta v = \frac{v_{max} - v_{min}}{2} \qquad (2-14)$$

设 β 为 v_m 和瞬时风速 v 之间的最大夹角，则风向波动的最大幅度为

$$\sin\beta = \frac{\Delta v}{v_m} \qquad (2-15)$$

观察表明，风速、风向在垂直方向的变化很小，仅为水平方向变化的 $1/10 \sim 1/9$，所以在风能利用中应该更加关注风在水平方向上的速度波动。

在实际测试风的紊流脉动变化时，应有足够快的采样速度（最小 1Hz），且常采用标准差与某一测试时间内平均值的关系式来计算脉动，即

$$\frac{\sigma}{v_m} = \frac{1}{v_m} \sqrt{\frac{1}{n} \sum_{i=1}^{n} (v_i - v_m)^2} \qquad (2-16)$$

典型的紊流特性是在平均风速的上下 10%～20% 内浮动。

在某一时间段内，最大风速估算的理论公式为

$$v_{max} = v_m \left[1 + \frac{3}{\ln(z/z_0)} \right] \qquad (2-17)$$

式中　v_m——平均风速；

　　　　z——离地面某一高度的粗糙度；

　　　　z_0——地面粗糙度。

风向突变在暴风雨发生前更加明显。表 2-2 给出了一组风场实测的风向数据。这种情况出现的时间频率为 2 年/次，故在设计风力机时，必须计算几分钟内 180° 的风向突变及相应的风速突变。

表 2-2　风向随风速变化的突变情况

风速/(m·s⁻¹)	风向变化/(°)	变化时间/min	风速/(m·s⁻¹)	风向变化/(°)	变化时间/min
29.0	160	6	15.6	90	8
14.8	65	7	17.0	80	7
19.2	190	3	7.2	130	1
15.2	190	1.5～2.0			

对于风速突变，要考虑阵风的产生。通常用阵风系数 G 来表示阵风的大小，即最大风速 v_{max} 对于平均风速 v_m 的比值，$G = \dfrac{v_{max}}{v_m}$。一般定义是阵风风速与时距 10min 的平均风速之间的比值，以确定任意给定时间内的最大（最小）阵风风速。一般地，湍流强度越大，阵风系数也越大；阵风持续时间越长，阵风系数越小。在气象学中，常用阵风系数 G 以及阵风时间 t 来描述阵风。阵风大小取决于平均时间、采样速率、采样频率、平滑性、风杯常数或预平均值等，见表 2-3。

表 2-3　不同平均时间的阵风系数

t/s	G	t/s	G	t/s	G
60	1.24	20	1.36	5	1.47
30	1.33	10	1.43	0.5	1.59

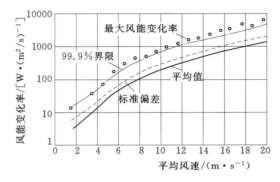

图 2-21　某海岸风速与风能变化率

在风能计算中，阵风的考虑仅限于风速的最大值。对于载荷计算和控制系统设计时，则主要考虑阵风随时间的变化过程。阵风系数必须在阵风之前确定下来，平均时间的长短取决于阵风的大小，阵风对风力机影响还应考虑风力机容量的大小。

阵风系数用于对阵风变化过程的分析，风能梯度用来定义阵风能量的变化速率。图 2-21 表示某海岸风速与所有阵风的风能梯度值的统计平均值关系。图 2-21 纵坐

标表示单位过风面积上的风能量梯度变化，即风能变化率。从图 2-21 中看出，对于 19～20m/s 平均风速的阵风，具有近 5000W/(m²·s) 的风能变化率，当直径 25m 的风力机遇到这样的阵风，需要在 1s 内将 2453kW 多余的功率卸掉。

2.6 风 力 等 级

风力等级是根据风对地面或海面物体影响而引起的各种现象来评估风力大小和风力强度等级的物理量。国际通用风力等级表是英国人 Francis Beaufort（1774—1859）早在 1805 年拟定的，国际上称为"蒲褐风级"，Francis Beaufort 把风速分为 13 个等级，从 0 级风开始，最大 12 级风。1946 年风力等级由 13 个等级改为 18 个等级，实际上应用的还是 0～12 级，故最大的风速还是被人们常常说为 12 级台风。表 2-4 给出了各级风力与风速的关系，以及各级风力下的外在自然表现。

表 2-4 中最大的风速是从热带飓风中测到的，风速达到 200km/h 以上，发生在南纬 45°附近。也有记录显示最高风速发生在 1934 年 4 月 12 日美国华盛顿山，5min 内平均风速高达 338km/h。

表 2-4 风 力 等 级 表

风力等级	风 速		风力强度	海面浪高（一般/最高）/m	环 境 自 然 现 象
	km/h	m/s			
0	<1.0	0～0.2	无风	—	无风；炊烟直上
1	1～5	0.3～1.4	软风	—	炊烟颤动；风标几乎无转动
2	6～11	1.7～3.1	轻风	0.15/0.30	人面感觉有风；树叶摇摆；风标开始转动
3	12～19	3.3～5.3	微风	0.60/1.00	树叶及细枝不停摇动；旗子飘动
4	20～28	5.6～7.8	和风	1.00/1.50	沙土、纸盒、树叶被风吹起；细树干开始摇动
5	29～38	8.0～10.6	轻劲风	1.80/2.50	小树开始晃动
6	39～49	10.8～13.6	强风	3.00/4.00	大树开始摇动；电线杆上的电线发出啸声
7	50～61	13.9～16.9	疾风	4.00/6.00	整个大树被吹动；迎风行走困难
8	62～74	17.2～20.6	大风	5.50/7.50	细枝及细树干被吹断；迎风行走非常困难
9	75～88	20.8～24.4	烈风	7.00/9.75	简易屋顶被吹走
10	89～102	24.7～28.3	狂风	9.00/12.50	树连根拔起；房屋结构受到严重破坏，陆上很少发生
11	103～117	28.6～32.5	暴风	11.30/16.00	陆上很少发生；破坏力强
12	118～133	32.8～36.9	飓风	13.70	通常发生在海洋上，陆上绝少见，摧毁力极大
13	134～149	37.2～41.4			
14	150～166	41.7～46.1			
15	167～183	46.4～50.8			
16	184～201	51.1～55.8			
17	202～220	56.1～61.1			

2.7 风 速 测 量

　　准确地把握风能特性对风电项目的规划和实施至关重要，所需基本信息包括不同时间段盛行风的风速和风向。从气象站获取的风能数据能更好地帮助理解风电场风谱。但是，为了对风电场风能特性进行精确的分析，必须采用精确而可靠的仪器来测量风速和风向。

2.7.1　生态指标

　　风成特征为地表由于持续强风而形成的自然特征。沙丘形态就是典型的例子。沙粒被风吹起，在风速较低时落下。被风吹动沙粒的大小和移动距离的特征，可以表征当地风力强度大小，为风电场选址提供参考。其他风成特征案例还有干盐湖、沉积柱和风冲刷等，这些都可以用来作为风电场选址的参考。

　　另一种风电场选址的方法是遵守生态指标。树木和灌木会因强风冲刷而变形，变形程度和特征取决于风力强度。此方法特别适合判断山谷、沿海和山区的风。根据侧面形状，图 2-22 归类了树受风影响的八种变形特征：无变形、冲刷、轻微旗形化、中度旗形化、强旗形化、切边及旗形化、倾倒及旗形化、完全旗形化。当风向比较单一，即当地只有一种盛行风向时，树木面迎盛行风向的一侧由于经常受较大风速吹袭，水分蒸发大大加速而使新生枝芽生长缓慢以至枯萎；而背风一侧仍能继续生长，从而使树形发生不对称，气象学上称之为风成偏形树。

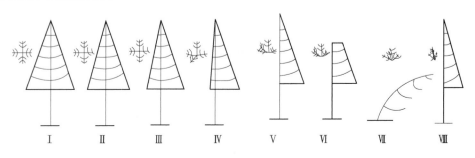

图 2-22　树的形态

　　风冲刷是指背风处的枝条，当叶子落下时可清晰地看到风冲刷的痕迹。这种风是微风，对风力发电来说无利用价值。旗形化为树枝被刮到背风处，树木侧面看像一面摇摆的旗帜一样。因风速变动而带来的旗形化效应对风力发电来说是有价值的。对于倾倒和旗形化形态，在强风效应下，树的主干和树枝向下风向倾倒，这是强风效应。对于切边风，由于其为强劲的风，主干的树枝被压迫而难以长到正常的高度。完全旗形化表示，由于极强的风，使得树木无论从俯视图还是侧视图都近似一面旗帜。

　　基于这些变形，风的强度采用七分制，如图 2-22 所示，显示了树干的顶部和迎风部的形状。但应该指出的是，这种变形的程度应当随树种的改变而变化。所以，这种方法适用于校准某一固定的树木品种在长时期内的风能数据。一旦这种校准确定了，风速范围则可基于生态指标直接估计出来。

2.7.2 风速仪

　　从生态指标和气象站获取的风速数据，可以帮助设计者找到合适的风电场场址。但最终场址的确定基于短期的实地测量。应利用安装在测风塔上的风速仪来测量风速。测风塔高度为风力机轮毂高度，能避免因地表面剪切风而需进一步修正风速。功率随风速的变化很敏感，故要求在测量风速时，采用敏感、可靠、正确校准且质量好的风速仪。

　　风速仪类型有多种。根据工作原理，可分为旋转式风速仪（杯状风速仪和螺旋桨式风速仪）、压力类风速仪（压力管风速仪、压板风速仪和球状风速仪）、热电风速仪（热线风速仪和热板风速仪）、相移风速仪（超声波风速仪和激光多普勒风速仪）。

　　1. 杯状风速仪

　　最常用的风速仪是杯状风速仪。这种风速仪由三个风杯与短轴连接，等角度地安装在垂直的旋转轴上，如图 2-23 所示。风杯的外形或者是半球形的，或者是圆锥状的，由轻质材料制成。图 2-23 所示为圆锥状的杯状风杯，杯状风速仪是一个阻力装置，当置于流场中时，风能会使得杯状物有阻力，该阻力用下式表示

$$D = C_D \frac{1}{2} A \rho v^2 \qquad (2-18)$$

式中　C_D——阻力系数；

　　　　A——杯状物沿风向的投影面积，m^2；

　　　　ρ——空气密度，kg/m^3；

　　　　v——风速，m/s。

图 2-23　杯状风速仪

　　凹面的阻力系数比凸面的高，故凹侧风杯受到更大的阻力，阻力差驱动风杯绕中心轴旋转。转轴下部驱动一个被包围在定子中的多极永磁体。指示器测出随风速变化的电压，显示出对应的风速值。当风速达 1～2m/s 时，风杯式风速仪就可以起动，旋转速度与风速成正比。

　　杯状风速仪能适应多种恶劣的环境，随风很快加速，使其停止转动的速度却很慢。风杯达到匀速转动的时间要比风速的变化来得慢，存在滞后性，这种现象在风速由大变小时较为突出。如当风速从较大值很快地变为零时，因为惯性作用，风杯将继续转动，不能很快停下来。这种滞后性使得杯状风速仪测量的瞬时风速并不可靠。同时，这种滞后性消除了许多风速脉动现象，使得风速仪测定平均风速比较好。试验证明：三杯比四杯好，圆锥形比半球形好，因为阻力和密度成正比，空气密度稍有改变，都会影响测量速度的准确性。

　　2. 螺旋桨式风速仪

　　类似于水平轴风力机工作原理，有主要靠升力工作的螺旋桨式风速仪，结构如图 2-24 所示。桨叶式风速仪是由多片桨叶按一定角度等间隔地装在一垂直面内，能逆风绕水

图 2-24 螺旋桨式风速仪

平轴转动,其转速正比于风速。桨叶有平板叶片的风车式和螺旋桨式两种。最常见的是由三叶或四叶式螺旋桨,装在形似飞机机身的流线形风向标前端,风向标使叶片旋转平面始终对准风向。叶片由轻质材料制成,如铝或碳纤维热塑料。桨叶旋转方向始终正对风向,在流向平行于轴的气流中,桨叶受到升力,从而使螺旋桨以与风速成正比的速度旋转。

3. 压板风速仪

一种利用压力来测量风速的仪表是压板风速仪,在 1450 年由 Leon Battista Alberti 发明,并由 Robert Hooke (1664) 和 Rojer Pickering (1744) 进一步完善。压板风速仪有一个装在水平臂上,可围绕水平臂转动的摆动盘。摆动盘通过舵臂安装在可自由旋转的垂直轴上,如图 2-25 所示。风向标使得摆动盘始终垂直于气流。垂直于平板的气流可看作一个整体,则平板所受的压力 p 为

$$p = \frac{1}{2}\rho v^2 \qquad (2-19)$$

式中 ρ——空气密度,kg/m³;

v——风速,m/s。

压力 p 使摆动盘向内旋转,其向内摆动的幅度取决于风的强度,故摆动板可用来直接校准风速。而且,压板风速仪适合用来测量大风。

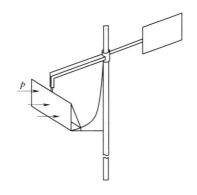

图 2-25 压板风速仪

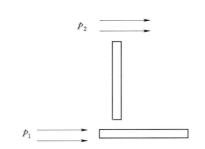

图 2-26 压力管风速仪结构简易图

4. 压力管风速仪

另一种利用压力来测风速的风速仪是压力管风速仪。图 2-26 所示为压力管风速仪的结构简图,根据不可压缩流体的伯努利方程得出

$$p_1 = p_a + C_1 \frac{1}{2}\rho v^2 \qquad (2-20)$$

同样,在垂直于风的管子里,压力为

$$p_2 = p_a - C_1 \frac{1}{2} \rho v^2 \qquad (2-21)$$

式中 p_a——大气压力；

C_1、C_2——系数。

用 p_1 减去 p_2，化简得出

$$v = \left[\frac{2(p_1 - p_2)}{\rho(C_1 + C_2)} \right]^{0.5} \qquad (2-22)$$

因此，通过测量两个管子内的不同压力，即可得出风速。C_1、C_2 值可根据仪器查出。压力通过标准压力表或压力传感器测得。压力管风速仪的主要优势是没有运动部件，但在开放的地区，如有灰尘、潮湿的和有昆虫的地方测量会影响精度。

最常用的压力管风速仪为皮托管。由法国工程师 Pitot 发明，由总压探头和静压探头组成，利用空气流的总压与静压之差即动压来测量风速。图 2-27 所示为 L 形皮托管的结构示意图，根据不可压缩流体的伯努利方程，流体参数在同一流线上的关系式为

$$p + \frac{1}{2} \rho v^2 = p_0 \qquad (2-23)$$

由式（2-23）可得

$$v = \sqrt{\frac{2(p_0 - p)}{\rho}} \qquad (2-24)$$

式中 ρ——空气密度；

p_0——流动空气的总压；

p——静压。

可见，只要已知该地空气密度 ρ，并测得流动空气的总压 p_0 和静压 p，或两者之差 $p_0 - p$，即可按式（2-24）计算风速 v，这就是皮托管测风速的基本原理。

考虑到总压和静压的测量误差，利用测量读数进行风速计算时，应作适当的修正。为此，引入皮托管的校准系数 ζ，可将式（2-24）改写为

$$v = \zeta \sqrt{\frac{2(p_0 - p)}{\rho}} \qquad (2-25)$$

合理地调整皮托管各部分的几何尺寸，可以使得总压、静压的测量误差接近于零。例如，图 2-27 所示的标准皮托管是迄今为止最为完善的一种，其校准系数为 $1.01 \sim 1.02$，且在较大的流动马赫数 Ma 和雷诺数 Re 范围内保持定值。图中的 $0.1d$ 处为风的静压取压小孔。

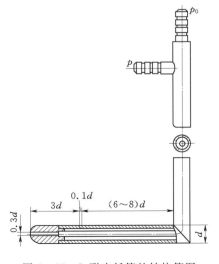

图 2-27 L 形皮托管的结构简图

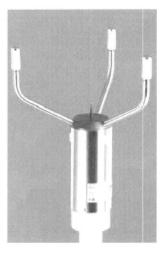

图 2-28　超声波风速仪

5. 超声波风速仪

超声波风速仪通过感应空气中音速的变化来测量风速，结构如图 2-28 所示。超声波风速仪设置三个手臂，彼此垂直安装，在臂端安装了传感器，通过空气向上或向下发出声波信号。运动空气中的声速不同于静止空气中的声速。用 v_s 表示静止空气中的音速，v 表示风速，则若声音和风向同一方向移动，由此产生的声波速度 v_1 可表示为

$$v_1 = v_s + v \qquad (2-26)$$

同样，如果声波的传递与风向相反，则由此产生的声波速度 v_2 可表示为

$$v_2 = v_s - v \qquad (2-27)$$

根据式（2-26）和式（2-27）可得出

$$v = \frac{v_1 - v_2}{2} \qquad (2-28)$$

因此，在上下移动时通过测量传感器尖端间的声波速度，则可计算出风速。超声波风速仪没有可移动部件，在 0~65m/s 范围内测出的风速是可靠且准确的。但是，超声波风速仪比其他类型的风速仪昂贵。

2.7.3　风速表的标定

为了运行可靠，尽可能地减小风速表的测量误差，有必要对风速仪进行定期标定。校准就是在理想条件下制定一个基准风速作为标准。风速仪测量数据质量取决于其自身特性，如精度、分辨率、灵敏度、误差、响应速度、可重复性和可靠性。例如，典型的杯状风速仪有 ±0.3m/s 的精度，风速最微小的变化能被风速仪检测出，灵敏度即是输出与输入信号的比值；误差来源于指示速度与实际速度之间的偏差；响应速度表明了风速仪检测到风速变化的快慢程度；可重复性表明在相同条件下多次测量时所读取数据的接近程度；可靠性表明在给定风速的范围内风速仪成功工作的可能性。风速仪的这些属性应当定期检查。

此外，在风速表适用之前需对其进行标定。风速仪标定是在校准风洞中进行的，校准风洞有吸入式、射流式、吸入-射流复合式以及正压式等多种类型，其中最常用的是射流式校准风洞，其测量系统如图 2-29 所示。射流式校准风洞由稳流段和收敛段构成，稳流段内装有整流网和整流栅格。供应给风洞的压缩空气先通过稳流段，再通过收缩段形成自由射流。

以皮托管风速仪的标定为例，被标定的皮托管感压探头迎风置于风洞出口处，其总压孔轴线对准校准风洞的轴线。标定时，皮托管动压读数为微压计示出的 Δh_1。相应的标准动压由安装在

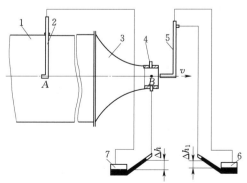

图 2-29　射流式校准风洞测量系统

1—稳流段；2—总压管；3—收敛段；4—静压测孔；
5—被标定的皮托管；6、7—微压计

稳流段 A 处的总压管和开在射流段 B 处的静压孔组合测取，即为图 2-29 所示的 Δh。

在所选择的标定流速范围内，记录各稳定气流流速下校准风洞的标准动压值 Δh 和被标定皮托管的动压值 Δh_1。整理测定数据，结果被拟合成标定方程，或绘制成标定曲线，以备皮托管测量风速时查用。当 Δh 与 Δh_1 之间呈线性关系时，可以直接求出被标定皮托管的校准系数 ζ，即

$$\zeta = \sqrt{\frac{\Delta h}{\Delta h_1}} \qquad (2-29)$$

2.8　中国风能资源分布

在大气活动和地形的影响下，中国风资源具有明显的地域性规律。

为了便于了解各地风能资源的差异性，合理地对风能进行开发利用，以年利用有效风能密度和年风速不小于 3m/s 的风的累积小时数的多少，即风能资源多少为指标，将全国分为四个区，见表 2-5。

表 2-5　风能区划标准

项　　　目	风资源丰富区	风资源较丰富区	风资源可利用区	风资源贫乏区
年有效风能密度/（W·m⁻²）	≥200	200～150	150～50	≤50
风速≥3m/s 的年小时数/h	≥5000	5000～4000	4000～2000	≤2000
占全国面积/%	8	18	50	24

2.9　世界风能资源分布

每年来自太阳能外层空间辐射的能量为 $1.5 \times 10^{18} \mathrm{kW \cdot h}$，其中 2.5% 即 $3.8 \times 10^{16} \mathrm{kW \cdot h}$ 的能量被大气吸收，产生大约 $4.3 \times 10^{12} \mathrm{kW \cdot h}$ 的风能。这一能量是 1973 年全世界电场功率 $1 \times 10^{10} \mathrm{kW \cdot h}$ 的 400 倍。

高速风从海面吹向陆地，地面的粗糙度使风速逐步降低。在沿海地区，风能资源很丰富，并向陆地不断延伸。因而风能资源最丰富的地区分布在大陆沿海地带。以下是风能资源最优的地区。

欧洲：爱尔兰、英国、荷兰、斯堪的纳维亚、俄罗斯、葡萄牙、希腊。

非洲：摩洛哥、毛里塔尼亚、塞内加尔西北海岸、南非、索马里和马达加斯加。

美洲：巴西东南沿海、阿根廷、智利、加拿大、美国沿海地区。

亚洲：印度、日本、中国和越南的沿海地区、西伯利亚。

2.10　可　用　风　能

2.10.1　风能计算

风能利用就是将流动空气拥有的动能转化为其他形式的能量，风能的大小就是流动空

气所具有的动能。

设空气密度为 ρ、速度为 v，在时间 t 垂直流过截面 F 的风能为

$$E = \frac{1}{2}mv^2 = \frac{1}{2}\rho Fvtv^2 = \frac{1}{2}\rho Ftv^3 \qquad (2-30)$$

单位时间内垂直流过截面 F 的空气拥有的做功能力称为风能功率，其计算式如下

$$W = \frac{1}{2}\rho Fv^3 \qquad (2-31)$$

风能功率单位为 N·m/s。从式（2-31）可以看出，风能功率与风速的立方成正比，也与流动空气的密度和垂直流过的投影面积成正比。

2.10.2　平均风能密度

风能密度是评价风场优越性的一个重要参数。风能密度 E_D 是流动空气在单位时间内垂直流过单位截面积的风能，其计算式如下

$$E_D = \frac{1}{2}\rho v^3 \qquad (2-32)$$

风能密度的单位为 N·m/(s·m²)，即 W/m²。

在 T 时间段内，将式（2-32）对时间积分后平均，便得到 T 时间段内平均风能密度 $\overline{E}_D$，即

$$\overline{E}_D = \frac{1}{T}\int_0^T \frac{1}{2}\rho v^3 \, \mathrm{d}t \qquad (2-33)$$

一般情况下，风能统计所在地空气密度 ρ 的变化可以忽略不计，故式（2-33）可简化为

$$\overline{E}_D = \frac{\rho}{2T}\int_0^T v^3 \, \mathrm{d}t \qquad (2-34)$$

式（2-34）是理想状态下的计算公式，实践中风能密度的计算比较复杂。可直接利用观测资料计算平均风能密度。根据平均风能密度计算公式（2-32），先计算每个小时的风能密度，然后再求和，并按全年小时数平均，就可得到年平均风能密度。另外，也可以根据观测记录，像处理风频分布一样，把全部风速值分成许多段，每段为 1m/s，把每段风速平均值的三次方乘以空气密度，再乘以该风速段全年发生的频率（该风速每年发生的小时数，小时/年），可得到如图 2-30 所示的风能分布曲线。并且可按下式计算该地的平均风能密度

$$\overline{E}_D = \sum \frac{n_i}{2N}\rho v_i^3 \quad (i=1,2,3,\cdots) \qquad (2-35)$$

从式（2-35）可以看出，平均风能密度也就是风能密度概率分布的数学期望。

也可以利用风速的概率分布计算风能密度。在已知风频概率分布函数的条件下，可以方便地计算平均风能密度。下面以威布尔（Weibull）分布为例进行说明。

根据风能密度的定义，风能密度 E_D 只和空气密度 ρ 和风速 v 的三次方有关。空气密度 ρ 和风速 v 都可分别看作是具有一定概率分布规律的随机变量，E_D 作为两个随机变量的函数，也是一个随机变量。因此其数学期望 $E(E_D)$ 为

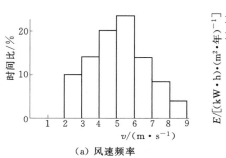

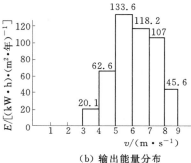

图 2-30 风能分布

$$E(E_D) = \frac{1}{2}E(\rho v^3) \qquad (2-36)$$

通常情况下，空气密度 ρ 和风速 v 无关，这时式（2-36）变为

$$E(E_D) = \frac{1}{2}E(\rho)E(v^3) \qquad (2-37)$$

对于指定地点，若取 $\bar{\rho}$ 为其年平均密度，且为常数，在计算该地的年风能密度时，具有较高的计算精度。这样 E_D 的概率分布特征实际上就只决定于风速 v 的概率分布特征了。决定平均风能密度的问题就简化为计算风速三次方数学期望的问题。

$$E(E_D) = \frac{1}{2}\bar{\rho}E(v^3) \qquad (2-38)$$

风速 v 服从威布尔分布的概率分布函数为

$$f(v) = \frac{c}{A}\left(\frac{v}{A}\right)^{c-1}e^{-\left(\frac{v}{A}\right)^c} \qquad (2-39)$$

因此，风速立方的数学期望为

$$E(v^3) = \int_0^{+\infty}v^3 f(v)\mathrm{d}V = \int_0^{+\infty}\frac{c}{A}\left(\frac{v}{A}\right)^{c-1}e^{-\left(\frac{v}{A}\right)^c}v^3\mathrm{d}v \qquad (2-40)$$

$$= \int_0^{+\infty}A^3\left(\frac{v}{A}\right)^3 e^{-\left(\frac{v}{A}\right)^3}\mathrm{d}\left(\frac{v}{A}\right)^c \qquad (2-41)$$

设 $y=(v/A)^c$，则有

$$E(v^3) = A^3\int_0^{+\infty}y^{\frac{3}{c}}e^{-y}\mathrm{d}y = A^3\Gamma\left(\frac{3}{c}+1\right) \qquad (2-42)$$

可见，风速立方的概率分布依然是一个威布尔分布函数，不同的是其形状参数变为 $c/3$，尺度参数为 A^3。

2.10.3 理论可用风能

流动空气所具有的动能在通过风力机转化为其他形式的能量时，还有一个转化率的问题，最理想的转化率 C_P 与风能的乘积即为理论可用风能。因此一年内的理论可用风能 E 可以用风能密度-时间曲线与时间坐标轴的面积乘以 C_P 来表示，即

$$E = \int_0^T C_{\mathrm{P}} \omega \mathrm{d}t = C_{\mathrm{P}} \overline{\omega} T \qquad (2-43)$$

年可用风能的单位是 $\mathrm{kW \cdot h/m^2}$。

2.10.4 有效可用风能

风力机在过小和过大的风速下都不能工作，且自身的效率 $\eta < 1$，因此风力机不能获得全部流动空气中理论可用能 E。

当风由微风增加到风力机起动风速时，风力机才开始起动。在此风速下，风轮轴上的功率等于整机空载时自身消耗的功率，风力机还不能对用户输出功。当风速继续增加，风力机开始对外输功，达到额定风速时风力机即输出额定功率。高于此风速，采用功率调节系统控制，风力机输出功率一般将保持不变。

如果风速继续增加，达到顺桨风速或停机风速时，为了保证机组的安全，超过这个风速必须停机，此时风力机不输出功率，如图 2-31 所示。考虑到这些影响因素的限制，最终有效可用风能为图 2-31 中的阴影面积。

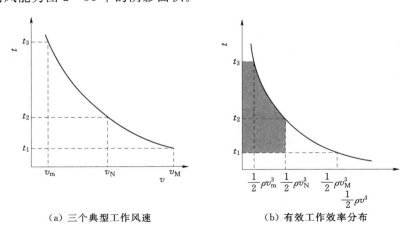

（a）三个典型工作风速　　　　　　（b）有效工作效率分布

图 2-31 有效可用风能示意图

2.10.5 平均有效风能

年平均有效风能密度 $\overline{\omega}_e$ 的概念，是指一年中有效风速 $v_m \sim v_N$ 范围内的风能平均密度。它的计算式为

$$\overline{\omega}_e = \int_{v_m}^{v_N} \frac{1}{2} \rho v^3 p'(v) \mathrm{d}v \qquad (2-44)$$

式中　$p'(v)$——有效风速范围内风能密度的条件概率分布函数，即在 $v_m \sim v_N$ 风速范围内发生的风能密度的概率。

依条件概率的定义，存在如下关系

$$p'(v) = \frac{p(v)}{p(v_m \leqslant v \leqslant v_N)} = \frac{p(v)}{p(v \leqslant v_N) - p(v \leqslant v_m)} \qquad (2-45)$$

根据式（2-45），可以方便地计算平均有效风能密度，及年有效风能密度的均值。设

风速在 $v_m \leqslant v \leqslant v_N$ 条件下的概率密度为 $p'(v)$，并且风速的威布尔分布参数已知，则风速立方的数学期望 $E'(v^3)$ 为

$$E'(v^3) = \int_{v_m}^{v_N} v^3 p'(v) \mathrm{d}v = \int_{v_m}^{v_N} v^3 \frac{p(v)}{p(v \leqslant v_N) - p(v \leqslant v_m)} \mathrm{d}v$$

$$= \frac{1}{\mathrm{e}^{-\left(\frac{v_m}{A}\right)^c} - \mathrm{e}^{-\left(\frac{v_N}{A}\right)^c}} \int_{v_m}^{v_N} v^3 \frac{c}{A} \left(\frac{v}{A}\right)^{c-1} \mathrm{e}^{-\left(\frac{v}{A}\right)^c} \mathrm{d}v \qquad (2-46)$$

第3章 风电场规划与选址

风速与功率成三次方关系,很小的风速变化会引起较大的功率改变,风速是影响风力机输出功率的重要因素。风速随地域不同而不同,故建立风电场之前,须确定一个风速较高和风能密度较高的场址。年平均风速是衡量风场风能潜力的基本要素。若已知场址的风速和风资源分布,则可进一步地评估风能潜力,如风轮扫风面积内的能量密度多少、有效风速利用时间的百分比、最频繁风速等,这些因素都需考虑。此外,为了确保结构的安全,风场出现异常大风的可能性也必须考虑。

风电场选址直接关系到风力机设计或风力机组选型,预先分析和了解风场的风资源对开发风电场是非常必要的。

3.1 风场数据分析

为了计算出某一风场的风能潜力,须对长期收集到的风特性数据进行正确分析。利用长期从候选场址附近气象站获取的风能数据来做初步估计,并仔细分析这些数据是否能代表该场址的风廓线。除此之外,还应进行短期的实地测量。

这种短期的数据可在模型和软件的帮助下进行分组和分析,以对可获得的能量进行精确地计算。数据按时间间隔进行分组,若估计不同小时内获得的能量,则数据应按小时进行分组。与此类似,数据也可按日、月或年进行分类。

3.1.1 平均风速

风谱中很重要的信息是平均风速 v_m,可简单表示为

$$v_m = \frac{1}{n} \sum_{i=1}^{n} v_i \qquad (3-1)$$

式中 v_i——某次测量的风速,m/s;

   n——测得的数据组的数量。

但是,在进行功率计算时,采用式(3-1)得到的速度平均值经常出错。例如,表3-1所示为 1h 内每隔 10min 的风能数据。根据式(3-1),每小时的平均风速为 6.45m/s。取空气密度为 1.24kg/m³,对应的平均功率是 166.37W/m²。若计算出每一速度对应的功率,然后取功率平均值,结果平均功率为 207W/m²。这意味着式(3-1)计算的平均功率低估了实际发出电力的 20%。

表 3 - 1 1h 内每隔 10min 的风能数据

序　　号	$v/(\text{m}\cdot\text{s}^{-1})$	v^3/m^3	$P/(\text{W}\cdot\text{m}^{-2})$
1	4.3	79.51	49.29
2	4.7	103.82	64.37
3	8.3	571.79	354.51
4	6.2	238.33	147.76
5	5.9	205.38	127.33
6	9.3	804.36	498.7

在计算风能平均值时，应用速度来衡量功率。因此，平均风速也可以表达为

$$v_{\text{m}} = \left(\frac{1}{n}\sum_{i=1}^{n}v_{\text{i}}^3\right)^{\frac{1}{3}} \qquad (3-2)$$

如果使用式（3-2），上例中的平均风速为 6.94m/s，对应的功率为 207W/m²。这表明由于速度-功率三次方的关系，式（3-2）中的加权平均关系被应用到风能分析中。

3.1.2 风速分布

除了一段时间内的平均风速，风速分布也是风资源评估中的关键因素。两台相同的风力机，安装在两个不同的场址，有可能因不同的速度分布而有着完全不同的能量输出。例如，图 3-1 所示为两个场址的风能分布情况。第一个风场一天内的风速恒等于 15m/s；第二个风场前 12h 的风速为 30m/s，余下的时间为 0m/s。这两个风场的日平均风速均为 15m/s。

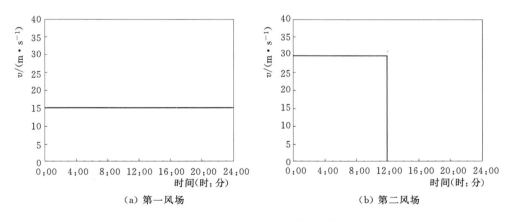

（a）第一风场　　　　　　　　　　　　　　（b）第二风场

图 3-1 两个风场风的分布比较

假设在这两个风场均安装了拥有如图 3-2 所示功率曲线的风力机。风力机在切入风速 4m/s 时开始发电，在切出风速 25m/s 时停机。在 15m/s 时功率最大为 250kW，15m/s 为额定风速。

当风力机在图 3-1（a）所示风场工作时，因全天风速为 15m/s，风力机将一直在额定容量下有效地工作，发出 6000kW·h 的电量。然而，在图 3-1（b）所示风场下，风

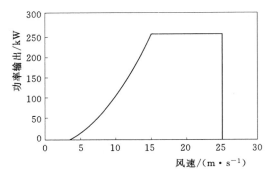

图 3-2　风力机运行曲线

力机 24h 内都处于停机状态，因为一半的风速是 30m/s，风力机为保证设备安全，在风速 25m/s 时已经切出；另一半的风速为 0m/s，风力机无法起动。所举的是假设条件下的极端例子，实际中的风力机往往处于这两种极端情况之间运行。通过案例分析表明，除了平均风速外，风速分布也是风能分析中的一个重要因素。

在给定的风力数据中风速的变化称为标准偏差 σ_v，表示实际速度与平均速度的差值。因此，σ_v 值越低，数据越统一。标准偏差 σ_v 的计算为

$$\sigma_v = \sqrt{\dfrac{\sum\limits_{i=1}^{n}(v_i - v_m)^2}{n}} \tag{3-3}$$

为了更好地了解风能数据变化，常用频率分布的形式对风速数据进行分组，这同时也提供了在具体时间范围内某一速度的信息。为了表示频率分布，风速一般被划分成相等的间隔（如 0~1、1~2、2~3 等），并对间隔里记录的风的次数进行计算。表 3-2 所示为某地某个月的风速频率分布。

表 3-2　某地某个月内风速频率分布

序　　号	速度/(m·s⁻¹)	小时数	累积小时数
1	0~1	13	13
2	1~2	37	50
3	2~3	50	100
4	3~4	62	162
5	4~5	78	240
6	5~6	87	327
7	6~7	90	417
8	7~8	78	495
9	8~9	65	560
10	9~10	54	614
11	10~11	40	654
12	11~12	30	684
13	12~13	22	706
14	13~14	14	720
15	14~15	9	729
16	15~16	6	735
17	16~17	5	740
18	17~18	4	744

如果速度以频率分布的形式表示，则平均偏差和标准偏差表示为

$$v_{\mathrm{m}} = \left(\frac{\displaystyle\sum_{i=1}^{n} f_i v_i^3}{\displaystyle\sum_{i=1}^{n} f_i} \right)^{\frac{1}{3}} \qquad (3-4)$$

$$\sigma_{\mathrm{v}} = \sqrt{\frac{\displaystyle\sum_{i=1}^{n} f_i (v_i - v_{\mathrm{m}})^2}{\displaystyle\sum_{i=1}^{n} f_i}} \qquad (3-5)$$

式中　　f_i——频率；

　　　　v_i——对应间隔的中间值。

表 3-2 中的风力数据的平均偏差和标准偏差，分别为 8.34m/s 和 0.81m/s。图 3-3 所示为基于上述数据的频率条形图。累积分布曲线通过标出各个累积时间来表示风速低于最大极限风速，累计分布曲线如图 3-4 所示。

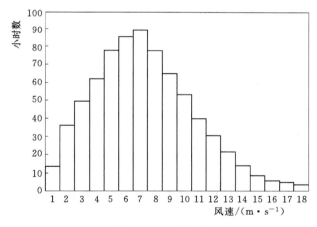

图 3-3　风速分布

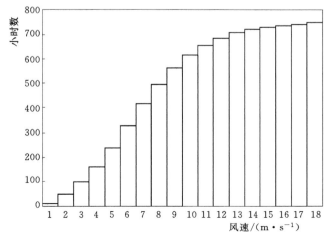

图 3-4　风速累计分布

3.2　风场风速统计模型

如果将图 3-3 所示风速间隔中点的频率和图 3-4 所示累计条形图结合起来，可得到光滑的曲线。有多种概率函数可用于统计实地数据分布。结果表明，威布尔分布和瑞利分布可用来描述风的变化。

3.2.1　威布尔分布

3.2.1.1　威布尔函数

威布尔分布是皮尔逊（Pierson）分布第三类的一个特例。在威布尔分布中，风速的变化用两个函数来表示：①概率密度函数；②累计分布函数。概率密度函数 $f(v)$ 表明时间概率，风速用 v 表示，则

$$f(v)=\frac{k}{c}\left(\frac{v}{c}\right)^{k-1}\mathrm{e}^{-(v/c)^k} \tag{3-6}$$

式中　k——威布尔形状因子；

c——比例因子，又称尺度参数。

速度 v 的累计分布函数 $F(v)$ 提供了风速等于或低于 v 的时间（或概率）。因此，累计分布函数 $F(v)$ 是概率密度函数的积分，故

$$F(v)=\int_0^a f(v)\mathrm{d}v=1-\mathrm{e}^{-(v/c)^k} \tag{3-7}$$

根据威布尔分布，平均风速为

$$v_\mathrm{m}=\int_0^\infty vf(v)\mathrm{d}v \tag{3-8}$$

消去 $f(v)$，得到

$$v_\mathrm{m}=\int_0^\infty v\frac{k}{c}\left(\frac{v}{c}\right)^{k-1}\mathrm{e}^{-(v/c)^k}\mathrm{d}v \tag{3-9}$$

可化简为

$$v_\mathrm{m}=k\int_0^\infty\left(\frac{v}{c}\right)^k\mathrm{e}^{-(v/c)^k}\mathrm{d}v \tag{3-10}$$

设

$$x=\left(\frac{v}{c}\right)^k,\mathrm{d}v=\frac{c}{k}x^{(1/k-1)}\mathrm{d}x \tag{3-11}$$

将式（3-10）中的 $\mathrm{d}v$ 消去，得

$$v_\mathrm{m}=c\int_0^\infty\mathrm{e}^{-x}x^{1/k}\mathrm{d}x \tag{3-12}$$

这是标准伽马函数形式

$$\Gamma n=\int_0^\infty\mathrm{e}^{-x}x^{n-1}\mathrm{d}x \tag{3-13}$$

因此，根据式（3-12），平均速度可表示为

$$v_\mathrm{m}=c\Gamma\left(1+\frac{1}{k}\right) \tag{3-14}$$

根据威布尔分布，风速的标准偏差为

$$\sigma_v = (\mu'_2 - v_m^2)^{1/2} \tag{3-15}$$

这里

$$\mu'_2 = \int_0^\infty v^2 f(v) \mathrm{d}v \tag{3-16}$$

消去 $f(v)$，据式（3-11）得到

$$\mu'_2 = c^2 \int_0^\infty \mathrm{e}^{-x} x^{2/k} \mathrm{d}x \tag{3-17}$$

表示为伽马积分的形式为

$$\mu'_2 = c^2 \Gamma\left(1 + \frac{2}{k}\right) \tag{3-18}$$

将方程（3-15）中的 μ'_2、v_m 替换掉，得到

$$\sigma_v = c\left[\Gamma\left(1 + \frac{2}{k}\right) - \Gamma^2\left(1 + \frac{1}{k}\right)\right]^{1/2} \tag{3-19}$$

图 3-5 和图 3-6 所示为根据威布尔分布得出的风况的概率密度和累计分布函数。场址中 k 和 c 的值分别为 2.8 和 6.9。概率密度曲线的峰值表明风况中最常见的风速是 6m/s。

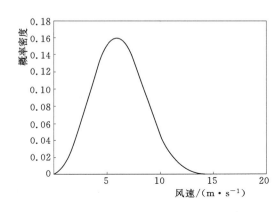

图 3-5 威布尔分布函数

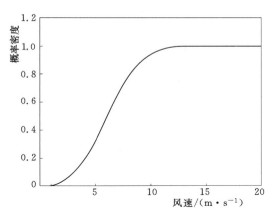

图 3-6 威布尔累积分布函数

累计分布函数可用来计算风在某一特定速度区间里的时间。风速在 v_1 和 v_2 之间的概率是由对应 v_2 和 v_1 的累计概率的不同来计算的，具体为

$$P(v_1 < v < v_2) = F(v_2) - F(v_1) \tag{3-20}$$

即

$$P(v_1 < v < v_2) = \mathrm{e}^{-(v_1/c)^k} - \mathrm{e}^{-(v_2/c)^k} \tag{3-21}$$

风速在超过 v_x 时的概率可表示为

$$P(v > v_x) = 1 - \left[1 - \mathrm{e}^{-(v_x/c)^k}\right] = \mathrm{e}^{-(v_x/c)^k} \tag{3-22}$$

例：切入风速为 4m/s、切出风速为 25m/s 的风力机安装在威布尔形状因子为 2.4，比例因子 c 为 9.8 的风场内。一天内有多少小时风力机在发电？并计算出在该场址风速超过 35m/s 的概率。

$$P(v_4 < v < v_{25}) = \mathrm{e}^{-(4/9.8)^{2.4}} - \mathrm{e}^{-(25/9.8)^{2.4}} = 0.89$$

一天内风力机发电时长为

$$0.89 \times 24 = 21.36 \text{(h)}$$

$$P(v > v_{35}) = \text{e}^{-(35/9.8)^{2.4}} = 0.000000001$$

因此，风速超过 35m/s 的可能性是很小的。

根据威布尔分布，决定风能统一性的主要因素是威布尔形状因子 k。图 3-7 和图 3-8 说明了形状因子 k 对概率密度函数和累积分布函数的影响。这里的比例因子 c 为 9.8。风能的统一性随 k 的增加而增加。例如，当 $k=1.5$，风速在 95% 的时间里分布于 0~20m/s；如果 $k=4$，速度在 95% 的时间里是更均匀地分布在 0~13m/s 的更小的范围里。前者最常见的风速是 5m/s，预计占总时间的 7.6%，而后者则将在 15.5% 的总时间内达到最常见风速 9m/s。

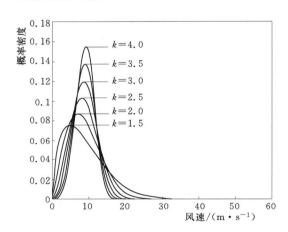

图 3-7　不同比例形状对应的概率密度函数　　图 3-8　不同形状因子对应的累积分布函数

3.2.1.2　威布尔参数计算方法

用威布尔分布来分析风况，必须估算出威布尔因子 k 和 c。常用的确定 k 和 c 的方法有图解法、标准差法、矩量法、极大似然法、能量格局因子法。以下对每种方法分别进行说明。

1. 图解法

在图解法中，将累积分布函数通过查对数表化为线性形式。风速累计分布可表示为

$$1 - F(v) = \text{e}^{-(v/c)^k} \tag{3-23}$$

对式（3-23）两次取对数得

$$\ln\{-\ln[1-F(v)]\} = k\ln v_i - k\ln c \tag{3-24}$$

将 X 轴置为 $\ln v_i$，Y 轴置为 $\ln\{-\ln[1-F(v)]\}$，绘制式（3-24）所示关系，得到一条较接近直线的曲线。根据式（3-24）得出，k 是这条线的斜率，$-k\ln c$ 表示截距。如果用任意标准的电子表格或统计软件包来创立一个回归方程得到规划线，则可得出 k 和 c 的值。

例：某一场址风速的概率分布见表 3-3。计算威布尔形状因子和比例因子。

表 3-3 风速的概率分布

序　号	速度/(km·h⁻¹)	概　率	$F(v)$
1	0	0.002	0.002
2	1～2	0.005	0.007
3	3～4	0.008	0.015
4	5～6	0.014	0.029
5	7～8	0.025	0.054
6	9～10	0.037	0.091
7	11～12	0.048	0.139
8	13～14	0.051	0.19
9	15～16	0.057	0.247
10	17～18	0.051	0.298
11	19～20	0.069	0.367
12	21～22	0.07	0.437
13	23～24	0.073	0.51
14	25～26	0.074	0.584
15	27～28	0.072	0.656
16	29～30	0.066	0.722
17	31～32	0.058	0.78
18	33～34	0.054	0.834
19	35～36	0.041	0.875
20	37～38	0.033	0.908
21	39～40	0.028	0.936
22	41～42	0.021	0.957
23	43～44	0.017	0.974
24	45～46	0.011	0.985
25	47～48	0.008	0.993
26	49～50	0.004	0.997
27	51～52	0.002	0.999
28	53～54	0.001	1
29	55～56	0	1
30	57～58	0	1
31	59～60	0	1

　　首先，根据给定的概率得出累计分布的数据。每一步都应当用上限值，如表格最后一栏所示。将 X 轴置为 $\ln v$，Y 轴置为 $\ln\{-\ln[1-F(v)]\}$，如图 3-9 所示，点比较分散。

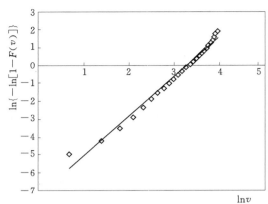

图 3-9　图形法来估计威布尔因子 k 和 c

将这些点连成一条线，推导出最合适的方程。

最终的方程为

$$y = 2.24x - 7.32 \qquad (3-25)$$

数据和已确定的线之间的系数 R^2 为 0.98。结合式（3-24）和式（3-25），指定位置的 k 为 2.24。同样，$k\ln c = 7.32$。从这刻得出 c 为 26.31km/h，即 7.31m/s。

2. 标准差法

威布尔形状因子 k 和 c 也可以通过风力数据的平均偏差和标准偏差计算出。考虑从式（3-14）和式（3-19）得出的平均偏差和标准偏差的表达式，可以得出

$$\left(\frac{\sigma_{v}}{v_{m}}\right)^2 = \frac{\Gamma\left(1+\dfrac{2}{k}\right)}{\Gamma^2\left(1+\dfrac{1}{k}\right)} - 1 \qquad (3-26)$$

一旦 σ_v 值和 v_m 值根据给定的数据计算得出后，通过上面的表达式 k 值就可以计算出。k 值确定后，c 的计算为

$$c = \frac{v_{m}}{\Gamma\left(1+\dfrac{1}{k}\right)} \qquad (3-27)$$

较为简单的方法是用下式来计算 k 的近似值

$$k = \left(\frac{\sigma_{v}}{v_{m}}\right)^{-1.090} \qquad (3-28)$$

类似地，c 可近似为

$$c = \frac{2v_{m}}{\sqrt{\pi}} \qquad (3-29)$$

更确切地，c 的计算为

$$c = \frac{v_{m}k^{2.6674}}{0.184 + 0.816k^{2.73855}} \qquad (3-30)$$

例：用标准偏差的方法计算表 3-3 中的威布尔因子 k 和 c。根据式（3-4）和式（3-5），平均偏差和标准偏差分别为 28.08km/h(7.80m/s) 和 10.88km/h(3.02m/s)。

因此有

$$k = \left(\frac{10.88}{28.08}\right)^{-1.090} = 2.81$$

将 v_m 和 k 代入式（3-30），得

$$c = \frac{28.08 \times 2.81^{2.6674}}{0.184 + 0.816 \times 2.81^{2.73855}} = 31.6(\text{km/h}) = 8.78\text{m/s}$$

此时可看出，用图解法和标准偏差法计算出的 k 和 c 值是不同的。图 3-10 所示为用

这两种方法产生的累计分布与实地测量（点线表示）相比较。图解法得出的结果更接近实地测量值。标准偏差法在可接受的准确度范围内能预知风速分布。

3. 矩量法

另一种计算 k 和 c 值的方法是一阶和二阶矩量法。威布尔分布 n 阶矩量 M_n 表示为

$$M_n = c^n \Gamma\left(1 + \frac{n}{k}\right) \qquad (3-31)$$

如果 M_1 和 M_2 是一阶和二阶矩量，利用式（3-31）可求解 c，即

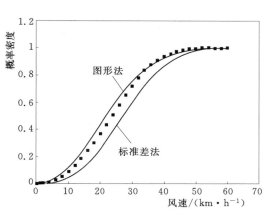

图 3-10 利用不同的方法来计算累积函数分布

$$c = \frac{M_2}{M_1} \frac{\Gamma\left(1 + \frac{1}{k}\right)}{\Gamma\left(1 + \frac{2}{k}\right)} \qquad (3-32)$$

类似的

$$\frac{M_2}{M_1^2} = \frac{\Gamma\left(1 + \frac{2}{k}\right)}{\Gamma^2\left(1 + \frac{1}{k}\right)} \qquad (3-33)$$

这种方法的 M_1 和 M_2 根据给定的数据计算得出，k 和 c 通过解式（3-32）和式（3-33）求得。

4. 极大似然法

用极大似然法，形状因子 k 和比例因子 c 的计算为

$$k = \left[\frac{\sum\limits_{i=1}^{n} v_i^k \ln v_i}{\sum\limits_{i=1}^{n} v_i^k} - \frac{\sum\limits_{i=1}^{n} \ln v_i}{n}\right]^{-1} \qquad (3-34)$$

$$c = \left[\frac{1}{n}\sum_{i=1}^{n} v_i^k\right]^{\frac{1}{k}} \qquad (3-35)$$

5. 能量格局因子法

能量格局因子（E_{PF}）是总功率和对应于平均风速三次方的功率的比值。因此，有

$$E_{PF} = \frac{\dfrac{1}{n}\sum\limits_{i=1}^{n} v_i^3}{\left(\dfrac{1}{n}\sum\limits_{i=1}^{n} v_i\right)^3} \qquad (3-36)$$

一旦风况的能量格局因子根据风力数据得出，k 的近似解即为

$$k = 3.957 E_{PF}^{-0.898} \qquad (3-37)$$

3.2.2 瑞利分布

风况中瑞利分布的可靠性取决于计算 k 和 c 的精度。为了精确地计算 k 和 c，足够的风能数据和短时间间隔里收集的数据是必不可少的。在许多情况下，这些信息不太容易获得。现有数据是一段时期内平均风速的形式（例如每天、每月或者每年的平均风速）。在这些情况下，威布尔分布的简化模型即可得出，k 近似为 2，这就是瑞利分布。取 $k=2$，代入式（3-14）得出

$$v_{m}=c\Gamma\left(\frac{3}{2}\right) \tag{3-38}$$

分析上面的表达式，可化为

$$c=\frac{2v_{m}}{\sqrt{\pi}} \tag{3-39}$$

将 c 代入式（3-6），得出

$$f(v)=\frac{\pi}{2}\frac{v}{v_{m}^{2}}e^{-\left[\frac{\pi}{4}\left(\frac{v}{v_{m}}\right)^{2}\right]} \tag{3-40}$$

类似地，累计分布 $F(v)$ 表示为

$$F(v)=1-e^{-\left[\frac{\pi}{4}\left(\frac{v}{v_{m}}\right)^{2}\right]} \tag{3-41}$$

因此，可以在平均风速的基础上调整概率密度和累计分布函数。瑞利分布的有效性可通过比较产生的瑞利风形态和长期的场址数据来建立。根据瑞利分布，风速在 v_{1} 和 v_{2} 区间的概率为

$$P(v_{1}<v<v_{2})=e^{-\frac{\pi}{4}\left(\frac{v_{1}}{v_{m}}\right)^{2}}-e^{-\frac{\pi}{4}\left(\frac{v_{2}}{v_{m}}\right)^{2}} \tag{3-42}$$

风速超过 v_{x} 的概率为

$$P(v>v_{x})=1-(1-e^{-\frac{\pi}{4}\left(\frac{v_{x}}{v_{m}}\right)^{2}})=e^{-\frac{\pi}{4}\left(\frac{v_{x}}{v_{m}}\right)^{2}} \tag{3-43}$$

3.3 风电场宏观选址

风电场选址对风力机能否达到预期出力起着关键性作用。风能大小受多种自然因素的支配，特别是气候、地形和海陆。风速在空间上是分散的，在时间分布上也是不连续的，故对气候非常敏感。但风能在时间和空间分布上有很强的地域性，欲选择风能密度较高的风场址，除了利用已有的气象资料外，还要利用流体力学原理来研究大气运动规律。所以，首先选择有利的地形进行分析筛选，判断可能建风电场的地点，再进行短期（至少 1 年）的观测。并结合电网、交通、居民点等因素进行社会经济效益的计算。最后，确定最佳风电场的地址。

风电场场址还直接关系到风力机的设计或选型。一般要在充分了解和评价特定场地的风特性后，再选择或设计相匹配的风力机。

3.3.1 选址的基本方法

从风能公式可以看出，增加风轮扫风面积和提高来流风速都可增大所获的风能。但增

大扫风面积，带来了设计和制造上的不便，间接地降低了经济效益。相比而言，选择品位较高的风电场来提高来流风速是经济可行的。

选址一般分预选和定点两个步骤。预选是从 10 万 km^2 的大面积上进行分析，筛选出 1 万 km^2 较合适的中尺度区域；再进行考察，选出 $100km^2$ 的小尺度区域；然后收集气象资料，并设几个点观察风速。定点是在风速资料观测的基础上进行风能潜力的估计，作出可行性评价，最后确定风力机的最佳布局。

大面积分析时，首先应粗略按可以形成较大风速的气候背景，和气流具有加速效应的有利地形的地区进行划分，再按地形、电网、经济、技术、道路、环境和生活等特征进行综合调查。

对于短期的风速观测资料，应修正到长期风速资料，因为在观测的年份，可能是大风年或小风年，若不修正，有产生风能估计偏大或偏小的可能。修正方法采用以经验正交函数展开为基础的多元回归方法。

3.3.2 选址的技术标准

（1）风能资源丰富区。反映风能资源的主要指标有年平均风速、有效风能功率密度、有效风能利用小时数和容量系数。这些要素越大，风能则越丰富。根据我国风能资源的实际情况，风能资源丰富区定义为年平均风速为 6m/s 以上，年平均有效风能功率密度大于 $300W/m^2$，风速为 $3\sim25m/s$ 的小时数在 5000h 以上的地区。

（2）容量系数较大的地区。风力机容量系数是指一个地点风力机实际能够得到的平均输出功率与风力机额定功率之比。容量系数越大，风力机实际输出功率越大。风电场选在容量系数大于 30% 的地区，有明显的经济效益。

（3）风向稳定地区。表示风向稳定可以利用风玫瑰图，其主导风向频率在 30% 以上的地区可以认为是风向稳定地区。

（4）风速年变化较小地区。我国属于季风气候，冬季风大，夏季风小。但是在我国北部和沿海，由于天气和海陆的关系，风速年变化较小，在最小的月份只有 $4\sim5m/s$。

（5）气象灾害较少地区。在沿海地区，选址要避开台风经常登录的地点和雷暴易发生的地区。

（6）湍流强度小地区。湍流强度是风速随机变化幅度的大小，定义为 10min 内标准风速偏差与评价风速的比值，即

$$I_T = \frac{\sigma}{v} \tag{3-44}$$

式中　　v——10min 平均风速；

σ——10min 内风速对平均风速的标准偏差。

湍流强度是风电场的重要特征指标，是风电场风资源评估的重要内容，直接影响风力发电机组的选型。湍流对风力发电机组性能的影响主要体现在：减少功率输出，增加风力机的疲劳载荷，破坏风力机。湍流强度 I_T 值在 0.10 或以下为强度较小湍流，I_T 值在 $0.10\sim0.25$ 为中等程度湍流强度，更高的 I_T 值表明湍流过大。对风电场而言，要求湍流强度 I_T 不超过 0.25。

湍流强度受大气稳定性和地面粗糙度的影响。所以在建风场时，要避开上风向有建筑和障碍物较大的地区。

3.4　风电场微观选址

风电场址选择的优劣，对项目经济可行性起主要作用。决定场址经济潜力的主要因素之一是风能资源特性。在近地层，风在空间上是分散分布的，在时间分布上也是不稳定和不连续的。风速对当地气候十分敏感，同时，风速的大小、品位的高低又受到风场地形、地貌特征的影响，所以要选择风能资源丰富的有利地形进行分析，加以筛选。另外，还要结合地价、工程投资、交通、通信、并网条件、环保要求等因素，进行经济和社会效益的综合评价，最后确定最佳场址。

风力机具体安装位置的选择称为微观选址。作为风电场选址工作的组成部分，需要充分了解和评价特定的场址地形、地貌及风况特征后，再匹配风力机性能进行发电经济效益和荷载分析计算。

3.4.1　风电场微观选址的影响因素

3.4.1.1　盛行风向

盛行风向是指年吹刮时间最长的风向。可用风向玫瑰图作为标示风向稳定的方法，当主导风向占 30% 以上可认为是比较稳定的。这一参数决定了风力发电机组在风电场中的最佳排列方式，可根据当地的单一盛行风向或多风向，决定风力发电机组是矩阵排布，还是圆形或方形排布。

在平坦地区，风力机的安装布置一般选择与盛行风向垂直，但地形比较复杂的地区，如山区，由于局地环流的影响使流经山区的气流方向改变，即使相邻的两地，风向也往往会有很大的差别，所以风力机的布置要视情况而定，可安装在风速较大而又相对稳定的地方。

3.4.1.2　地形地貌

地形可以分为平坦地形和复杂地形。平坦地形选址比较简单，通常只考虑地表粗糙度和上游障碍物两个因素。复杂地形分为两类：一类为隆升地形，如山丘、山脊和山崖等；一类为低凹地形，如山谷、盆地、隘口和河谷等。

（1）当气流通过丘陵或山地时，会受到地形影响，在山的向风面下部，风速减弱，且有上升气流；在山的顶部和两侧，流线加密，风速加强；在山的背风面，流线发散，风速急剧减弱，且有下沉气流。由于重力和惯性力作用，山脊的背风面气流往往形成波状流动。

（2）山地影响，山对风速影响的水平距离，在向风面为山高的 5～10 倍，背风面为山高的 15 倍。山脊越高，坡度越缓，在背风面影响的距离就越远。背风面地形对风速影响的水平距离 L 大致是与山高 h 和山的平均坡度 α 半角余切的乘积成正比，即

$$L = h\cot\frac{\alpha}{2}$$

（3-45）

（3）谷地风速的变化，封闭的谷地风速比平地小。长而平直的谷底，当风沿谷地吹时，其风速比平地强，即产生狭管效应，风速增大。当风垂直谷地吹时，风速亦较平地为小，类似封闭山谷。根据实际观测，封闭谷地 y_1 和峡谷山口 y_2 与平地风速 x 关系式为

$$\left.\begin{array}{l} y_1 = 0.712x + 1.10 \\ y_2 = 1.16x + 0.42 \end{array}\right\} \tag{3-46}$$

（4）海拔对风速的影响，风速随着离地高度的抬升而增大。山顶风速随海拔的变化为

$$\frac{v}{v_0} = 3.6 - 2.2e^{-0.00113H} \tag{3-47}$$

$$\frac{v}{v_0} = 2 - e^{-0.00113H} \tag{3-48}$$

式中　$\dfrac{v}{v_0}$——山顶与山麓风速比；

　　　H——海拔，m。

3.4.1.3　地表粗糙度对风速的影响

复杂地形主要考虑地表粗糙度和地形特征的影响，主要因素体现在三个方面：地表粗糙度、地表粗糙度指数及上游障碍物。

1. 地表粗糙度

地表粗糙度是指平均风速减小到零时距地面的高度，是表示地表粗糙程度的重要指标。地表粗糙度越大表明平均风速减小到零的高度越大。

地表粗糙度对风速的影响，描写大气低压层风轮廓线是常用指数公式，即

$$\frac{v_n}{v_1} = \left(\frac{z_n}{z_1}\right)^a \tag{3-49}$$

式中　v_n——在高度 z_n 的风速；

　　　v_1——在高度 z_1 的已知风速；

　　　a——指数。

根据气象观察，武汉阳逻跨江铁塔风速梯度观测，大风时 a 为 0.16，平均风速时 a 为 0.19；广州电视塔 a 为 0.21；北京八达岭气象铁塔的 a 为 0.19；锡林浩特铁塔观测的 a 为 0.23。

我国常用的 a 值为三类，分别为 0.12、0.16 和 0.20，按式（3-49）计算，见表 3-4。

表 3-4　不同高度的相对风速

粗　糙　度	离地面高度/m											
	5	10	15	20	30	40	50	60	70	80	90	100
$a=0.12$	0.78	1.00	1.16	1.28	1.49	1.65	1.78	1.91	2.01	2.11	2.21	2.29
$a=0.16$	0.72	1.00	1.21	1.39	1.69	1.95	2.17	2.36	2.54	2.71	2.87	3.02
$a=0.20$	0.66	1.00	1.28	1.57	1.93	2.30	2.63	2.93	3.21	3.84	3.74	3.98

2. 地表粗糙度指数

地表粗糙度指数又称地表摩擦系数、风切变指数，也是表示地表粗糙程度的重要指

标，其取值情况见 GB 50009—2012《建筑结构荷载规范》。地表粗糙度还会影响风力机运行的尾流、湍流特性，进而又会对风力机运行安全、技术性能以及下风向风力机可能利用的风速大小带来影响。

3. 上游障碍物

气流流过障碍物，如房屋、树木等，在下游会形成扰动区。在扰动区，风速不但会降低而且还会有很强的湍流，对风力机运行十分不利。因此，在选择风力机安装位置时，必须要避开障碍物下流的扰动区。气流受阻发生变形，这里把其分成以下四个区域：

Ⅰ区为稳定区，即气流不受障碍物干扰的气流，其风速垂直变化呈指数关系。

Ⅱ区为正压区，障碍物迎风面上由于气流的撞击作用而使静压高于大气压力，其风向与来风相反。

Ⅲ区为空气动力阴影区，气流遇上障碍物，在其后部形成扰流现象，即在该阴影区内空气循环流动而与周围大气进行少量交换。

Ⅳ区为尾流区，是以稳定气流速度的 95% 的等速曲线为边界区域，尾流区的长度约为 17H（H 为障碍物高度）。所以，选风电场时，应尽量避开障碍物至少 17H 以上。

3.4.1.4　湍流作用

湍流是风速、风向的急剧变化造成的，是风通过粗糙地表或障碍物时常产生的小范围急剧脉动，即平常所说的一股一股刮的风。湍流损失通常会造成风力机输出功率减小，并引起风力机振动，造成噪音，风力机的疲劳载荷也随着扰动的增加而增加，影响风力机使用寿命，因此要尽量减少湍流的影响。

湍流强度描述风速随时间和空间变化的程度，能够反映脉动风速的相对强度，是描述湍流运动特性的最重要特征量。湍流强度受大气稳定和地表粗糙度的影响，在建设风电场时应避开上风方向地形起伏和障碍物较大的地区；安装风力机时，应选在相对开阔无遮挡的地方，即以简单平坦的地形为好。在地形复杂的丘陵或山地，为避免湍流的影响，风力机可安装在等风能密度线上或沿山脊的顶峰排列。

在风电场布置风力机时，由于湍流尾流等因素的影响，风力机安装台数并不是越多越好，即风力机安装的间距并非越小越好。通常情况下，受风电场尾流影响后的湍流强度的取值范围在 0.05～0.2 之间。在复杂地形上建设风电场时，为保障风力机的安全运行，一般只要湍流强度在 0.2 就可满足风力机布置要求。因此，根据湍流强度的最大限值，就可初步拟定风电场微观布置的风力机最小安装间距，减少优化算法搜索的时间。

3.4.1.5　尾流效应

在风电场中，沿风速方向布置的上游风力机转动产生的尾流，使下游风力机所利用的风速发生变化。当风经过风力机时，由于风轮吸收了部分风能，且转动的风轮会造成湍流动能的增大，因此，风力机后的风速会出现一定程度的突变减少，这就是风力机的尾流效应。尾流造成的能量损失典型值为 10%，一般其范围在 2%～30% 之间。尾流影响的因素主要有地形、机组间距离、风力机的推力特性以及风力机的相对高度等。

3.4.2　风电场微观选址的技术步骤

风电场内风力机的排列应以风电场内可获得最大的发电量来考虑。由于征地等的影响，不可能将风力发电机组之间的距离布置足够远。若风电场内多台机组之间的间距太小，则风速沿空气流动方向受阻，机组后将产生较大的湍流和尾流作用，导致下游的风力机发电量减少。同时，由于湍流和尾流的联合作用，还会损坏风力机，降低其使用寿命。因此，风电场微观选址要考虑诸多因素的影响，其选址的过程极其复杂。

在风能资源已确定的情况下，风电场微观布局必须要参考风向及风速分布数据，同时也要考虑风电场长远发展的整体规划、征地、设备引进、运输安装投资费用、道路交通及电网条件等。

在布置风力机时，要综合考虑风电场所在地的主导风向、地形特征、风力发电机组湍流和尾流作用、环境影响等因素，减少众多因素对风力机转动风速的干扰，确定风电机组的最佳安装间距和台数，做好风力机的微观布局工作，这使风能资源得到充分利用，风电场微观布局最优化、整个风电场经济收益最大化的关键。风电机组的安装间距除要保证风电场效益最大化外，还要满足风力机供应商的要求，还有风力机阴影，风力机反射、散射和衍射、电磁波、噪音、视觉等环保限制条件，及对鸟类生活的影响。

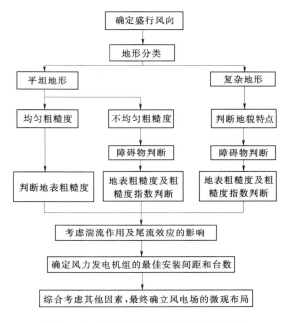

图 3-11　风电场微观选址的技术步骤

根据风电场微观选址的主要影响因素，分析得出风电场微观选址的技术步骤为：①确定盛行风向；②地形分类，分为平坦地形和复杂地形；③考虑湍流作用及尾流效应的影响；④确定风力发电机组的最佳安装间距和台数；⑤综合考虑其他影响因素，最终确立风电场的微观布局。具体选址技术方法如图 3-11 所示。

3.5　风　电　场　的　布　置

风电场风力机的排列形式多种多样，但都是以任何一台风力机转动接受风能，而不影响或较少影响其前后左右的其他风力机接受最大风能，且占地面积越少越好为原则，以便于风电机组的管理。

以下介绍三种风电场风力机的排列。

1. 盛行风向不变的风电场风力机的排列

在山口、隘口、河谷中的风电场，盛行风向仅能一个方向或相反，此时前后风力机安装距离应大于 7 倍的风轮直径，左右间隔应大于 5 倍的风轮直径。纵向风力机相距（7～10）d，横向间距（5～7）d，如图 3-12 所示，这里 d 为风轮直径。

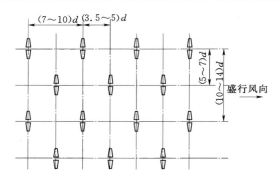

图 3 - 12　盛行风向不变的风电场风力机的排列

d—风轮直径

2. 盛行风向不定的风电场风力机的排列

当盛行风不是一个方向的风电场安装时可按图 3 - 13 所示方式排列。

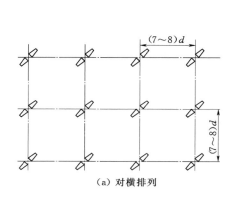

（a）对横排列

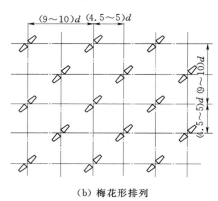

（b）梅花形排列

图 3 - 13　盛行风不是一个方向时风力机的排列

d—风轮直径

3. 迎风山坡的风力机的排列

迎风山坡风电场风力机排列如图 3 - 14 所示，坡上与坡下两相邻风力机高度（0.5～1.0）d，左右相距（5～7）d。

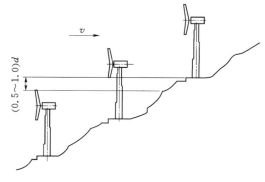

图 3 - 14　迎风坡风电场风力机的排列

d—风轮直径

第4章 风力机类型和构造

利用风能就是将风的动能转化为其他形式的能量。人类利用风能的历史比较悠久，早在3000年前，就利用风能来提水或研磨粮食，也有利用风帆捕捉风能来驱动船只在海上航行。现在利用风能的主要方式为风力发电，即利用风力机来将风能转化为电能。

本章主要介绍了风力机类型和水平轴风力机构造。

4.1 风力机类型

风力机的种类和式样很多，难以一一叙述，这里对风力机进行简单分类。

（1）按容量划分。现有风力机的容量，从百瓦级到兆瓦级不等。按照容量大小可以分为大、中、小型风力机。小型风力机容量小于60kW，中型风力机容量为70～600kW，大型风力机容量为600～1000kW和巨型风力机容量大于1000kW。单机容量越大，桨叶越长。目前2MW风力机叶片的直径已经达到72m，6MW叶片已经做到70m左右，且将来随着机组容量的增加会更长。

表4-1给出了风力机不同机组对应的风轮旋转直径的大小。

表4-1 风力机额定容量与风轮旋转直径

项　　目	风轮直径/m	扫风面积/m²	额定功率/kW
小型	0～8	0～50	0～10
	8～11	50～100	10～25
	11～16	100～200	30～60
中型	16～22	200～400	70～130
	22～32	400～800	150～330
	32～45	800～1600	300～750
大、巨型	45～64	1600～3200	600～1500
	64～90	3200～6400	1500～3100
	90～128	6400～12800	3100～6400

（2）按风轮结构划分。风轮受风力作用而旋转，是将风能转变为机械能的风力机的主要部件之一。按照风轮结构及其在气流中的位置，风力机可分为两大类：水平轴风力机和垂直轴风力机。

（3）按功率调节方式划分。水平轴风力机按照功率调节方式又可划分为定桨距风力机、变桨距风力机和主动失速型风力机。

定桨距风力机叶片固定在轮毂上，桨距角不变，风力机的功率调节完全依靠叶片的失速性能。当风速超过额定风速时，利用叶片本身的空气动力学失速特性来减少旋转力矩，或通过偏航来维持输出功率相对稳定。

相对而言，变桨距风力机的叶片可以轴向旋转。当风速超过额定风速时，通过减小叶片翼型上合成气流方向与翼型弦线的夹角即攻角，来改变风轮获得的空气动力转矩，使功率输出保持稳定。同时，风力机在起动时通过改变桨距来获得足够的起动力矩。

主动失速型风力机的工作原理相当于以上两种形式的组合。当风力机达到额定功率后，人为地通过变桨来相应地增加攻角，使叶片失速效应加深，从而限制风能的捕获。

（4）按传动形式划分。按照传动形式，水平轴风力机可分为高传动比齿轮箱型风力机、无齿轮箱（也叫直驱型风力机）和半直驱型风力机。

在高传动比齿轮箱型风力机中，齿轮箱将风轮产生的动力传递给发电机，并使其得到相应的转速。风轮的转速较低，通常达不到发电机发电的要求，必须通过齿轮箱齿轮的增速作用来实现，故齿轮箱也被称为增速箱。

直驱型风力机采用多级同步发电机，可以去掉风力发电系统常见的齿轮箱，让风轮直接带动发电机低速旋转。其优点是没有了齿轮箱所带来的噪声、故障率高和维护成本大等问题，提高了运行可靠性。

半直驱型风力机的工作原理是上述两种类型的综合。半直驱风力机采用了中传动减少了传统齿轮箱的传动比，同时也相应减少了多极同步发电机的极数，从而减少了发电机的体积。

（5）按发电机转速变化划分。按照发电机的转速变化可以分为恒速型、多态定速型和变速型。

恒速型风力机组是指发电机的转速恒定不变，不随风速的变化而变化，始终在一个恒定不变的转速下运行，即所谓的恒速恒频运行方式。

多态定速，表示在发电机组中包含着两台或多台发电机，根据风速的变化，可以有不同大小和数量的发电机投入运行。

变速型风力发电机组中的发电机工作转速随风速时刻变化而变化，与定速型风力机组运行方式相对应。目前，主流的大型风力发电机组基本都采用变速恒频运行方式。

4.1.1 水平轴风力机

水平轴风力机的叶片围绕水平转轴旋转，旋转平面与风向垂直，如图 4-1 所示。叶片径向安置于风轮上，与旋转轴垂直或近似垂直。叶片数视风力机用途而定，用于风力发电的风力机叶片数一般取 1～3 片，用于风力提水的风力机叶片数一般取 12～24 片。

若按风轮转速的快慢划分，风力机可分为高速风力机和低速风力机。高速风力机叶片数较少，1～3 片应用得较多，其最佳转速对应的风轮叶尖线速度为 5～15 倍风速。在高速运行时，高速风力机有较高的风能利用系数，但启动风速较高。由于叶片数较少，在输出功率相同的条件下，比低速风轮要轻得多，因此适用于发电，结构如图 4-1（a）所示。

叶片数较多的风力机最佳转速较低，为高速风力机的一半甚至更低，风能利用率也较高速风力机的低，通常称为低速风力机。但起动力矩大，起动风速低。低速风力机运行产生较高的转矩，因而适用于提水。结构如图4-1（b）所示。

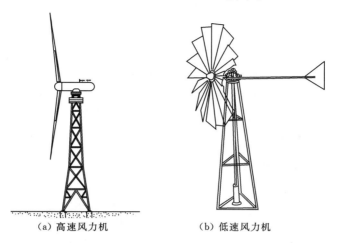

（a）高速风力机　　　　　　　　（b）低速风力机

图4-1　水平轴风力机

按照叶片数的多少，风力机可分为单叶、双叶和多叶式风力机，图4-2所示双叶式、三叶式和多叶式的水平轴风轮结构。

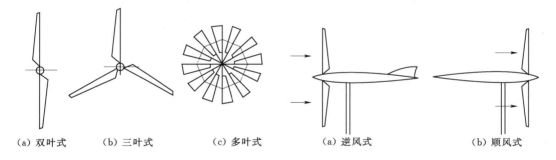

（a）双叶式　　（b）三叶式　　（c）多叶式　　　（a）逆风式　　　　　（b）顺风式

图4-2　不同叶片数的风轮　　　　　　图4-3　水平轴风力机风轮与塔架的两种关系

按照风轮与塔架相对位置的不同，水平轴风力机分为逆风式风力机和顺风式风力机，如图4-3所示。以空气流向作为参考，风轮在塔架前迎风旋转的风力机为逆风式风力机，也称为上风式风力机。风轮在塔架的下风位置旋转的风力机为顺风式风力机，也称为下风式风力机。逆风式风力机需要调风装置，使风轮迎风面正对风向；而顺风式风力机则能够自动对准风向，不需要调向装置，但其缺点为空气流先通过塔架然后再流向风轮，会造成塔影效应，会给风力发电机组造成一定影响。

水平轴风力机也有扩散式风力机和集中式风力机，如图4-4所示。扩散式风力机原理为：在扩散器后面形成负压区，这样在扩散器入口和出口

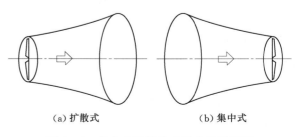

（a）扩散式　　　　　（b）集中式

图4-4　集中式和扩散式风力机示意图

形成压力差，从而造成风速增加，增大风力机处理。集中式风力机利用喷管的原理，逐渐减小流通面积，达到增大风速的作用。

4.1.2　垂直轴风力机

　　垂直轴风力机的风轮围绕一个垂直轴进行旋转，如图 4-5 所示。垂直轴风力机由于结构特点，可接受来自任何方向的风，当风向改变时，无需对风，因而不受风向限制。与水平轴风力机相比，因无需调风向装置，而结构设计大大简化。垂直轴风力机的齿轮箱和发电机均可安装在地面上或风轮下，运行维修简便，费用较低。此外，垂直轴风力机叶片结构简单，制造方便，设计费用较低。

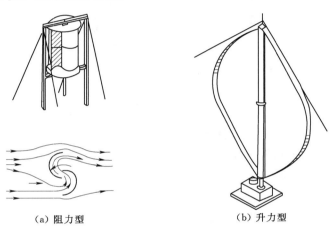

（a）阻力型　　　　　　　　　　　　　（b）升力型

图 4-5　垂直轴风力机

　　按照空气动力学做功原理，垂直轴风力机主要分为两类：一类是利用空气对叶片的阻力做功，称为阻力型风力机；另一类是利用翼型升力做功，此类风力机称为升力型风力机。

　　（1）典型的阻力型风力机有 Savonius 风力机（简称 S 型风力机），具体结构如图 4-5（a）所示。S 型风力机由两个轴线错开的半圆柱形叶片组成，其优点为起动转矩较大，可在较低风速下运行。但 S 型风力机的风轮由于风轮周围气流不对称，从而产生侧向推力。受侧向推力与安全极限应力的限制，S 型风力机大型化比较困难。此外，S 型风力机风能利用系数也远低于高速垂直轴或水平轴风力机，仅为 0.15 左右。这意味着在风轮尺寸、重量和成本相同的条件下，其功率输出较低，因而用于发电的经济性较差。

　　（2）升力型风力机为达里厄（Darrieus）型风力机，结构如图 4-5（b）所示。由法国人 Darrieus 于 1925 年发明，1931 年取得专利权，此风轮也因此以 Darrieus 命名。当时达里厄风力机未受到关注，直到 20 世纪 70 年代石油危机后，才得到加拿大国家科学研究委员会（National Research Council）美国桑迪亚（Sandia）国家实验室的重视，进行了大量的研究。

　　达里厄风力机的风轮有多种型式，如图 4-6 所示，其风轮有 Φ 型、H 型、Δ 型、Y

型和菱型等。根据叶片的结构形状，可简单地归纳为直叶片和弯叶片两种，其中直叶片H型风轮和Φ型风轮最为典型，应用最为广泛。叶片具有翼型剖面，空气绕叶片流动而产生的合力，形成转矩，因此叶片几乎在旋转一周内的任何角度都有升力产生。达里厄风力机最佳转速较水平轴的慢，但比S型风轮快很多，其风能利用系数与水平轴风力机的相当。

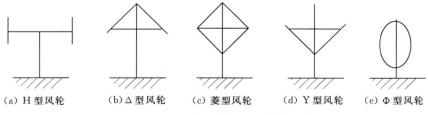

（a）H型风轮　　（b）△型风轮　　（c）菱型风轮　　（d）Y型风轮　　（e）Φ型风轮

图4-6　达里厄风力机的多种风轮型式

H型风轮结构简单，但这种结构造成的离心力使叶片在其连结点处产生严重的弯曲应力。直叶片借助支撑件或拉索来支撑，这些支撑产生气动阻力，降低了风力机的效率。

Φ型风轮所采用的弯叶片只承受张力，不承受离心力载荷，从而使弯曲应力减至最小。由于材料可承受的张力比弯曲应力要强，所以对于相同的总强度，Φ型叶片比较轻，且与直叶片相比，可以以更高的转速运行。但Φ型叶片不便采用变桨距方法来实现自起动和控制转速。另外，对于高度和直径相同的风轮，Φ型转子比H型转子的扫掠面积要小一些。

还有一种垂直轴风力机为Musgrove风力机，由英国雷丁大学Musgrove教授指导的科研小组研制成功。Musgrove风力机是一个升力型垂直轴的风力机，叶片呈H型，有一个中心轴，如图4-7所示。风速较高时，转轮会由于离心力而在一个水平点处转动，这就减缓了高速气流对叶片和结构的影响。

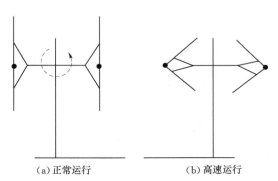

（a）正常运行　　（b）高速运行

图4-7　Musgrove风力机的工作原理图

总而言之，目前用于风力发电的风力机主要有两种类型：一种是水平轴高速风力机；一种是垂直轴达里厄型风力机。在大型化应用中，前者占绝大多数，后者应用较少，仅限于小型风力机。除此之外，国内外还提出了一些其他新概念型风能转换装置，但总体而言，都处于研究试验阶段。

4.2　水平轴风力机构造

水平轴风力机主要由叶片、轮毂、机舱、基座、机舱罩、整流罩、调速器和限速装置、偏航机构、传动系统、齿轮箱、机械刹车装置、塔架等组成，如图4-8所示。

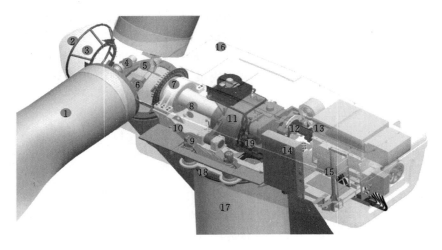

图 4-8　水平轴风力机构造

1—叶片；2—导流罩；3—轮毂；4—变桨电机；5—变桨轴承；6—变桨控制柜；7—主轴承座；8—主轴；
9—偏航电机；10—机舱底盘；11—齿轮箱；12—联轴器；13—电机；14—主电控柜；
15—提升机；16—机舱罩；17—塔架；18—偏航轴承；19—液压站

4.2.1　叶片

叶片是风轮最主要的组成部分，是风力机源动力输入的首要载体，决定了风轮性能的好坏，也决定了风力机整体的利用价值。

4.2.1.1　传统叶片

叶片安装在风力机轮毂上，轮毂与主轴相连，并将叶片力矩传递到发电机。风力机叶片的典型构造如图 4-9 所示。

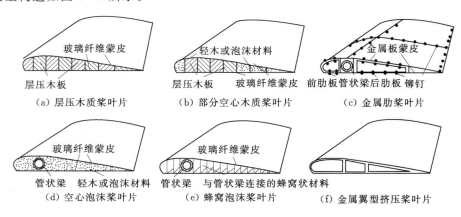

图 4-9　风力机叶片的典型构造

小型风力机叶片常用整块木材加工而成，表面涂保护漆，根部通过金属接头用螺栓与轮毂相连。有的采用玻璃纤维或其他复合材料作为蒙皮，使叶片具有更佳的耐磨性能，结构如图 4-9（a）所示。小型风力机承受的风载荷较小，维修便利，因此木质叶片可以满足设计要求。

大中型风力机一般不用整块木料进行制作，而是采用很多纵向木条胶接在一起，并选用优质木材，来提高叶片质量。为减轻质量，在木质叶片的后缘部分填塞质地较轻的泡沫塑料，表面用玻璃纤维作蒙皮，如图4-9（b）所示。采用泡沫塑料的优点不仅可以减轻质量，而且能使翼型重心前移，重心设计在近前缘1/4弦长处为最佳，这对于大、中型风轮叶片而言是特别重要的。为减轻叶片的质量，有的叶片用一根金属管作为受力梁，以蜂窝结构、泡沫塑料或轻木材作中间填充物，外面再包上玻璃纤维防腐防磨，如图4-9（c）～（e）所示。大型风力机的叶片较长，如3MW风力机叶片达到50m左右，承受的风载荷较大，因此叶片设计要保证一定的强度和刚度要求。目前，大中型风力机的叶片都采用玻璃纤维或高强度复合材料进行制作。

为降低成本，有些中型风力机的叶片采用金属挤压件，或者利用玻璃纤维或环氧树脂纤维挤压成型，如图4-9（f）所示。这种方法无法将叶片加压成变宽度、变厚度的扭曲叶片，因而作为水平轴叶片风能利用率不高，在垂直轴风轮应用得相对较多。

4.2.1.2 大型风力机叶片

1. 叶片材料

叶片材料的强度和刚度是决定风力机性能优劣的关键。目前，大型风力机叶片的材料为金属（铝合金）、玻璃纤维增强复合材料、碳纤维增强复合材料等。玻璃钢叶片材料因为重量轻、比强度高、可设计性强、价格比较便宜等因素，成为大中型风力机叶片材料的首选。然而，随着风力机叶片朝着超大型化和轻量化的方向发展，玻璃钢复合材料开始达到其使用性能的极限，碳纤维复合材料（CFRP）逐渐开始应用到超大型风力机叶片中。

应用场合的不同，风力机叶片材料的选择不同。一般较小型的叶片（如22m以下）选用量大价廉的E-玻纤增强塑料（GFRP），树脂基体以不饱和聚酯为主，也可选用乙烯酯或环氧树脂；而较大型的叶片（如42m以上）一般采用CFRP或CF与GF混杂的复合材料，树脂基体以环氧树脂为主。目前商品化的大型风力机叶片大多采用玻璃纤维复合材料（GRP）。长度大于40m叶片可以采用碳/玻混杂复合材料，但由于碳纤维的价格较高，未能推广应用。

2. 叶片主体结构

水平轴风力发电机组风力机叶片的结构主要为梁、腹板和蒙皮结构，有以下结构型式：

（1）叶片主体采用硬质泡沫塑料夹心结构，GRP结构的大梁作为叶片的主要承载部件，大梁常用D形、O形、矩形和C形等形式，蒙皮GRP结构较薄，仅2～3mm，主要保持翼型和承受叶片的扭转载荷；这种形式的叶片以丹麦Vestas公司和荷兰CTC公司（NOI制造的叶片）为代表，如图4-10和图4-11所示。其特点是重量轻，对叶片运输要求较高。由于叶片前缘强度和刚度较低，在运输过程中局部易于损坏；同时这种叶片整体刚度较低，运行过程中叶片变形较大，必须选择高性能的结构胶，否则极易造成后缘开裂。

D形、O形和矩形梁在缠绕机上缠绕成型；在模具中成型上、下两个半壳，再用结构

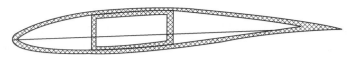

图 4 - 10　Vestas 叶片剖面结构

图 4 - 11　CTC 叶片剖面结构

胶将梁和两个半壳粘接起来。图 4 - 12 所示为在缠绕机上的 WTS - 3 叶片。

图 4 - 12　在缠绕机上的 WTS - 3 叶片

　　另一种方法是先在模具中成型 C（或 I）形梁，然后在模具中成型上、下两个半壳，利用结构胶将 C（或 I）形梁和两半壳粘接。

　　（2）叶片壳体以 GRP 层板为主，厚度在 10～20mm 之间；为了减轻叶片后缘重量，提高叶片整体刚度，在叶片上下壳体后缘局部采用硬质泡沫夹心结构，叶片上下壳体是其主要承载结构。大梁设计相对较弱，为硬质泡沫夹心结构，与壳体粘接后形成盒式结构，共同提供叶片的强度和刚度。这种结构形式叶片以丹麦 LM 公司为主，如图 4 - 13 所示。其优点是叶片整体强度和刚度较大，在运输、使用中安全性好、但这种叶片比较重，比同型号的轻型叶片重 20%～30%，制造成本也相对较高。

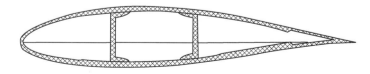

图 4 - 13　LM 叶片剖面结构

　　C 形梁用玻璃纤维夹心结构，使其承受拉力和弯曲力矩达到最佳。叶片上、下壳体主要以单向增强材料为主，并适当铺设 ±45°层来承受扭矩，再用结构胶将叶片壳体和大梁牢固的粘接在一起。

在这两种结构中，大梁和壳体的变形是一致的。经过收缩，夹心结构作为支撑，两半叶片牢固的粘接在一起。在前缘粘结部位常重叠，以便增加粘接面积。在后缘粘接缝，由于粘接角的产生而变坚固了。在有扭曲变形时，粘接部分不会产生剪切损坏。关键问题是叶根的连接，它将承受所有力，并由叶片传递到轮毂，常用的有多种连接方式。

3. 叶根结构形式

（1）钻孔组装式。以荷兰 CTC 公司叶片为代表。叶片成型后，用专用钻床和工装在叶根部位钻孔，将螺纹件装入。这种方式会在叶片根部的 GRP 结构层上加工出几十个直径 80mm 以上的孔（如 600kW 叶片），破坏了 GRP 的结构整体性，大大降低了叶片根部的结构强度。而且螺纹件的垂直度不易保证，容易给现场组装带来困难，如图 4-14（a）所示。

（2）螺纹件预埋式。以丹麦 LM 公司叶片为代表。在叶片成型过程中，直接将经过特殊表面处理的螺纹件预埋在壳体中，避免了对 GRP 结构层的加工损伤。经过国外的试验机构试验证明，这种结构形式连接最为可靠，唯一缺点是每个螺纹件的定位必须准确，如图 4-14（b）所示。

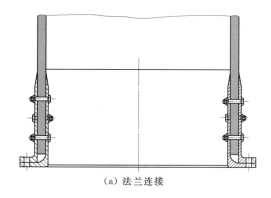
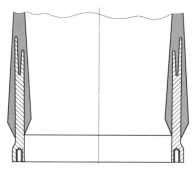

（a）法兰连接　　　　　　　　　　　　（b）预埋金属根端连接

图 4-14 叶片根部型式

采用预紧螺栓的优点是：不需要贵重且重量大的法兰盘；在批量生产中只有一个力传递元件；由于采用预紧螺栓，疲劳可靠性很好；通过螺栓很好的机械连接，而且法兰不需要粘接。缺点是：需要很高的组装精度；在现场安装要求可靠的螺栓预紧。

4. 叶片的成型工艺

现在的叶片成型工艺一般是先在各专用模具上分别成型叶片蒙皮、主梁及其他部件，然后在主模具上把两个蒙皮、主梁及其他部件胶接组装在一起，合模加压固化后制成整体叶片。具体成型工艺又大致可分为七种：①手糊；②真空灌注成型；③树脂传递模塑（RTM）；④树脂浸渍工艺（SCRMIP）；⑤纤维缠绕工艺（FW）；⑥木纤维环氧饱和工艺（WEST）；⑦模压。上述工艺中，①、④、⑤和⑥是开模成型工艺，而②、③和⑦是闭模模塑工艺。

传统的叶片生产一般采用开模工艺，生产过程中会有大量的苯乙烯等挥发性有毒气体产生，给操作者和环境带来危害。另一方面，随着叶片尺寸的增加，为保证发电机运行平稳和塔架安全，必须保证叶片重量轻且质量分布均匀，这就促使叶片生产工艺由开模向闭模发展。采用闭模工艺，如现在常用的真空灌注成型工艺，不但可大幅降低成型过程中苯乙烯的挥发，且更易精确控制树脂含量，从而保证复合材料叶片质量分布的均匀性，可提高叶片的质量稳定性。下面详细介绍一下真空灌注成型工艺。

图 4-15　叶片制作图

真空灌注成型工艺是将纤维增强材料直接铺放在模具上，如图 4-15 所示，在纤维增强材料上铺设一层剥离层，剥离层通常是一层很薄的低孔隙率、低渗透率的纤维织物，剥离层上铺放高渗透介质，然后用真空薄膜包覆及密封。模具用薄膜包覆密封，真空泵抽气至负压状态。

脱模布为一层易剥离的低孔隙率的纤维织物，导流布为高渗透率的介质，导流管分布在导流布的上面。树脂通过进胶管进入整个体系，通过导流管引导树脂流动的主方向，导流布使树脂分布到铺层的每个角落，固化后剥离脱模布，从而得到密实度高、含胶量低的铺层结构。由于整个工装系统是密闭的，在真空灌注成型中有机挥发物非常少，改善了劳动条件，减少了操作者与有害物质的接触，满足了人们对环保的要求，改善了工作环境，工艺操作简单。同时从制品性能上来说，真空辅助可充分消除气泡，降低制品孔隙率，能有效控制产品的含胶量，生产受人为因素影响小，产品的质量稳定性高，重现性能好，制品的表观质量好，铺层相同且厚度薄，强度高，相对于手糊成型拉伸强度提高 20% 以上。该工艺对模具要求不高，模具制作相对简单。与传统工艺相比，其模具成本可以降低 50%～70%。

真空灌注成型工艺对树脂黏度的要求较为严格，一般黏度控制在 300cps 以下。所选的树脂应具有较好的力学性能、耐腐蚀和固化收缩小。增强材料要求对树脂的流动阻力小、浸润性好、机械强度高、铺覆性好（增强材料无皱折、无断裂、无撕裂的情况下能够容易地制成与工作相同形状）、质量均匀性好。真空灌注成型工艺制备风力发电转子叶片的关键有：①优选浸渗用的基体树脂，特别要保证树脂的最佳黏度及其流动性；②模具设计必须合理，特别对模具上树脂注入孔的位置、流通分布更要注意，确保基体树脂能均衡地充满任何一处；③工艺参数要最佳化，真空灌注成型工艺的工艺参数要事先进行实验研究，保证达到最佳化；④增强材料在铺放过程中保持平直，以获得良好的力学性能，同时注意尽可能减少复合材料中的孔隙率。

树脂黏度对真空灌注成型的板材强度影响很大。降低黏度后树脂浸润好。低树脂含量可使板材的强度大幅度提高。同时，在真空灌注成型工艺中树脂黏度是影响进浸胶速率的重要因素之一。黏度降低，树脂流动性好，浸胶速率大大提高，增强材料对树脂的浸润性好坏直接影响产品性能的优劣。一般来说，对于真空灌注成型工艺，连续毡优于短切毡，编织布好于方格布，连续毡和编织布有利于树脂在整个密闭体系中的流动。若生产碳纤维制品，选材时应考虑用与碳纤维浸润性好的树脂。凝胶时间的控制也是真空灌注成型成功的一个重要因素。凝胶时间太短树脂较难填满整个模腔，凝胶时间过长将产生流胶现象，同时会影响产品的脱模时间。模腔充满后 $10\sim20\mathrm{min}$ 凝胶比较合适，确保树脂充模后能充分地浸润纤维铺层，消除气泡，以提高产品质量。

5. 叶片的热胀、积水和防雷击

由于叶片的材料结构以及运行环境，叶片在加工和设计时，特别需要注意叶片的热膨胀性、密封性以及雷击保护。

首先，热膨胀性。叶片结构中往往使用了不同的材料，所以必须考虑各材料热膨胀系数的不同，以免因温度变化而产生附加应力，从而破坏叶片。

其次，密封性。空心叶片应该有很好的密封性。但是一旦密封失效，其内必然形成冷凝水集聚，对风轮和叶片工作造成危害。此时，在叶尖、叶根各预开一个小孔，以使叶片内部空间进行适当地通风，并排除积水。需要注意的是小孔尺寸要适当，过大的孔径将气流从内向外流动，产生功率损失，还将伴随产生噪声。

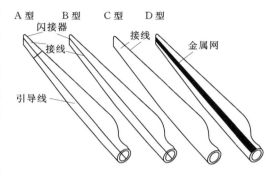

图 4-16 风力机叶片防雷击

最后，雷击保护。为了防止被雷电击毁，支撑发电机的塔架必须用良好的导线接地。复合材料制成的叶片，需要特殊的防雷装置。风力机的叶片的防雷设计一般有四种，如图 4-16 所示。大型复合材料叶片上预防措施最好是在叶尖处沿整个翼型外围做一个金属的尖帽，从叶尖向内延伸 $8\sim10\mathrm{cm}$。在后缘上的接地板条必须与尖帽搭接好，并通过钢制轮毂将雷电引入地下。

4.2.2 轮毂

轮毂的功能为连接叶片的主轴，最终连接到传动系统的其余部件，传递风轮力和力矩到后面传动系统的机构。水平轴轮毂的结构大致有三种：固定式轮毂、叶片之间相对固定铰链式轮毂和各叶片自由的铰链式轮毂。

1. 固定式轮毂

固定式轮毂结构如图 4-17 和图 4-18（a）所示。该轮毂的特点为主轴与叶片长度方向夹角固定不变；制作成本低，维护少，不存在铰接叶片的磨损问题；但叶片上全部力和力矩都经轮毂传递到后续部件。

图 4-17 所示的固定轮毂为目前大型三叶片风轮的常用结构，该轮毂的形状比较复杂，通常采用球磨铸铁制成，因为浇筑的方法容易成型与加工，此外球磨铸铁抗疲劳性能高。

2. 叶片之间相对固定铰链式轮毂

在早期的风力机轮毂的应用中，也有叶片之间相对固定的铰链式轮毂，如图 4-18（b）所示。

这种铰链使两叶片之间固定连接，轴向相对位置不变，但可绕铰链轴沿风轮拍向在设

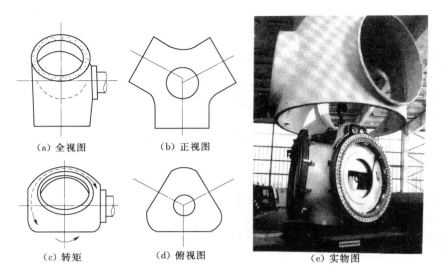

(a) 全视图　　　　　(b) 正视图

(c) 转矩　　　　　(d) 俯视图　　　　　(e) 实物图

图 4-17　风力机固定式轮毂

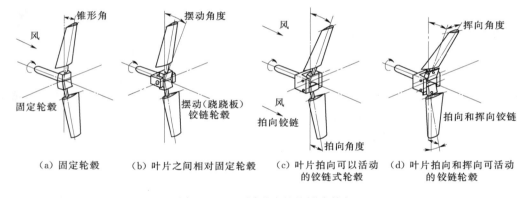

(a) 固定轮毂　　(b) 叶片之间相对固定轮毂　　(c) 叶片拍向可以活动　　(d) 叶片拍向和挥向可活动
　　　　　　　　　　　　　　　　　　　　　　的铰链式轮毂　　　　　　　的铰链轮毂

图 4-18　不同形式的铰链式轮毂

计位置作±（5°～10°）的摆动，类似跷跷板。当来流速度在叶轮扫风面内上下有差别或阵风出现时，叶片的载荷使得叶片离开设计位置，若位于上部的叶片向前，则下方的叶片向后。由于两叶片在旋转过程中的驱动力矩变化很大，因此叶轮会产生很高的噪声。

叶片被悬挂的角度也与风轮转速有关，转速越低，角度越大。具有这种铰链式轮毂的风轮具有阻尼器的作用。当来流速度变化时，叶片偏离原悬挂角度，其安装角也发生变化，一片叶片因安装角的变化升力下降，而令一片升力提高，从而产生反抗风向变化的阻尼作用。

3. 各叶片自由的铰链式轮毂

图 4-18（c）所示为各叶片自由的铰链式轮毂，该轮毂的每个叶片之间互不依赖，在外力作用下，可单独作调整运动。这种调整不但可做成仅具有拍向锥角的形式，还可做成拍向、挥向角度均可以变化的方式，其效果如图 4-18（d）所示。理论上讲，采用这种铰链结构可保持恒速运行。

4.2.3 机舱

机舱内部布置有低速轴（主轴）、齿轮箱、发电机、基座、偏航驱动装置等重要设备，机舱如图 4-19 所示。一般而言，当由主轴、齿轮箱、联轴器和发电机构成的传动系统位置确定后，便可安排机组的偏航系统和制动装置。其他需要布置的部件主要有润滑油站及冷却系统、液压系统、发电机控制器（变流器）、机舱控制柜、机舱吊具及其他装置。

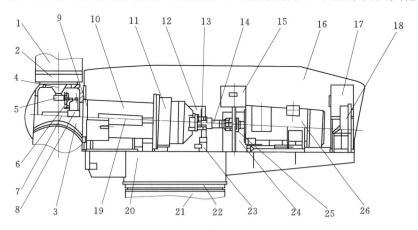

图 4-19 大中型水平轴风力机发电机的机舱

1—叶片；2—叶片轴承；3—轮毂；4—变桨距装置；5—曲轴；6—连杆；7—传动轴；
8—支座；9—主轴；10—主轴箱；11—齿轮箱；12—齿轮箱润滑站；13—制动盘；
14—联轴器；15—分控制器；16—机舱罩；17—油冷却器；18—电气柜；
19—伺服油缸；20—基座；21—塔架；22—偏航轴承；23—偏航
驱动装置；24—液压站；25—轴系安全装置；26—发电机

在设计机舱时，需尽可能减小机舱质量，增加其刚度。同时，兼顾机舱内各部件安装检修便利与机舱空间紧凑这两点；满足机舱的通风、散热和检查等维护需求，如图 4-20 所示。机舱对流动空气的阻力要小，以及考虑制造成本因素。

机舱装配时需要注意：从风轮到负载各部件之间的联轴节要精确对中。由于所有的力、力矩、振动通过风轮传动装置作用在机舱结构上，反过来机舱结构的弹性变形又作为相应的耦合增载施加在主轴、轴承、机壳上。为了减少这些载荷，建议使用弹性联轴器。

所有的联轴节既要承受风力机正常运行时所传递的力矩，也要承受机械刹车的刹车力矩。为了避免联轴节被损坏和失效，应在设计中对联轴节的载荷和失效进行认真的研究。

4.2.4 基座

基座的结构如图 4-21 所示。主要是主驱动链和偏航结构固定的基础，并将载荷传递到塔架上去。基座结构与风力发电机组的类型有关，其设计要满足足够的刚度、强度和稳定性，在合理安排机舱内部空间的前提下，尽量减小尺寸，减轻重量。

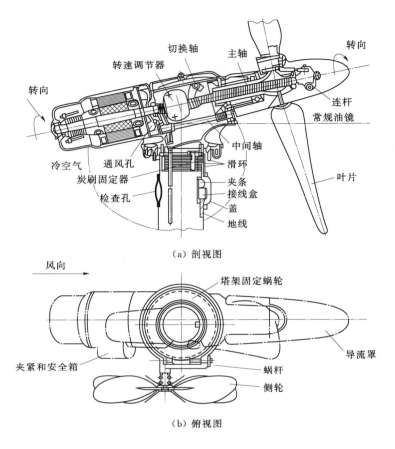

（a）剖视图

（b）俯视图

图 4-20 有侧风轮且布置紧凑的机舱结构

图 4-21 风力机机舱内部的基座

有些机型不设置主轴，而将风力机直接安装在齿轮箱的低速轴上，齿轮箱壳体与底座合二为一。若发电机在主轴的垂直对称面内，底座一般采用箱梁结构，贯穿基座前后的空心矩形截面梁是主承载构建，主传动链都要安装在此梁上，梁的下面与偏航系统连接，其优点是结构稳定、刚度大，大型机组大多采用这种结构。

若主传动链与发电机为非对称布置，则可能为平面或非平面的结构。基座设计时要按照轴系的布置机型，除了满足结构和强度要求外，还要求进行有限元分析。

基座场采用焊接构件或铸件。焊接机舱基座一般采用 Q345 板材，在高寒地区采用 Q345D 板材。焊接结构具有强度高、重量轻、生产周期短和施工方面等优点。缺点是尺寸稳定性受热处理影响较大。铸造基座一般采用球磨铸铁QT400-15制造。铸件尺寸稳定，吸振性和低温性能较好。

4.2.5 机舱罩

机舱罩用于保护机舱内的设备，也为维修人员作业提供安全屏障。机舱罩应该具有良好的空气动力外形和合理方便的舱口。机舱罩由蒙皮和骨架组成。蒙皮由耐腐蚀、抗疲劳、保温、防噪、强度高、易成型的玻璃纤维复合材料制成。外层胶衣有密封、耐腐蚀和抗紫外线的作用。

骨架通常有金属骨架和玻璃纤维骨架两种。金属骨架强度高，刚性好，能够承受和传递较大载荷，成型相对容易，但与蒙皮的组装比较复杂，一般采用机械连接，还必须采取密封措施。玻璃钢骨架正好相反，不能直接承受较大的集中载荷，需要增加金属加强件，成型需要使用工装，但与蒙皮组装方便，在蒙皮成型模中通过胶结即可完成，不需要密封。

4.2.6 整流罩

整流罩在航空领域应用较多，且十分重要。当运载火箭在大气中飞行时，卫星整流罩用于保护卫星及其他有效载荷，以防止卫星受气动力、气动加热及声振等有害环境的影响，它是运载火箭的重要组成部分。风力机整流罩置于轮毂前面，其作用是整流，减小轮毂的阻力和保护轮毂中的设备。流线型的整流罩美观性更好，视觉效果更佳。整流罩的制作类似机舱罩。当整流罩内不需要安装设备时，也可以采用平的圆板，减小成本和重量。

4.2.7 调速器和限速装置

调速器和限速装置的作用是：在不同风速下风力机转速维持恒定，或不超过设计的最高转速值，从而保证风力机在额定功率及其以下运行；特别是当风速过高时，调速器可限制功率输出，减少叶片上的载荷，保证风力机的安全性。

调速器和限速装置分为三类：偏航式、气动阻力式和变浆距式。

（1）偏航式调速。该调速方法主要应用于定浆距的小型风力机。当遇到超过设计风速的较强空气流时，为了避免风轮超速而损坏风轮叶片，可采用使整个风轮水平旋转的方法，使风轮偏离风向，减少风轮有效扫风面积，保护风轮不被损坏，结构如图4-22所示。这种装置的关键是把风力机轴设计成偏离轴心一定水平或者垂直距离，从而产生一定的偏心距。相对的一侧安装一副弹簧，一端系在与风轮成一体的偏转体上，另一端固定在基座底盘或尾杆。预调弹簧力，使其在设计风速内，风轮偏转力矩大于弹簧力矩，使得风轮向偏心距一侧水平或垂直旋转，直到风轮受的力矩与弹簧力矩相平衡。在遇到极强风时，可使风轮转到与风向相平行，以达到风轮停转的效果。

（2）气动阻力式调速装置。该装置与叶片的短臂铰接连接，短臂与轮毂相对固定，但在其长度上有一定的自由度，结构如图4-23所示。在正常情况下，减速板为弧形，依靠弹簧保持在风轮轴同心的位置；当风轮超速后，减速板因两头厚薄和质量的差异，而引起

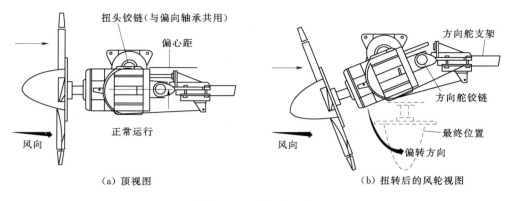

图 4-22 偏航式风轮

所受的离心力不同。当对铰接轴的力矩大于弹簧张力力矩，从而绕轴转动形成扰流器，增加风轮阻力，起到减速作用。风速降低后，其又回到最初位置。

这类圆弧板气动阻力调速装置一般应用于定桨距的小型风力机。对于大型的定桨距风力机，利用空气动力制动的叶尖可调的叶片，也就是将叶片叶尖设计成可绕径向轴转动的活动结构。正常运行时，叶片两部分展向方向和拍向方向一致。当风轮超速时，叶尖绕轴转 60°或者 90°，从而加大了攻角，气动阻力急剧增加，对风轮起到制动作用。

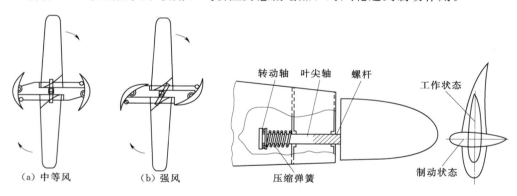

图 4-23 圆弧板气动阻尼器　　　图 4-24 叶尖可调的叶片

（3）叶尖变桨距方式。采用变桨距可以控制转速，此外还可减少转子和传动系统中各部件的压力，并允许风力机在很大的风速下运行，因而应用较为广泛，如图 4-24 所示。在中小型风力机中，采用离心调速方式比较普遍，此调速装置的结构如图 4-25 所示。利用桨叶或安装在风轮上的配重所受的离心力来控制桨叶的桨距角。风轮转速增加时，配重飞球的离心力增大，叶片安装角随之增大，叶片的升力系数下降，从而使风轮转速下降至原来的值；反之亦然。若飞球-连杆质量、弹簧安放位置及其刚度设计得当，在设计的风速变化范围内，风轮转速可基本保持恒定。对一般中小型风力机而言，此类调速器有时可能产生小幅度的转速波动。

在大型风力机中，常采用电子控制的液压机构来实现叶片的桨距调节。例如，美国 MOD20 型风力机利用两个装在轮毂上的液压调节器来控制转动主齿轮，带动叶片根部的

斜齿轮来进行桨距角调节。美国
MOD21型风力机则采用液压调节器推
动连接叶片根部的连杆来转动叶片。
这种叶片桨距角控制还可改善风力机
的气动性能，可以进行风力机并网前
的速度调节、按发电机额定功率来限
制转子气动功率以及事故安全停车等。

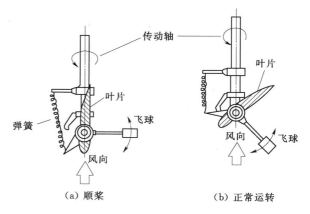

(a) 顺桨　　　　(b) 正常运转

图 4-25　配置飞球调速器的变桨距叶片

4.2.8　偏航机构

风轮若不能正对风向，风轮有效
扫风面积减少，风力机输出功率下降。

风力机有顺风式和逆风式两种，
逆风式居多。顺风式风力机的风轮能自然地对准风向，因此一般不需要进行偏航调向控
制。而逆风式风力机不能自动对准风向，因而必须采用偏航装置。风力机对风常用的有尾
舵偏航、侧风轮偏航和偏航控制系统调向三种。

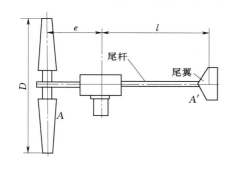

图 4-26　带有尾翼的小型风力机

1. 尾舵偏航

尾舵也称为尾翼，主要用于小型风力机。采用
尾舵的小型风力机可自然地使风轮对准风向，不需
要特殊控制。但尾舵调向装置结构笨拙，很少用于
中型以上的风力机。

尾舵对风主要用于直径不超过6m的小型风力
机，结构如图4-26所示。该设备不会对塔架产生
转矩激励，而风轮调向时的受力则由机舱来承担。
尾舵使风轮对风速度加快，若在风轮高速旋转时，
会产生陀螺力矩。

尾舵必须具有一定的条件才能获得满意的对风效果。设 e 为调向转轴与风轮旋转平面
间的距离，在尾舵质量中心到转向轴的距离 $l=4e$，尾舵面积 A' 与风轮扫风面积 A（或风
轮直径 d）之间必须符合以下关系

多叶片风力机

$$A'=\frac{0.1\pi d^2}{4} \tag{4-1}$$

高速风力机

$$A'=\frac{0.04\pi d^2}{4} \tag{4-2}$$

若 $l\neq 4e$，尾舵所需面积计算为

多叶片风力机

$$A'=0.4\frac{e}{l}\frac{\pi d^2}{4} \tag{4-3}$$

高速风力机

$$A'=0.16\frac{e}{l}\frac{\pi d^2}{4} \tag{4-4}$$

实践中，l 的值一般取 $0.6d$。

图 4-27　侧风轮对风

2. 侧风轮偏航

有的风力机采用侧风轮来驱动风轮绕风力机轴旋转，对准风向。该类风力机机舱的侧面安装一个小风轮，简称侧风轮，其旋转轴与风轮主轴垂直，结构如图 4-27 所示。如果主风轮没有对准风向，则侧风轮转动产生偏向力矩，通过涡轮杆机构使风轮和机舱转动，到主风轮对准风向为止。对风准确后，侧风轮上不再有使其旋转的力矩。但是，若对风装置只采用一个侧风轮时，由于机舱两侧气流的不均衡，使风轮轴线始终与风向相交一个较小的角度，这会减小风轮的有效扫掠面积，降低风轮效率。在设计侧风轮之前，需要了解使风力机偏航所需的最小转矩。

3. 偏航控制系统调向

对于大型风力机组而言，上述两种均不适用，一般采用由电动机驱动的偏航系统。偏航系统是水平轴风电机组的重要组成部分。根据风向的变化，偏航操作装置按系统控制单元发出指令，使风轮处于迎风状态，同时还提供必要的锁紧力矩，以保证机组的安全运行和停机状态的需要。偏航操作装置主要由偏航轴承、传动、驱动与制动等功能部件或机构组成。偏航系统要求的运行速度较低，且结构设计所允许的安装空间、承受的载荷更大，因而需要有更多的技术解决方案供选择。

图 4-28 所示为一种采用滑动轴承支撑的主动偏航装置结构示意图。偏航操作装置安装于塔架与主机架之间，采用滑动轴承实现主机架的定位与支撑；用四组偏航电动机主轴轴承与齿轮箱集成形式的风电机组主机架与塔架固定连接的大齿圈，实现偏航的操作。在主机架上安装主传动链部件和偏航驱动装置，通过偏航滑动轴承实现与大齿圈的连接和偏航传动。当需要随风向改变风轮位置时，通过安装在驱动部件上的小齿轮与大齿圈啮合，带动主机架和机舱旋转使风轮对准风向。

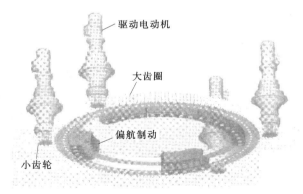

图 4-28　偏航系统结构示意图

采用电力拖动的偏航驱动部件一般由电动机、大速比减速机和开式齿轮传动副组成，通过法兰连接安装在主机架上。偏航驱动电动机一般选用转速较高的电动机，以尽可能减小体积，如图 4-29 所示。但由于偏航驱动所要求的输出转速又很低，必须采用紧凑型的大速比减速机，以满足偏航动作要求。偏航减速器可选择立式或其他形式安装，采用多级行星轮系传动，以实现大速比、紧凑型传动的要求。偏航减速器多采用硬齿面啮合设计，减速器中主要传动构件可采用低碳合金钢材料，如 17CrNiM06，42CrMoA 等制造，齿面热处理状态一般为渗碳淬硬（硬度一般大于 HRC58）。

（a）偏航机构构成　　　　　（b）偏航驱动电动机及减速箱内部结构

图 4-29　偏航驱动部件的内外部结构

　　为保证机组运行的稳定性，偏航系统一般需要设置制动器，在机舱底盘采用一个或多个盘式刹车装置，以塔架顶部法兰为刹车盘，当对风位置达到后，起动对风机构刹车，如图 4-30 所示，多采用液压钳盘式制动器。制动器的环状制动盘通常装于塔架（或塔架与主机架的适配环节）。制动盘的材质应具有足够的强度和韧性，如采用焊接连接，材质还应具有比较好的可焊性。一般要求机组寿命期内制动盘主体不出现疲劳等形式的失效损坏。制动钳一般由制动钳体和制动衬块组成，钳体通过高强度螺栓连接于主机架上，制动衬块由专用的耐磨材料（如铜基或铁基粉末冶金）制成。

图 4-30　偏航刹车装置

　　对偏航制动器的基本设计要求是，保证机组额定负载下的制动力矩稳定，所提供的阻尼力矩平稳（与设计值的偏差小于 5%），且制动过程没有异常噪声。制动器在额定负载下闭合时，制动衬垫和制动盘的贴合面积应不小于设计面积的 50%；制动衬垫周边与制动钳体的配合间隙应不大于 0.5mm。制动器应设有自动补偿机构，以便在制动衬块磨损时进行间隙的自动补偿，保证制动力矩和偏航阻尼力矩的要求。

　　偏航制动器可采用常闭和常开两种结构型式。常闭式制动器指在有驱动力作用条件下制动器处于松开状态；常开式制动器则是在驱动力作用时处于锁紧状态。考虑制动器的失效保护，偏航制动器多采用常闭式制动结构型式。

　　偏航调节系统包括风向标和偏航系统调节软件。风向标对应每一个风向都有一个相应的脉冲输出信号，通过偏航系统软件确定其偏航方向和偏航角度，然后将偏航信号放大传送给电动机，通过减速机构传动风力机平台，直到对准风向为止。大型风力发电机组不论处于运行状态，还是待机状态，均能在偏航控制系统的作用下主动对风。但是，若机舱在同一方向偏航超过 3 圈以上时，则扭缆保护装置动作，执行解缆；当回到中心解缆停止。偏航控制系统控制流程图如图 4-31 所示。

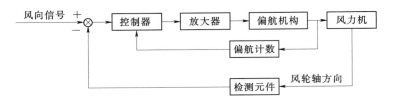

图 4-31　偏航控制系统图

风轮的对风系统是一个随动系统。当安装在风向标里的风向传感器最终以电位信号输出风轮轴线与风向的角度关系时，控制系统经过一段时间的确认后，会控制偏航电动机将风轮调整到与风向一致的方位。

就偏航控制本身而言，对响应速度和控制精度并没有要求，但在对风过程中，主要考虑限制调向转动角速度、角加速度，以减小陀螺效应力。因而从稳定性考虑，需在系统中设置足够的阻尼。

4.2.9　传动系统

传动系统用来连接风轮与发电机，将风轮产生的机械转矩传递给发电机，同时实现转速的变化。图 4-32 所示为目前风电机组较多采用的一种带齿轮箱风电机组的传动系统结构示意图。传动机构包括风轮主轴（低速轴）、齿轮箱、联轴器及机械刹车制动装置等部件。整个传动系统和发电机安装在主机架上。作用在风轮上的各种气动载荷和重力载荷通过主机架及偏航系统传递给塔架。

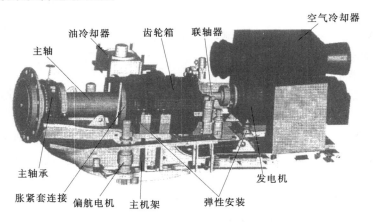

图 4-32　GEL1500 风电机组传动系统结构示意图

由于叶尖速比的限制，风轮的转速较低。例如，一般大型风力机的转速为 15r/min 或更低，直径 8m 的风力机转速在 200r/min 左右。但是，对于大型水平轴风力机而言，因发电机不能太重，要求发电机极对数少，转速尽可能高。所以，需要中间增设一个齿轮箱，以达到发电机所需的工作转速。但在风力机的设计过程中，一般对齿轮箱、发电机都不做详细的设计，而只是计算出所需的功率、转速及型号，向有关的厂家选购。最好是确定为已有的定型产品，可取得最经济的效果；否则就需要自己设计或委托有关厂家设计，然后试制及生产。

4.2.9.1 传动系统布置

传统的采用齿轮增速的风力发电机组传动系统按主轴轴承的支撑方式以及主轴与齿轮箱的相对位置进行分类，主要有"两点式""三点式""一点式"和"内置式"四种。

1．"两点式"布置

如图4-33所示，与风轮连接的主轴用两个轴承座支撑，其中靠近轮毂的轴承作为固定端，以便承受风轮的推力；另一个轴承作为浮动端，以便主轴在温度变化引起长度变动时轴向能够移动，避免结构产生过大的胀缩应力。主轴末端与齿轮箱的输入轴通常用胀紧套联轴器连接。齿轮箱的扭力臂作为辅助支撑，或通过销轴弹性套与机架相连接，或通过弹性垫与机舱底座连接，两点式传动系统布置实物图如图4-34所示。使用弹性套或弹性垫的目的是消振和减少噪声。这样除了扭矩以外，主轴不会将其他荷载传给齿轮箱。

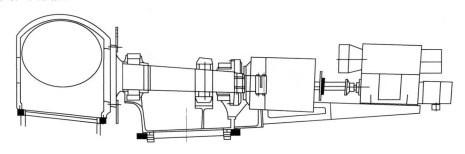

图4-33 两点式传动系统布置

有的风力发电机组将主轴的两个轴承座做成一体，这样可减少构件的数量，便于在机舱装配前，预先将主轴、轴承和支座，甚至包括变桨距机构进行组合，以减少机舱装配周期。有的则将主轴装入齿轮箱内，做成一体化的形式。

"两点式"布置让主轴及其轴承承受风轮的大部分载荷，减少风轮载荷突变对齿轮箱的影响，在传统的水平轴齿轮箱增速性的机组上应用较多，其稳定性优于其他几种布置形式。但由于轴系较长，

图4-34 两点式传动系统布置实物图

增大了机舱的体积和重量。机组功率越大，随着主轴直径和长度的增大，机舱布置和吊装难度也随之加大。

2．"三点式"布置

"三点式"布置实际上是在"两点式"的基础上省去一个主轴的轴承，由主轴前端轴承和齿轮箱两侧的支架组成所谓的"三点式"布置，既缩短轴向尺寸，又简化了结构，如

图 4-35 所示。

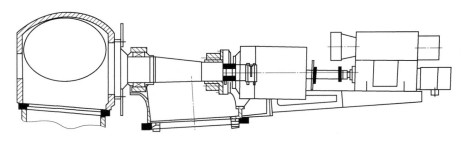

图 4-35　"三点式"传动系统布置

主轴上只有一个前轴承，另外两个支撑点设置在齿轮箱上，主轴与齿轮箱的低速轴常采用胀紧套刚性连接。齿轮箱除承受主轴传递的扭矩以外，还要承受平衡风轮重力等形成的支反力，因此必须适度提高齿轮箱的承载能力。通常在齿轮箱两个支点处加装减振弹性套或垫块，以减轻振动，降低噪声水平。"三点式"布置实例如图 4-36 所示。

（a）传动系统　　　　　　　　　　（b）主轴独立轴承

图 4-36　"三点式"传动系统布置实例

3. "一点式"布置

"一点式"布置不使用主轴，风轮法兰直接通过一个大轴承支撑在机架上，通常轴承外圈与主机架连接，轴承内圈与齿轮箱输入轴连接，如图 4-37 所示，风轮载荷通过轴承传递到机架上。齿轮箱的输入轴不会因为弯曲力矩而产生变形，齿轮箱箱体两侧的扭矩臂作为辅助支撑，通过弹性套或弹性垫与机架相连。

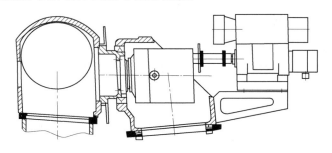

图 4-37　"一点式"轴系布置

另一种"一点式"布置方式如图4-38所示。齿轮箱箱体与机舱支架做成一体，整个传动装置更加紧凑，但传动链的前轴承、齿轮箱和箱架合一的机架结构设计难度加大，并且对零部件的强度和性能要求都有所提高。

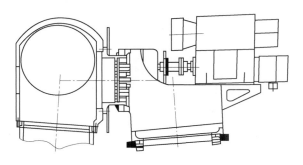

图4-38 紧凑型"一点式"轴系布置

4."内置式"布置

"内置式"布置是指主轴、主轴承与齿轮箱集成在一起，主轴内置于齿轮箱内，主轴与第一级行星轮采用花键或过盈连接，风轮载荷通过箱体传到主机架上，如图4-39所示。这种传动方案的特点是结构紧凑，风轮与主轴装配方便，主轴承内置在齿轮箱中，采用的是集中强制润滑，润滑效果好，现场安装和维护工作量小。但齿轮箱外形尺寸和重量大，制造成本相对较高。此外，风轮载荷直接作用在齿轮箱箱体上，对齿轮和轴承的运转影响较大。

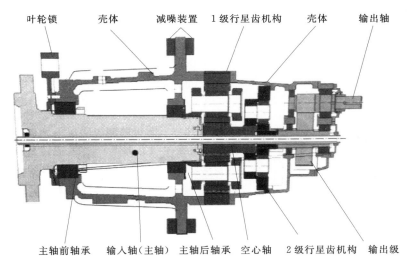

图4-39 内置式布置

4.2.9.2 直驱型风力发电机组传动系统布置

直驱型风力发电机组的发电机分为外转子和内转子两种形式。当采用外转子发电机时，风轮一般直接与转子法兰盘相连，如图4-40所示，外转子直接由风轮轮毂驱动，由于转速较低，支撑轴承可采用润滑脂润滑，简化了机舱结构，更便于维护。

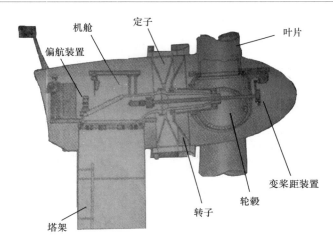

图 4-40 直驱型风力发电机组传动系统布置

当发电机采用内转子发电机时，风轮也直接驱动转子，连接在与发电机转子相连的主轴上。发电机只承受风轮传来的扭矩，不承受其他载荷，实际制造相对简单，发电机成本相对较低。

直驱式机组采用永磁或励磁同步发电机，机构相对简单，但结构庞大，运输和吊装都十分困难，对更大功率的机组，倾向于采用增加齿轮传动的所谓"半直驱"方式。

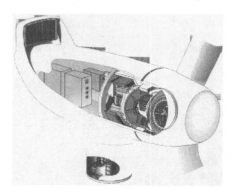

图 4-41 半直驱型传动系统布置

4.2.9.3 半直驱型风力发电机组传动系统布置

"半直驱"意指采用比传统机组齿轮增速较小的齿轮增速装置（如速比 10∶1），使发电机的级数减少，从而缩小发电机的尺寸，便于运输和吊装。发电机转速在传统齿轮增速型机组和直驱型机组之间，故称"半直驱动"。

半直驱型风力发电机组的发电机一般采用内转子形式，风轮直接连接到输入轴法兰盘上，通过齿轮副将动力传递到发电机。该布置方式相对于直驱型来说，由于增加了齿轮副增速，使发电机能够缩小外形尺寸，结构更加紧凑，从而减小

了机舱体积，便于运输和吊装。图 4-41 所示的半直驱型机组的风轮轮毂通过内齿圈驱动三个功率分流小齿轮增速，将动力传至与发电机主轴相连的中心轮使发电机转子旋转发电。

4.2.10 齿轮箱

4.2.10.1 齿轮

风力发电机组中的齿轮箱是一个重要的机械部件，其主要功能是将风轮在风力作用下所产生的动力传递给发电机，并使其得到相应的转速。风力机所采用的齿轮箱一般都是增速作用，风轮的转速较低，远达不到发电机发电的要求，必须通过齿轮箱的增速作用来实

现，故也将齿轮箱称为增速箱。由于受结构和加工条件限制，单级齿轮传动的传动比不能太大，而每个齿轮的齿数也不能太少。因此，在需要大传动比的场合，采用多级齿轮构成的轮系实现传动。

轮系传动分为定轴轮系传动和周转轮系传动。定轴轮系中，所有齿轮的轴线位置不变，如果各轴线相互平行，则称为平面定轴轮系，或平行轴轮系。定轴线齿轮传动结构简单，维护容易，造价低廉。图4-42所示为一个三级平行轴齿轮传动装置。

图4-42 定轴轮系

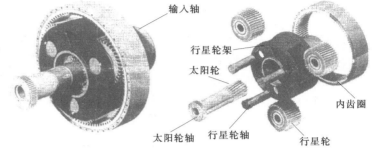

图4-43 行星轮系基本结构示意图

周转轮系中，至少有一个齿轮的轴线可以绕其他齿轮轴线转动。其中只有一个齿轮轴可以绕其他齿轮轴转动的轮系称为行星轮系。图4-43所示为一种行星轮系的基本结构示意图，其中轴线可动的齿轮称为行星轮，位于中间的齿轮称为太阳轮，行星轮与太阳轮及外部的内齿圈啮合，太阳轮和内齿圈的轴线不变，其中内齿圈固定不动，行星轮即绕自身轴线转动，同时其轴线还绕太阳轮转动。行星齿轮传动特点是，在传递动力时可以进行功率分流；输入轴和输出轴具有同轴性，也就是输出轴和输入轴均设置在同一主轴线上。在体积小、质量轻、结构紧凑、传动效率高，以及需要差速合成或分解运动的齿轮传动中，行星齿轮应用越来越广泛。行星齿轮主要具有以下特点：

（1）体积小，质量小，结构紧凑，承载能力大。由于行星齿轮传动具有功率分流能力，且各中心轮构成共轴线式的传动，能合理地应用内啮合齿轮副，因此可使结构非常紧凑。还由于在中心轮周围均匀地分布着数个行星齿轮来共同分担载荷，从而使得每个齿轮所承受的负荷较小，并允许这些齿轮采用较小的模数。此外，在结构上充分利用了内啮合承载能力大和内齿圈本身的可容体积，从而有利于缩小其外廓尺寸和质量，可缩小至约为普通齿轮传动的1/5～1/2。

（2）传动效率高。由于行星齿轮传动结构的对称性，即它具有数个匀称分布的行星轮，使得作用于中心轮和转臂轴承中的反作用力能互相平衡，从而有利于达到提高传动效率的作用。在传动类型选择恰当、结构布置合理的情况下，其效率值可达0.97～0.99。

（3）传动比较大，可以实现运动的合成与分解。只要适当选择行星齿轮传动的类型及配齿方案，便可以用少数几个齿轮获得很大的传动比。在仅作为传递运动的行星齿轮传动中，其传动比可达几千。行星齿轮在其传动比很大时，仍然可保持结构紧凑、质量轻、体积小等许多优点。它还可以实现运动的合成与分解并能实现各种变速的复杂运动。

（4）运动平稳，抗冲击和振动的能力较强。由于采用了数个结构相同的行星齿轮，它们均匀地分布于中心轮的周围，从而可使行星轮传动与转臂的性力相互平衡。同时，也使参与啮合的齿数增多。故行星齿轮传动的运动平稳，抵抗冲击和振动的能力较强，可靠性高。

4.2.10.2　齿轮箱结构和主要零部件

在实际应用中，往往同时应用定轴轮系和行星轮系，构成组合轮系。这样可以在获得较高传动比的同时，使齿轮箱结构比较紧凑。在风电机组增速齿轮箱中，多数采用行星轮系和定轴轮系结合的组合轮系结构。按照传动的级数可分为单级和多级齿轮箱；按照传动的布置形式又可分为展开式、分流式和同轴式以及混合式等。

通常将与风轮主轴相连的输入轴称为低速轴，与发电机相连的轴称为高速轴；根据中间轴的连接情况将中间轴分为低速中间轴、高速中间轴等。

齿轮箱的润滑方式有飞溅式、压力强制润滑式或混合式。在油箱和主要的轴承处设置温度传感器以控制油温，在箱体上还设置有相应的仪表和控制线路以确保齿轮箱正常运行。

风电机组的主传动有多种方案可供选择。较小功率的机组可采用较为简单的两级或三级平行轴齿轮传动。功率更大时，由于平行轴展开尺寸过大，不利于机舱布置，故多采用行星轮齿轮传动或行星齿轮和平行轴齿轮的复合传动以及多级分流、差动分流传动。

确定传动方案时要结合机组载荷工况和轴系的整体设计，满足动力传递准确、平稳、结构紧凑、重量轻、便于维护的要求。

常见的兆瓦级风电机组齿轮齿轮箱有以下类型：

（1）一级行星和两级平行轴齿轮传递齿轮箱。行星架将风轮动力传至行星轮（通常设置三个行星轮），再经过中心太阳轮到平行轴齿轮，经两级平行轴齿轮传递至高速轴输出。图 4 - 44 所示为动力传递和增速线路以及齿轮箱的结构。

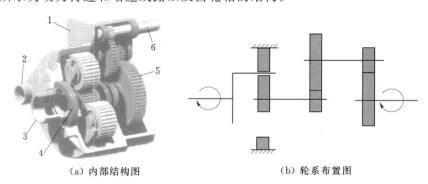

（a）内部结构图　　　　　　　　　（b）轮系布置图

图 4 - 44　采用一级行星和两级平行轴齿轮传动的齿轮箱结构

1—箱体；2—转矩臂；3—风轮主轴；4—前主轴承；5—传动机构；6—输出轴

机组的主轴与齿轮箱输入轴（行星架）利用胀紧套连接，装拆方便，能保证良好对中性，且减少了应力集中。在行星齿轮级中常利用太阳轮的浮动实现均载。这种结构在 1～2MW 的机组中应用较多。

（2）两级行星齿轮和一级平行轴齿轮传动齿轮箱。图 4 - 45 所示的结构采用两级行星齿轮增速可获得较大增速比，实际应用时在两行星级之外常加上一级平行轴齿轮，错开中心位置，以便利用中心通孔通入电缆或液压管路。

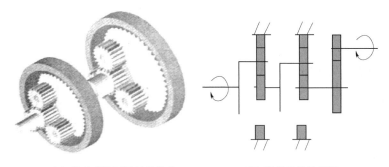

（a）传动系统两级行星传动　　　　（b）齿轮布置示意图

图4-45　两级行星和一级平行轴齿轮传动

（3）内啮合齿轮分流定轴传动。如图4-46所示，将一级行星和两级平行轴齿轮传动结构的行星架与箱体固定在一起，行星轮轴也变成固定轴，内齿圈成为主动轮，动力通常由三根齿轮轴分流传至同轴连接的三个大齿轮，再将动力汇合到中心轮传至末级平行轴齿轮。这种传动方式也常用于半直驱式风力发电机组的传动装置中。

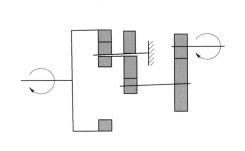
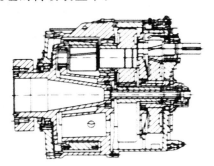

（a）齿轮布置示意图　　　　　　　（b）齿轮箱剖面图

图4-46　内啮合分流定轴传动

　　由内齿圈输入，将功率分流到几个轴齿轮，再从同轴的几个大齿轮传递到下一级平行轴齿轮，相当于行星架固定，内齿圈作为主动轮，两排行星齿轮变为定轴传动。这种装置由于没有周转轴，有利于布置润滑油路。另外从结构上看，各个组件可独立拆卸，便于在机舱内进行检修。

　　（4）分流差动齿轮传动。图4-47是一种利用差动和行星齿轮传动进行动力分流和合流的传动方式，可在结构设计中增加行星轮的个数，并采用柔性行星轮轴，使载荷分配更均匀，用于较

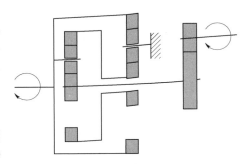

图4-47　分流差动齿轮传动

大功率场合。由图 4-47 可以看出，行星架传入的动力一部分经行星轮传至左侧太阳轮，另一部分通过与行星架相连的大内齿圈经一组定轴齿轮传至中间的太阳轮，再通过与之相连的小内齿圈经行星轮传至左侧太阳轮，由于差动传递的作用，两部分的动力在此合成输出，传至末级平行轴齿轮。

（5）行星差动复合四级齿轮传动。图 4-48 所示为应用行星差动四级齿轮传动，其中第一级和第二级的结构与分流差动齿轮传动类似，但将差动装置置于第三级，并且让功率在此汇流（一级太阳轮传至行星架经行星轮汇集到第三级太阳轮；二级太阳轮与三级内齿圈连接，也通过行星轮将动力汇集到第三级太阳轮），然后传入末级平行轴齿轮。由于增加了功率分流，行星轮载荷分布较均匀，比传统结构更为紧凑，可减小体积和质量。

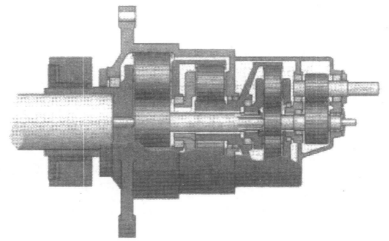

（a）齿轮箱内部结构图

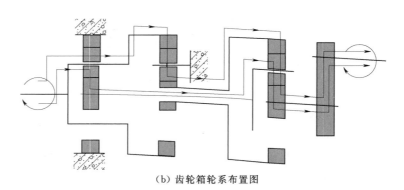

（b）齿轮箱轮系布置图

图 4-48 行星差动四级齿轮传动

4.2.11 机械刹车装置

风力机驻车系统往往具有空气动力学刹车和机械刹车两套系统。两套系统功能各异，相互补充。空气动力学刹车作为机械刹车的补充，是风力机的第二安全系统；空气动力学刹车并不能使风轮完全停止，只是使其转速限定在允许的范围内；空气动力学刹车依靠叶片形状的改变来使通过风轮的气流受阻，从而对叶片产生阻力，降低转速。机械刹车是依靠机械摩擦力使风轮制动；机械刹车需要空气动力学刹车的配合，以减轻轴的不平衡扭矩；且机械刹车可以使风轮完全停止。由于本章主要是对设备结构进行介绍，故在这里仅对机械刹车进行介绍，空气动力刹车的具体原理内容在第 6 章进行详细讨论。

机械刹车装置是一种借助摩擦力使运动部件减速或直至静止的装置。图 4-49 所示为一种盘式制动器，利用成对的制动块压紧产生的摩擦力，对制动盘进行制动。这种制动装置按照制动块的驱动方式可分为气动、液压、电磁等形式。按照制动块的工作状态可分为常闭式和常开式两种。常闭式制动器靠弹簧或重力的作用经常处于制动状态，当机构运行时，则利用液压等外力使制动器松开。与此相反，常开式制动器则经常处于释放状态，只有施加外力才能使其闭合。

机械刹车一般有两类：一类是运行刹车，在正常情况下经常性使用的刹车，如失速机在切出时，要使风轮从运行快速静止，需要机械刹车；另一类是紧急刹车，在突发故障时使用，平时较少使用。

风力机机械刹车装置一般采用刹车盘。其位置根据风轮的类型，设置在低速轴，或者在高速轴。低速轴刹车系统的优点为制动功能直接作用在风轮上，可靠性高；刹车力矩不会变成齿轮箱载荷。缺点为在一定的制动功率下，低速轴刹车，刹车力矩很大；并且如果风轮轴承和齿轮箱前端轴承合二为一，在低速轴上设置刹车，结构布置难以实现。高速轴刹车系统的优缺点正好与低速轴的情形相反。风力发电机组中，为了减小制动装置尺寸，通常将机械制动装置装在高速轴上，如图 4-50 所示。

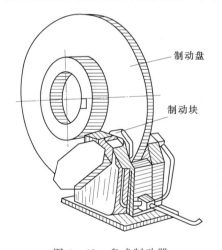

图 4-49　盘式制动器

图 4-50　高速轴制动盘

出于可靠性考虑，失速型风力机采用低速轴刹车系统；变桨距风力机多采用高速轴刹车系统，用于应对变桨距控制转速之后可能出现的紧急情况。在高速轴上刹车，易发生动态中刹车的不均匀性，从而产生齿轮箱的冲击过载。如从开始的滑动摩擦到刹车后期的紧摩擦过程中，临近停止的叶片常不连贯地停顿，风轮转动惯量的这一动态特性使增速齿轮来回摆动。为避免此情况，保护齿轮箱和刹车片，应试验调整刹车力矩的大小及其变化特性，以使整个刹车过程保持稳定的性能。

刹车系统要按风轮超速、振动超标等故障情况下绝对保障风力机安全的原则设计。刹车力矩应至少两倍于风轮转矩特性曲线上最大转矩工况下制动轴上所对应传递的转矩。

应注意的是，最大转矩系数所对应的叶尖速比小于最大风能利用系数所对应的叶尖速比，所以刹车过程中因转速降低，风轮转矩反而会提高。此外，还要注意刹车片的散热和维护的方便性。

水平轴风力机上所使用的机械刹车装置全部为性能可靠、制动力矩大、体积较小的盘式制动器，并应具有力矩调整、间隙补偿、随位和退距等功能。这里将盘式制动器相关知识作一介绍。

1. 盘式制动器的结构

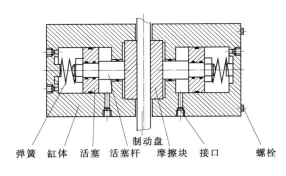

弹簧　缸体　活塞　活塞杆　摩擦块　接口　　　螺栓

图 4-51　盘式制动器的结构

盘式制动器又称为碟式制动器，液压控制，由制动盘、缸体、活塞杆、活塞等组成，如图 4-51 所示。制动盘用合金钢制造并固定在轮轴上，随轮轴转动。液压缸固定在制动器的底板上，制动钳上的两个摩擦块分别安装在制动盘的两侧。液压缸的活塞受油管输送来的液压作用，推动摩擦片压向制动盘发生摩擦制动，然后像钳子一样死死地钳住制动盘，迫使其停止转动。

盘式制动器摩擦副中的旋转元件是以端面工作的金属圆盘，称为制动盘。工作面积不大的摩擦块与其金属背板组成的制动块，每个制动器中有 2~6 个。这些制动块及其驱动装置都安装在横跨制动盘两侧的夹钳形支架中，总称为制动钳。有时制动器成多对布置，如图 4-52 所示。

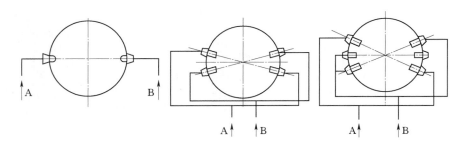

图 4-52　多对制动器布置示意图

盘式制动器的释放是制动器的制动覆面脱离制动轮表面而释放接触制动力矩的过程。盘式制动器的制动覆面与制动盘表面贴合，从而建立规定的制动力矩的过程。常闭型盘式制动器在加载时需靠弹簧力，通过调整弹簧压力来调整制动力矩的大小。驱动液压缸的工作行程就是在制动器释放过程中活塞移动的距离。

盘式制动器按制动钳的结构形式分为固定钳式和浮动钳式两种。如图 4-53 所示，制动钳分置于制动盘两侧，均有油缸作用。制动时两侧油缸中的活塞推动两侧制动钳相对移动，同时施加动力。浮动钳式有滑动钳式和摆动钳式两种。如图 4-53（b）所示，滑动钳式制动器钳体可沿其轴向滑动，只在制动盘的内侧设置油缸，外侧的制动块固定安装在嵌体上，内侧制动块则随活塞作用压紧或离开制动盘。制动时活塞在油压下推动内侧制动块压向制动盘，同时带动另一侧制动块也压向制动盘。摆动钳式如图 4-53（c）所示，制动块和油缸结构与滑动钳式相似，但制动钳体并不滑动而是与固定支座铰接。

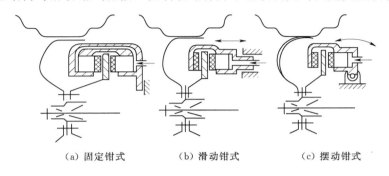

（a）固定钳式　　　　（b）滑动钳式　　　　（c）摆动钳式

图 4-53　盘式制动器结构示意图

2．盘式制动器的特点

与其他制动器相比，盘式制动器具有优点为：一般无摩擦助势作用，因而制动器效能受摩擦系数的影响很小，即效能较稳定；浸水后效能降低较少，而且只需经一两次制动即可恢复正常；在输出制动力矩相同的情况下，尺寸和重量一般较小；较容易实现间隙自动调整，调整液压系统的压力即可调整制动力矩的大小，保养维修也较简便。因为制动盘外露，还具有散热良好的优点。

这种制动器散热快、重量轻、构造简单、调整方便。特别是负载大时耐高温性能好，制动效果稳定，有些盘式制动器的制动盘还开了许多小孔，可以加速通风散热并提高制动效率。制动盘上的孔还可以作为风力锁定装置的一部分。

盘式制动器也有其不足之处，如对制动器和制动管路的制作要求较高，摩擦片的耗损量较大，成本较高，而且由于摩擦片的面积小，相对摩擦的工作面也较小，需要的制动液压力高，一般要使用伺服装置。

电磁驱动的机械制动装置一般使用鼓式制动器，俗称抱闸。鼓式制动器散热性能差，在制动过程中会聚集大量的热量。制动蹄片和轮毂在高温影响下较易发生极为复杂的变形，容易产生制动衰退和振抖现象，引起制动效率下降。但是制作成本低，比较经济。

4.2.12　塔架

塔架是风力发电机组的支撑部件，承受机组的重量、风载荷以及运行中产生的各种动载荷，并将这些载荷传递到基础。大型并网风力发电机组塔架高度一般超过几十米，甚至超过百米，重量约占整个机组重量的一半，成本占风力发电机组制造成本的 15%～20%。由于风电机组的主要部件全部安装在塔架顶端，因此塔架一旦发生倾倒垮塌，往往造成整个机组报废。因此塔架和基础对整个风电机组的安全性和经济性具有重要影响。

4.2.12.1　塔架的分类

从结构上分，塔架有无拉索的和有拉索两种；按形状分，有圆筒型和桁架型两种；如

图4-54所示。

1. 拉索式塔架

如图4-54（a）所示，拉索式塔架是单管或桁架与拉索的组合，采用钢制单管或角铁焊接的桁架支撑在较小的中心地基上，承受风力发电系统在塔顶以上各部件的气体及质量载荷，同时通过数根钢索固定在离散地基上，由每根钢索设置螺栓进行调节，保持整个风力发电机组对地基的垂直度，使机组能稳定可靠地运行。

这种组合塔架设计简单，制造费用较低，适用于中、小型风力发电机组。

2. 桁架式塔架

图4-54（b）、（c）所示为桁架式塔架，其中图4-54（b）所示桁架由三根钢管或角钢构成，结构与高压线塔架相似。图4-54（c）所示桁架采用钢管或角铁焊接成截锥形桁架支撑在地基上，桁架的横截面多为正方形或者多边形。桁架的设计简单，制造费用较低，工作人员也可以沿着桁架立柱的脚手架爬至机舱，但其安全性较差。从总体布局来看，机舱与地面设施的连接电缆等均暴露在外，因而桁架的外观形象较差。桁架塔架的耗材少，便于运输；但需要连接的零部件多，现场施工周期较长，运行中还需要对连接部位进行定期检查。在早期小型风机组中，较多采用这种类型塔架结构。随着高度的增大，这种塔架逐渐被钢筒塔架结构取代。但是，在一些高度超过100m的大型风电机组塔架中，桁架结构又重新受到重视。因为在相同的高度和刚度条件下，桁架结构比钢筒结构的材料用量少，而且桁架塔的构件尺寸小，便于运输。对于下风向布置的风电机组，为了减小塔架尾流的影响，也多采用桁架结构塔架。

　（a）拉索式　　　（b）三脚架桁架式　　　（c）桁架式　　　（d）锥形钢筒　　　（e）混凝土

图4-54　几种不同的塔架

3. 钢制锥筒式塔架

图4-54（d）所示为钢制锥筒式塔架。采用强度和塑性较好的多段钢板进行滚压，对接焊成截锥式筒体，两端与法兰盘焊接而构成截锥塔筒。采用截锥塔筒可以直接将机场底座固定在塔顶，将塔梯、安全设施及电缆等不规则部件或系统布局都包容在筒体内部，并可以利用截锥塔筒的底部空间放置各种必要的控制及监测设备，因此采用锥塔筒的风力

发电机组外观布局美观。

与桁架式塔架相比，迎风阻力较大，但在目前兆瓦级风力发电机组中广泛采用。

4. 钢混组合塔架

图 4-54（e）所示为钢混组合塔架。钢筋混凝土结构可以现场浇筑，也可以在工厂做成预制件，然后运到现场组装。钢筋混凝土塔架的主要特点是：刚度大，一阶弯曲固有频率远高于机组工作频率，因而可以有效避免塔架发生共振。早期的小容量机组中曾使用过这种结构。但是随着机组容量增加，塔架高度升高，钢混结构塔的制造难度和成本均相应增大，因此在大型机组中很少使用。

4.2.12.2 塔架结构

随着风电机组容量逐渐加大，塔架的高度、重量和直径相应增大。钢制塔架由塔筒、塔门、塔梯、电缆梯与电缆卷筒支架、平台、外梯、照明设备、安全与消防设备等组成。

大型兆瓦机组塔架高度超过 100m，重量超过 100t。高度超过 30m 的锥形钢筒塔，通常分成几段进行加工制造，然后运输到现场进行安装，用螺栓将各段塔筒连接成整体。每段长度一般不超过 30m。图 4-55 所示为塔筒加工图。

图 4-55 塔筒加工

塔筒通常采用宽度为 2m、厚度为 10～40mm 的钢板，经过卷板机卷成筒状，然后焊接而成。当钢板厚度小于 40mm 时，可以采用常规卷板设备进行加工。而当厚度超过 40mm 时，常规卷板设备不能加工，需要特制的卷板设备。塔筒材料的选择依据环境条件而定，可以选用碳素结构钢 Q235B、Q235C、Q235D，或高强度结构钢 Q345B、Q345C、Q345D。连接法兰一般选用高强度钢。

1. 塔筒

塔筒是塔架的主体承力构件，为了吊装及运输的方便，一般将塔筒分成若干段，并在塔筒底部内、外侧设法兰盘，或单独在外侧设法兰盘采用螺栓与塔基相连，其余连接段的法兰盘为内翻形式，均采用螺栓进行连接。根据结构强度的要求，各段塔筒可以采用不同厚度的钢板。

由于风速的剪切效应影响，大气风速随地面高度的增高而增大，因此普遍希望增高机组的塔筒高度，但塔筒高度的增加使制造费用相应地增加，随之也带来技术及吊装上的难度。为此，需要从技术与经济角度进行综合性考虑，初选塔筒的最低高度为

$$H_{tg} = R + H_{zg} + A_z \qquad (4-5)$$

式中　H_{tg}——塔架最低高度，m;

　　　　R——风轮半径，m;

　　　　H_{zg}——接近机组的障碍物高度，m;

　　　　A_z——风轮叶尖的最低点与障碍物顶部的距离，m，一般取 $A_z \approx 1.5 \sim 2.0$m。

　　塔架高度主要依据风轮直径确定，但还要考虑安装地点附近的障碍物情况，风力机功率收益与塔架费用提高的比值。

　　图4-56给出统计方法得出的塔架高度与风轮直径的关系。塔架增高，风速提高，风力机功率增加，但塔架费用也相应提高，运输和安装等也越来越困难。风轮直径减小，塔架的相对高度增加。从图4-56可以看出，直径20m以下的风轮，其塔架高度随风轮直径变化较大。这是因为小风力机受周围环境的影响较大，塔架相对高一些，可使它在风速较稳定的高度上运行；直径20m以上的风轮，其轮毂中心高与风轮直径的比应为1:1。

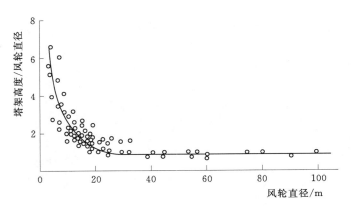

图4-56　塔架高度随风轮直径增加的变化

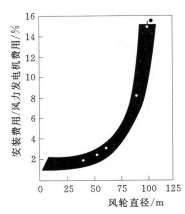

图4-57　风轮直径与安装费用的比例

　　随着风轮直径的增加，风力机的安装费用会有很大的提高，大型风力机更是如此。吊车要把100t的质量吊到60m高，不但操作困难，费用也必然会大大增加。安装费用增加的规律如图4-57所示，可以看出安装费用与风轮直径成指数关系增长。

　　2. 平台

　　塔架中设置若干平台，可用来安装相邻段塔筒、放置部分设备和便于维修内部设施，结构如图4-58所示。塔筒连接处平台距离法兰接触面1.1m左右，以方便螺栓安装。另外，还有一个基础平台，位置与塔门位置相关，平台是由若干个花纹钢板组成的圆板，圆板上有相应的电缆桥与塔梯通道，每个平台一般不少于三个吊板通过螺栓与塔壁对应固定座相连接，平台下面还设有支撑钢梁。

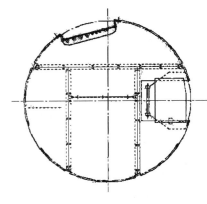

图4-58　平台剖面示意图

3. 电缆及其固定

电缆由机舱通过塔架到达相应的平台或拉出塔架之外，从机舱拉入塔架的电缆如图4-59所示。进入塔架后经过电缆卷筒与支架。电缆卷筒与支架位于塔架顶部，保证电缆有一定长度的自由旋转，同时承载相应部分的电缆重量。电缆通过支架随机舱旋转，达到解缆设定值后自动消除旋转，安装维护时应检查电缆与支架间隙，不应出现电缆擦伤。经过电缆卷筒与支架后，电缆由电缆梯固定并落下。

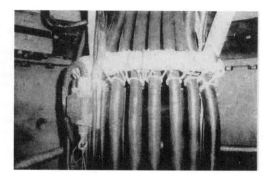

图4-59 机舱拉入塔架的电缆

4.2.13 主传动链布局

主传动链是指风力发电机组中风轮至发电机的动力传输系统。主传动链的总体布局需要结合风电机组发电系统的设计，并考虑对风电机组成本构成和性能等方面的影响。

（1）总体布局。虽然水平轴风电机组的风轮需要安装在塔架上，但这并不意味着主传动链和发电机等部件都必须安装在塔架上。因此，研究主传动链、发电机等部件与风电机组总体布局的关系，合理平衡相关的性能、载荷和成本等方面的因素，对风电机组的装配和塔架等部件的设计具有一定的意义。

 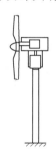    

（a）齿轮箱和发电机在机舱内　（b）发电机竖直置于塔顶　（c）齿轮箱和发电机在塔基底部　（d）齿轮箱在机舱内，发电机在塔架底部　（e）发电机在塔架底部，采用两级齿轮箱　（f）直驱式风轮

图4-60 主传动链总体布局

图4-60所示为风力机发展到现在的一些主传动链总体布局方案。基于风电装备设计方法研究的现状，同时考虑到风轮与发电机系统的设计和制造能力，美国国家可再生能源实验室（NREL）将目前主传动链布局型式大致划分为高速比增速传动链、直接由风力驱动发电机和采用低速比增速的传动链等几种。

（2）基本布局型式。传动链基本布局型式如图4-61所示，型式特征为主传动链与发电机等部件呈一字线形布置在机舱内；通过风轮主轴驱动大传动比的增速齿轮箱，将风轮产生的扭矩传递给发电机。迄今为止，多数水平轴风电机组采用了此种布局型式。其原因是其传动路径短，较容易实现关键部件的标准设计，如发电机、齿轮箱等，以便能够由基础工业部门提供这些部件，促进风电机组制造产业链的形成，进而降低整机的成本，同时，也可为日后风电机组的运行和维护提供便利。

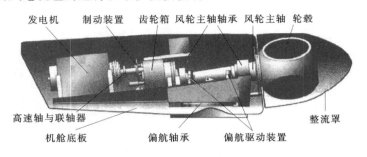

图 4－61　一种传动链基本布局型式

主传动链的基本布局型式具有的特点：①有利于降低对风电机组发电机系统的设计要求，较易控制风电机组的总体成本；②允许风轮变速范围较宽，可以在发电机同步转速的 30％范围内运行；③容易实现风电机组部件的标准化设计，设计风险较低；④目前尚无关键的技术障碍，有利于风电机组大型化的发展趋势。

（3）风轮直接驱动发电机的布局。经过多年发展，风轮直接驱动发电机被采用，如图 4－62 所示，该布局设计的风电机组逐渐增多，现在已经成为与基本布局主传动链并联的另一种典型设计型式。

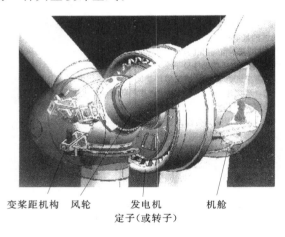

图 4－62　一种直接驱动式风电机组的概念设计

图 4－62 所示为一种直接驱动式风电机组的概念设计，其基本结构由轮毂、发电机、机舱等构成。其技术特征一般采用永磁发电系统，作为关键部件的发电机由风轮直接驱动且允许较低速运行。此种无齿轮箱的主传动链布局具有的特点：①传动系统结构简单，有利于降低风电机组故障率；②允许风轮在较大范围变速运行，有利于提高风能利用率；③目前所需的多级低速永磁同步发电机体积和重量大，发电机的设计制造、运输和运行可靠性等问题有待解决；④发电机系统部件尚难以形成标准，且需要采用全功率逆变装置，成本较高；⑤采用低速比齿轮增速的混合驱动布局。

还有一种布局型式，其基本概念是通过低速比传动的齿轮箱增速，从而部分提高发电机的输入转速。此种概念的主要特点是结合了直驱式与高传动比机组的优点，与直驱式布局相比，可以有效减少发电机的重量、体积和设计难度。

4.3　风 力 发 电 机 组

并网型风力发电机组主要有两种型式：一种是定桨距失速调节型，属于恒速机型，一般使用同步电机或者鼠笼式异步电机作为发电机，通过定桨距失速控制的风轮机使发电机的转速保持在恒定的数值，转子、叶轮的变化范围小，捕获风能的效率低；另一种是变速变桨距型，一般采用双馈电机或者永磁同步电机，通过调速器和变桨距控制相结合的方法使叶轮转速可以跟随风速在很宽的范围内变化，保持最佳叶尖速比运行，从而使风能利用系数在很大的风速变化范围内均能保持最大值，能量捕获效率最大。发电机发出的电能通过变流器调节，变成与电网同频、同相、同幅的电能输送到电网。相比之下，变速型风力发电机组具有不可比拟的优势。

目前流行的变速变桨风力发电机组的动力驱动系统主要有两种方案：一种是增速齿轮箱＋绕线式异步电动机＋双馈电力电子变换器；另一种是无齿轮箱的直接驱动低速永磁发电机＋全功率变频器。两种方案各有优缺点：前者采用高速电机，体积小、重量轻，双馈变流器的容量仅与电机的转差容量相关，效率高、价格低廉，缺点是升速齿轮箱结构复杂，易疲劳损坏；后者无齿轮箱，可靠性高，但采用低速永磁电机，体积大，运输困难，变频器需要全功率，成本提高。除了上述两个方案外，还引入了两个折中方案：一个是低速集成齿轮箱的永磁同步电机＋全功率变频器；另一个是高速齿轮箱的永磁同步电机＋全功率变频器。这两个折中方案也具有很大的发展潜力。

我国风力发电行业起步较晚，但发展速度却异常迅猛，在短短的几年内走过了发达国家需要十多年的发展道路，市场上有各种各样的风电机组产品可供选用，下面介绍的几种国产风力发电机组是目前应用最广泛的兆瓦级机组。

4.3.1 FL1500 型风力发电机组

国产的 FL1500 型风力发电机组是双馈型风力发电机组，用于把风能转化为电能，并对电网进行供电。该机组技术成熟，具有变桨、变速恒频的功能，是特别为高效利用陆地风能而开发的机型。

1. 结构

图 4-63 所示为 FL1500 型风力发电机组，叶片 2 通过变桨轴承被安装到轮毂 3 上，共同组成风轮。风轮吸收风的动能并转换成风轮的旋转机械能，通过连接在轮毂上的主轴传入增速箱 5。增速箱 5 经两级行星一级平行轴齿轮传动提高转速，通过联轴器 11 传递给发电机 16。

增速箱通过减噪装置 6 固定在主机架 8 上。在增速箱与主机架、增速箱与减噪装置之间均有弹性部件，此结构可以大大吸收风轮和增速箱所产生的振动，降低振动对系统的影响。增速箱和发电机之间的弹性联轴器 11 是一种柔性联轴器，它本身可以吸收载荷的冲击和振动，并且可以补偿两联接轴之间的线性偏差和角度误差。在增速箱输出轴的制动盘上，装有常闭式液压制动器 10，用于紧急情况下使轴系制动。

发电机安装在机舱的尾部，它将机械能转变成电能并向电网供电。其工作环境的特殊性限制了发电机的体积和重量。发电机的极对数要少，因此需要的转速较高。FL1500 型风力发电机组采用了双馈感应发电机形式。发电机的定子直接连接到三相电源上，转子和变频器相连。

为使风力发电机组的风轮始终处于迎风状态，充分利用风能，提高风力发电机组的发

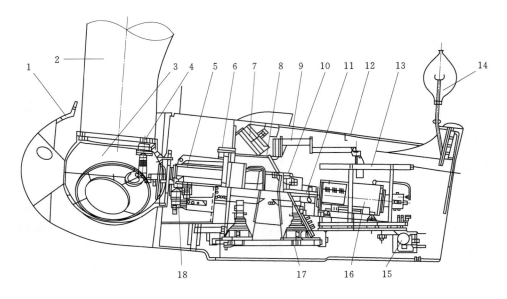

图 4-63　FL1500 型风力发电机组

1—轮毂罩；2—叶片；3—轮毂；4—变桨机构；5—增速箱；6—减噪装置；7—冷却风扇；8—主机架；
9—吊车机构；10—制动器；11—联轴器；12—机舱罩；13—控制及变频柜支架；14—风向标；
15—发电机水冷装置；16—发电机；17—偏航机构；18—增速箱油冷装置

电效率，FL1500 型风力发电机组设有偏航机构。通过风向标 14 采集到风向信号，经处理后由控制系统发出偏航信号，四组偏航驱动电机减速器使机舱。围绕塔筒转动，实现偏航。轮毂罩 1 和机舱罩 12 组成一个密封体，保护设备不受环境影响，且减少噪声排放。

2. 特点

（1）可采用 70m 和 77m 两种风轮直径，分别适用于国际电工标准 IEC Ⅱ类风况和 IEC Ⅲ类风况，工作寿命 20 年。

（2）采取变速恒频控制以及同步投入等多种控制手段，大幅度提高电能质量，并具有相当大的抗电网跌落能力。控制系统采用先进的 CPU KT98 中央处理器和多功能控制器完成整台风力发电机的控制和数据采样，实现风力发电机的全自动控制和远程监控。

（3）通过双馈异步发电机和 IGBT 控制器，可以做到功率控制和抑制冲击电流的发生，风速变化引出的出力变化小，变速运行，发电量大，并网时对于电网冲击电流小。

（4）变速恒频及磁链解耦控制大幅延长了核心部件的使用寿命，同时显著提高发电量。利用 IGBT（脉宽调制）可变速控制，可以按功率因数为 1 控制出力。发电机也因为利用了 IGBT，在已励磁的状态下同步投入，可以防止突入电流的干扰。

（5）采用电动变桨，能够更为快速、准确地控制桨距。三个变桨距系统互相独立，即使其中之一出故障，也能安全停机。电动变桨可靠性好，维护工作量少。装有蓄电池，在主电路失电的紧急情况下仍能实现桨距调节，从而保证机组的安全。

（6）偏航系统布置了四组电机减速器，系统采用变频调速实现机舱的准确对风。在塔体上部法兰的上下及侧面布置滑动板，使机舱在此滑动板上滑动并旋转，能够用滑动板承受荷重。滑动板具有摩擦力，可以省去液压偏航制动器。

（7）主轴内置于齿轮箱内，同外置主轴相比，机舱重心可以更加靠近塔架中心，减少了由于风荷载及设备自重对偏航系统、塔架基础的倾覆力矩，减少部件和整机的承载能力和机舱的体积。

（8）叶片前端部采用金属结构，以保护叶尖不受损坏。在各可动部分都装设电刷，可迅速泄放电流。机舱顶部还设置避雷针，防止雷击损坏。

FL1500 型风力发电机组在设计时已充分考虑机组应用的恶劣气象条件，无论是台风、含盐分很高的盐雾还是昼夜温差变化大的地区，都具有很好的适应性。机组零部件均经过严格质量控制，在出厂前进行了充分的检测试验，为其可靠运行提供了保证。

4.3.2　FD70A、FD77A 型风力发电机组

1. 基本参数

FD70A、FD77A 型风力发电机组基本参数见表 4-2。

表 4-2　FD70A、FD77A 型风力发电机组基本参数

机　组　代　号	FD70A	FD77A
机组型号	FD50-1500/13	FD77-1500/12.5
额定功率/kW	1500	1500
切入风速/(m·s⁻¹)	3.5	3.0
额定风速/(m·s⁻¹)	13.0	12.5
切出风速/(m·s⁻¹)	25.0	20.0
复位风速/(m·s⁻¹)	20.0	17.0
抗阵风能力/(m·s⁻¹)	56.3	51.6

2. 主要技术特点

（1）变速运行、恒频输出、四极双馈异步发电机＋配有脉宽调制 IGBT 模块的变频器。

（2）每只叶片有独立的变桨距电器系统——失效保护。

（3）轮毂的仰角和锥角以及刚性叶片的应用，使机器的重心接近塔架中心。

（4）负荷能力裕量及高安全性。

（5）与常规火电站等同的电力输出特性。

（6）三点式支撑，简化轴系结构。

（7）齿轮箱具有高可靠性。

3. 风轮参数

FD70A、FD77A 型风力发电机组的风轮参数见表 4-3。

表 4 - 3　FD70A、FD77A 型风力发电机组的风轮参数

机　型	FD70A	FD77A
扫掠直径/m	70	77
扫掠面积/m²	3850	4657
叶片数量	3	3
转速/(r·min⁻¹)	10.6～19.0	9.6～17.3
转向	顺时针	顺时针
风轮仰角/(°)	5	5
轮毂锥角/(°)	−3.5	−3.5

图 4 - 64 所示为 FD70A、FD77A 型风力发电机组机舱俯视图。

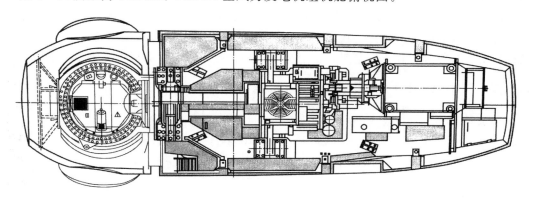

图 4 - 64　FD70A、FD77A 型风力发电机组机舱俯视图

4. 传动链的特点

三点式支承的经典设计能减小对主轴承、主轴和齿轮箱的冲击。主轴承采用双列球面滚子轴承，优选高性能轴承座的耐久润滑以获得最长的寿命。主轴采用优质合金钢锻件制造（材料为 30CrNiMo8 或 34CrNiMo6）。高刚性的机架将负荷直接传递到塔架。

齿轮箱采用一级行星和两级平行轴斜齿轮或采用双联齿轮分流和一级平行轴斜齿轮传动，高效、直接连接的冷油系统使运行平稳，明显降低油箱温度。两级滤油系统确保润滑油保持具有较高的品质。

齿轮箱设计准则是：设定负荷时留有余地，要求很高的安全系数；齿面接触安全系数为1.45（>1.2）；齿根弯曲安全系数为 1.8（>1.5）；轴承最低寿命为 17.5 万 h；较低的油温（<65℃）；可靠性、运行平稳性、效率和重量均优于同类产品。

FD70A、FD77A 型风力发电机组的齿轮箱参数见表 4 - 4。

表 4 - 4　FD70A、FD77A 型风力发电机组的齿轮箱参数

机 组 代 号	FD70A	FD77A
叶尖速比	1：94.7	1：104
输入轴转速/(r·min⁻¹)	10.6～19	9.6～17.3
输出轴转速/(r·min⁻¹)	1000～1800	1000～1800
额定功率/kW	1660	1660
额定扭矩/(kN·m)	834	916

5. 发电机和变频器特点

四级双馈异步发电机和脉宽调制 IGBT 变频器，实现变速运行、恒速输出。全封闭发电机附设空气-空气冷却器以降低温度。可选择最佳的转速变化范围。通过变频器的最大功率仅 300kW，变频器的损失小，具有较高的效率和可靠性。

发电机和变频器参数形式：四级双馈异步发电机额定出力 1500kW，转速 1000～1800r/min；额定电压 690V；保护等级 IP54；变频器脉宽调制变频器功率 300kW。

6. 变桨距系统的特点

每片叶片有单独的变桨距电力驱动装置（失效保护）。变桨系统由变桨轴承、变桨控制器、整流器、蓄电池、变桨驱动器和中心润滑系统组成。停电时也能进行变桨驱动。采用封闭结构，备有中心润滑系统定时对轴承和齿轮加注油脂（一套润滑系统为三套变桨轴承供油脂）。采用电动柱塞泵定时供油脂，油脂的储量可用一年。备有废油脂接收装置，废油脂不会外泄。

7. 偏航系统

带有外齿圈的四点接触轴承，有三组电动齿轮减速机驱动（驱动电机带有磁力制动装置）。由七个制动器组成的制动系统，在运转时通过降低油压减小压紧力，不运转时将机舱牢固地固定在塔架上。四点接触轴承最大限度地减小摩擦力并为制动器通风。

8. 制动系统

（1）主轴制动分为：正常停机，顺桨；快速停机，顺桨；紧急停机，顺桨＋液压制动；维修作业，顺桨＋液压制动＋风轮锁定。

（2）偏航制动分为液压制动和磁力制动。

9. 液压系统

向主轴制动器和偏航制动钳提供高压油。备有蓄能器，停电时仍能向制动器供油。轴系转子制动器两件，偏航制动器七件。

10. 联网兼容能力

（1）稳定运行电压范围（690V±10%）。

（2）宽周波范围（47.5～51.5Hz）。

（3）无功功率管理（＋0.95～－0.95）。

（4）对电网的冲击小。阵风时风轮转速增加，把风能余量存储在风轮转动惯量中；风速下降时，再将风轮动能缓慢释放出来变为电能送给电网，可减少对电网的冲击。

11. 主要零部件重量

机舱 56000kg；风轮（含叶片）约 32000kg（FD70A），约 35000kg（FD77A）；叶片（每片）5393kg（34m），6285kg（37.3m）；齿轮箱 16000kg；发电机 6800kg；轮毂 16000kg；主轴 7150kg；塔架 90400kg（轮毂高 61.5m 时），100400kg（轮毂高 65m 时）；174000kg（轮毂高 90m 时）；263500kg（轮毂高 100m 时）。

12. 塔架参数

FD70A、FD77A 型风力发电机组塔架参数见表 4-5。

表 4 - 5　FD70A、FD77A 型风力发电机组塔架参数

机　型	FD70A	FD77A
结构	锥形单柱焊接结构型式	锥形单柱焊接结构型式
轮毂中心高/m	65/85/90	61.5/85/90/100
顶部直径/mm	2955	2955
底部直径/mm	4000＋	4000＋

4.3.3　GW1500 直驱式风力发电机组

　　GW1500 直驱式风力发电机组采用水平轴、三叶片、上风向、变浆距调节、直接驱动、永磁同步发电机发电的总体设计方案。在运行期间，变浆距调节的叶片会在风速变化的时候绕其轴转动。因此，在整个风速范围内可以具有最佳的浆距角和较低的切入风速。在高风速下，改变浆距角以减少攻角，从而减小了在叶片上的气动力，这样就保证了叶轮输出功率不超过发电机的额定功率。

　　由于没有齿轮箱，零部件数量相对传统风电机组要少得多。直驱式风力发电机组主要部件包括叶片、变浆机构、轮毂、发电机转子、发电机定子、偏航驱动、测风系统、底座、塔架等，如图 4 - 65 所示。

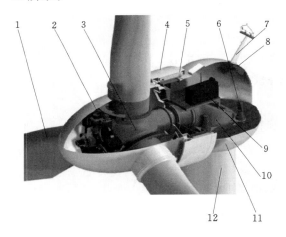

图 4 - 65　某型号 1.5MW 直驱机组
1—叶片；2—变浆机构；3—轮毂；4—发电机转子；5—发电机定子；
6—偏航驱动；7—测风系统；8—辅助提升机；9—顶舱控制柜；
10—底座；11—机舱罩；12—塔架

　　GW1500 使用低速多级永磁发电机，通过一台全功率变频器将频率变化的电流送入电网。发电机轴直接连接到风轮轴上，转子的转速随风速而改变，其交流电的频率也随之变化，经过置于地面的大功率电力电子变化器，将频率不定的交流电整流成直流电，再逆变成与电网同频率的交流电输出。

第5章 风力机基本气动理论

风轮通过叶片旋转，将风能转化为机械能。风轮产生的动力是风力发电机组动力的源泉，风轮产生的动力较高，则风力发电机组的动力可能会高；但若风轮的动力较差，则风电机组动力肯定较差。因此风轮设计对风力发电机组的整机性能有重要影响。

用于风力发电机组气动设计的基本理论可以大致分为动量理论、涡流理论和动态尾流模型等，相关的数学模型也很多，主要有贝兹（Betz）理论、萨比宁（Sabinin）模型、徐特尔（Hutter）模型、葛劳渥（Glauert）模型等。尽管这些设计理论和模型是基于小型风力机组的起动分析发展起来的，但目前是大型风力发电机组气动设计的基础。

为了更清楚地认识风力发电机组性能，本章重点对风力发电机设计理论和基础知识进行讨论。

5.1 阻力型叶片和升力型叶片

风力机叶片按照其做功的原理，分为阻力型叶片和升力型叶片。由阻力型叶片构成的风轮为阻力型风轮，由升力型叶片构成的风轮为升力型风轮。

5.1.1 阻力型叶片

依靠风对叶片的阻力而推动叶片绕轴旋转的叶片称为阻力型叶片。图 5-1 所示为空气流作用于阻力叶片的流动分析。从图 5-1 可以看出，空气流以 v 的速度作用于面积为 A 的阻力叶片上，其捕获的功率 P 可以由阻力 D 和相对速度 v_r 得出，即

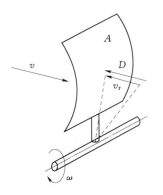

$$P = Dv_r \qquad (5-1)$$

式中　　v_r——相对速度，$v_r = v - u$；

　　　　u——风轮半径 r 处的线速度，$u = r\omega$；

　　　　D——由相对速度产生的阻力，为气动阻力。

图 5-1　纯阻力板流动分析

阻力 D 可应用空气动力学阻力系数 C_D 表示为

$$D = C_D \frac{1}{2} \rho (v - u)^2 A \qquad (5-2)$$

阻力产生的功率为

$$P = \frac{1}{2} C_D \rho (v - u)^2 A v_r \qquad (5-3)$$

风能利用系数 C_P 可表示为

$$C_P = \frac{P}{P_0} = \frac{1/2C_D(v-u)^2 A v_r}{1/2\rho A v^3} = \frac{C_D(v-u)^2 v_r}{\rho v^3} \qquad (5-4)$$

对 $C_P = f\left(\dfrac{v_r}{v}\right)$ 求极值得出，当 $\dfrac{v_r}{v} = 2/3$ 时，最大风能利用系数为

$$C_{Pmax} = \frac{4}{27}C_D \qquad (5-5)$$

同时考虑到凸面的阻力系数最大不超过 1.3，则可以得出纯阻力型垂直轴风轮最大风能利用系数 $C_{Pmax} \approx 0.2$，与 Betz 理想风轮的 $C_{Pmax} = 0.593$ 相差甚远。以上分析说明，风轮的风能利用系数的大小，与叶片的性能有很大关系。

5.1.2　升力型叶片

图 5-2 所示为升力型叶片的翼型，翼型指垂直于升力叶片展长方向，截取叶片而得到的截面形状。此类翼型叶片利用风对其产生升力而旋转做功，被称为升力型叶片。

如图 5-2 所示，翼型尖尾 B 点为后缘点，翼型圆头上距离后缘 B 点最远的 A 点为前缘点。风从前缘进入，从后缘流出。

ANB 所对应的曲面为下表面，AMB 所对应的曲面为上表面，运行中下表面产生的压力高于上表面。

翼弦是连接翼型前、后缘的直线段，弦长通常用 t 表示。

翼型厚度是指上下翼表面之间垂直于翼弦的直线段长度，用 δ 表示，最大厚度值为 δ_{max}。

翼型的中弧线是翼弦上各垂直线段中点的连线，如图 5-2 中的虚线所示。

中弧线到翼弦的距离称为翼型的弯度，其最大值为 f_{max}。

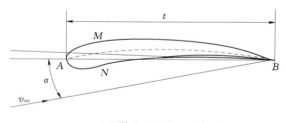　　　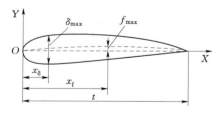

（a）翼型上、下表面示意图　　　　　　　（b）翼型厚度和弯度示意图

图 5-2　翼型的几何特征

升力型叶片应用得比较多，升力型风轮比阻力型风轮获得的风能利用系数更高。航空领域就是利用了机翼叶片的升力作用，使飞机在天空中航行。

图 5-3 所示为机翼在空气流中运动的受力分析，图中矢径的长短表示向量的大小，其中下表面的向量为正值，而上表面的向量为负值。

从图 5-3 可以看出，空气流作用于机翼时，在机翼下表面产生的压力较高，而在机翼上表面产生的压力较低。正因为上、下翼表面的压力差，在滑行的过程中对机翼产生了阻力和升力，其中沿着空气流反向产生的作用力，因阻碍叶片向前运动而称为阻力；另一产生的垂直于空气流动方向的作用力为升力；这里机翼的弦线与空气流速度向量成一角

度，称为攻角或迎角。

在空气动力学中，常引入无量纲的空气动力学系数，即翼型剖面的升力系数 C_L、阻力系数 C_D 和力矩系数 C_R，它们分别可表达为

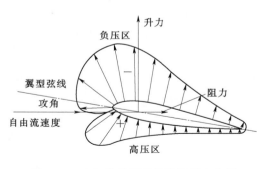

图 5-3 空气流作用于机翼的受力分析

$$
\begin{cases}
C_L = \dfrac{L}{\dfrac{1}{2}\rho v_\infty^2 t\,\mathrm{d}z} \\[3mm]
C_D = \dfrac{D}{\dfrac{1}{2}\rho v_\infty^2 t\,\mathrm{d}z} \\[3mm]
C_R = \dfrac{R}{\dfrac{1}{2}\rho v_\infty^2 t^2\,\mathrm{d}z}
\end{cases}
\tag{5-6}
$$

式中　v_∞——机翼前方自由空气流的运动速度；

t——机翼的弦长；

$\mathrm{d}z$——机翼展向微元长度。

理想情形下，设 S 为叶片面积，为叶片长与弦长乘积；L 为整个叶片所受的升力；D 为叶片所受的阻力，R 为叶片所受的力矩，则式（5-6）可表达为

$$
\begin{cases}
C_L = \dfrac{L}{\dfrac{1}{2}\rho v^2 S} \\[3mm]
C_D = \dfrac{D}{\dfrac{1}{2}\rho v^2 S} \\[3mm]
C_R = \dfrac{R}{\dfrac{1}{2}\rho v^2 t S}
\end{cases}
\tag{5-7}
$$

攻角的大小将影响阻力和升力的大小。机翼产生的阻力、升力和力矩可表示为

$$
\begin{cases}
D = C_D\,\dfrac{1}{2}\rho v_\infty^2 t\,\mathrm{d}z \\[3mm]
L = C_L\,\dfrac{1}{2}\rho v_\infty^2 t\,\mathrm{d}z \\[3mm]
R = C_R\,\dfrac{1}{2}\rho v_\infty^2 t^2\,\mathrm{d}z
\end{cases}
\tag{5-8}
$$

5.2　升力型风轮的升力和阻力

5.2.1　风轮几何定义与参数

在深入探讨升力型风轮的升力和阻力的空气动力学特性之前，对专业术语的定义如下：

（1）旋转平面：与风轮轴垂直，由叶片上距风轮轴线坐标原点等距的旋转切线构成的一组相互平行的平面。

（2）风轮直径 d：风轮扫掠圆面的直径。

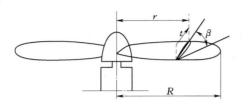

图 5-4　风轮的主要几何尺寸

（3）风轮的轮毂比 d_h/d：风轮轮毂直径 $（d_h）$ 与风轮直径之比。

（4）叶片叶素：叶片在风轮任意半径 r 处的一个基本单元，简称为叶素。它是由 r 处翼型剖面延伸一小段厚度 dr 而形成的。

（5）叶素安装角 β：在半径 r 处翼型剖面的弦线与旋转切向速度间的夹角，如图 5-4 所示。

（6）桨距角：叶尖叶素安装角也被称为桨距角。

（7）叶素倾角 θ：叶素表面气流的相对速度与切向速度反方向之间的夹角，也称为入流角。

（8）叶片数 B：风轮叶片的数量。

（9）叶片实度 σ：叶片投影面积与风轮扫风面积的比。$[r，r+dr]$ 环型单元的实度为 $\sigma(r)$，$\sigma(r)=Bdr(\delta_{max}/\sin\beta)/(dr\times2\pi r)$。

（10）叶片长度 l：叶片的有效长度，$l=(D-D_{轮毂})/2$。

（11）叶尖速比 λ：$\lambda=u/v_\infty$，它是指风轮外径切向速度与风轮前的来流风速之比，也称为风轮的高速性系数。

（12）风轮锥角 x：叶片与风轮旋转轴相垂直的平面的夹角，如图 5-5 所示。

（13）风轮仰角 η：风轮主轴与水平面的夹角，如图 5-5 所示。

由于叶片为细长柔性体结构，在其旋转过程中，受风载荷和离心载荷的作用，叶片将发生弯曲变形，风轮锥角和仰角的主要作用是防止叶片在发生弯曲变形状态下，其叶尖部分与塔架发生碰撞。

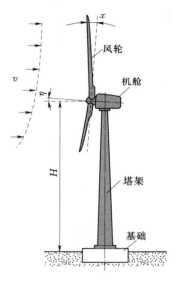

图 5-5　仰角和锥角示意图

5.2.2　叶片无限长的受力分析

对于风轮叶片而言，因其旋转运动的受力与机翼有所区别，如图 5-6 所示。风轮叶片由许多叶片微段构成，要研究风轮及其叶片的空气动力学特性，必须了解微段的空气动力学特性。处于流动空气中的风轮叶片绕风轮轴线转动，设 n 为风轮每分钟的转速，则它的角速度为

$$\omega=\frac{2\pi n}{60} \qquad (5-9)$$

风轮旋转半径处质点线速度为半径值与角速度的乘积，因此叶素上气流的切速度为

$$u=r\omega \qquad (5-10)$$

如前所述，空气流以速度 v 沿风轮轴向通过风轮。若叶片以切向速度 u 旋转，则流经叶素的气流速度三角形如图 5-6 所示。相对速度 v_r 是风速 v 与切速度 u 的合向量，即

$$v_r = v + u \qquad (5-11)$$

这里，同样定义旋转风轮叶片的攻角为相对速度 v_r 与翼型弦长的夹角，用 α 表示。注意这里风轮攻角与机翼攻角概念的区别，以及攻角与叶素倾角，攻角与桨距角概念之间的区别。

气流以相对速度 v_r 流经叶素时，将产

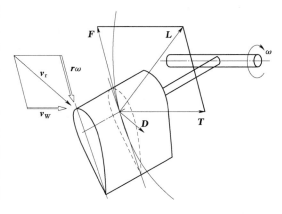

图 5-6 风力机叶片的气动受力分析

生相对气动力 dR，它可以分解为垂直于 v_r 的升力 dL，和平行于 v_r 的阻力 dD，如图 5-7 所示，其中进入风轮的轴向速度 $v_{axial} = 2/3v$。从图中可看出，除了升力系数 C_L、阻力系数 C_D 与叶素翼型的攻角 α 有关系，相对速度 v_r 与攻角 α 也有关系。

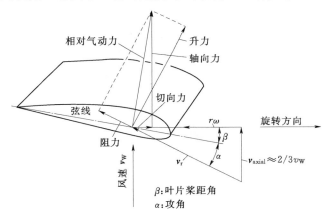

图 5-7 风轮叶片的受力分析

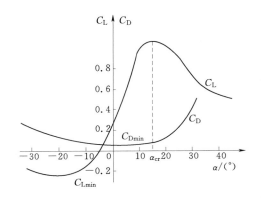

图 5-8 升力系数和阻力系数与叶片攻角的关系

叶片的空气动力学特性通常表示成一些特性曲线。

首先，升力系数 C_L 与攻角 α 的关系曲线。如图 5-8 所示，在攻角 α 较小的范围（$\alpha \leqslant 15°$）之内，C_L 与 α 呈线性关系；但在较大攻角时，略向下弯曲。当攻角增大到 α_{cr} 时，C_L 达到最大值，其后曲线下降，造成这一现象的原因为气流失速。翼型上表面的气流在前缘附近发生分离的现象称为失速现象，如图 5-9 所示，其对应的攻角为临界攻角 α_{cr} 或失速攻角。失速发生时，

风轮的功率输出显著下降。叶片的失速特性很重要，失速性风力机就是利用叶片的失速特性来控制风力机的转速和功率。

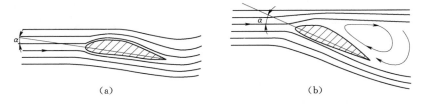

（a）　　　　　　　　　　　　　　（b）

图 5-9　叶片正常流动和产生失速的流场

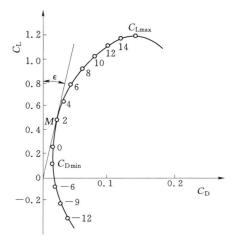

图 5-10　风力机升阻比与风轮
攻角的关系

其次，阻力系数 C_D 与攻角 α 的关系曲线。如图 5-8 所示，其形状与抛物线相似，在某一较低 α 值时，存在 C_{Dmin}。后随攻角增加，阻力系数 C_D 显著增加，在达到临界攻角后，增长率更为显著。这说明风轮叶片失速会导致叶片的阻力急剧增加。

最后，升力系数 C_L 与阻力系数 C_D 的关系曲线称为极曲线。以 C_D 为横坐标，C_L 为纵坐标，对应于每个 α 都存在一对 C_L、C_D 值，如图 5-10 所示。在图 5-10 上可确定一点，并在其旁边标注出相应的攻角，连接所有各点即成极曲线。因升力与阻力本是作用于叶片上的合力在与速度 v_w 垂直和平行的方向上的两个分量，所以从原点 0 到曲线上任一点的矢径，都表示在该对应攻角下的总气动力系数的大小和方向。该矢径线的斜率，就是在这一攻角下的升力与阻力之比，简称为升阻比。过坐标原点作极曲线的切线，就得到叶片的最大升阻比，$\cot\varepsilon = C_L/C_D$。显然，这是风力机叶片最佳的运行状态。

需要指出，不同翼型的升力和阻力特性差异很大，影响翼型升力、阻力特性的外形因素主要有以下方面：

（1）弯度的影响。翼型的弯度加大后，导致上、下弧流速差加大，从而使压力差加大，故升力增加；与此同时，上弧流速加大，摩擦阻力上升，并且由于迎流面积加大，故压差阻力也加大，导致阻力上升。因此，相同攻角随着弯度增加，其升、阻力都将显著增加，但阻力比升力的增加更快，使升阻比将有所下降。

（2）厚度的影响。翼型厚度增加后，其影响与弯度类似。同一弯度的翼型，采用较厚的翼型时，对应于同一攻角的升力有所提高，但对应于同一升力的阻力也较大，且阻力增大得更快，使升力、阻力比有所下降。

（3）前缘的影响。试验表明，当翼型的前缘抬高时，在负攻角情况下阻力变化不大。前缘低垂时，负攻角会导致阻力迅速增加。

（4）表面粗糙度的影响。表面粗糙度对翼型气动性能的影响与粗糙位置、翼型几何参数、攻角等条件有很大关系。一般来说，前缘下表面粗糙度增加，在低迎角情况下，其影响很小。前缘上表面粗糙度增加，在低迎角时会降低升力系数；在大攻角时，会提升升力系数，改善失速性能。当叶片在运行中出现失速，噪声常常会突然增加，引起风力机的振动和运行不稳定等现象。在选取 C_L 值时，不能将失速点作为设计点。对于水平轴风力机而言，为了使风力机在向设计点右侧较小偏移时仍能很好地工作，所取的 C_L 值，最大不超过 $(0.8 \sim 0.9)C_L$。翼型下翼面后缘增加粗糙度，会提升翼型的升阻比。对于叶片叶尖部分使用的翼型，在运行中受到污染导致前缘粗糙度增加时会降低风力发电机组的效率。

（5）雷诺数的影响。雷诺数较小时，由于翼型前缘分离气泡的存在、发展和破裂对雷诺数非常敏感，最大升力系数随雷诺数的变化规律有不确定性。当雷诺数较大时，翼型的失速攻角随雷诺数增大而增加，因此翼型最大升力系数也相应增大。当雷诺数大于 10^6 时，翼型的失速攻角和最大升力系数对雷诺数不敏感。

5.2.3 有限翼展长度的影响

在 C_L、C_D 的定义中，叶片面积等于叶片长乘以翼弦，该结论只适用于无限长的叶片。对于有限长的叶片，这个结论必须修正。当气流以正攻角流过翼型时，叶片下表面的压力大于上表面的压力，压力高的下表面气体有流往低压上表面的倾向。在无限长叶片情形下，叶片两端都延伸到无限远处，纵然有上述趋势，空气也无法从下表面流入上表面。对于有限长叶片，则在上下表面压力差的作用下，空气要从下表面绕过叶尖翻转到上表面，结果在叶片下表面产生向外的横向速度分量，在上表面则正好相反，产生向内的横向速度分量。因此，在

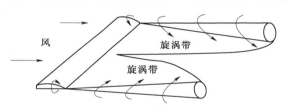

图 5-11 马蹄形涡旋

这种流动的自然平衡条件下，在叶梢处上下表面的压力差被平衡为零，这使得有限长叶片下表面压力形成了中间高而向两侧逐渐降低的分布；而在上表面则与此相反，压力有两端最高处向中心处降低。因此，上下叶片面的压力差和升力沿长度的分布是变化的，由中间的最大值向两端逐渐降低，在叶尖处为零，这和无限长叶片升力均匀分布的情形很不相同。空气流从叶片下表面流向上表面，结果在叶尖和叶根产生旋涡，如图 5-11 所示。

在叶片中部对称面两边的旋涡具有不同旋转方向，并且在离开叶片不远的地方翻卷成两个孤立的大旋涡。随旋涡的不断形成以及叶片运动参数的变化，它们所需的能量供给必然减少了气流对叶片所做的功。这些旋涡使阻力增加，产生的部分额外阻力被称为诱导阻力 D_i。诱导阻力系数 C_{Di} 定义为

$$C_{Di} = \frac{D_i}{\frac{1}{2}\rho v^2 S}$$

（5-12）

有限长叶片阻力系数由诱导阻力与原阻力相加得出，即

$$C_D = C_{D0} + C_{Di}$$

（5-13）

式中　C_{D0}——无限长叶片的阻力系数。

由上述分析可知，若需得到相同升力，攻角需额外增加一个量 ϕ，新的攻角为

$$\alpha = \alpha_0 + \phi \tag{5-14}$$

5.2.4 翼型升阻比与空气动力性能的关系

把叶素上的空气动力 dR 分解为沿风轮轴向的力 dT 和沿风轮旋转切线方向的力。沿切线方向的力形成对风轮轴的转矩 dM。由于

$$dT = dR_L \cos\theta + dR_D \sin\theta \tag{5-15}$$

$$dM = r(dR_L \sin\theta - dR_D \cos\theta) \tag{5-16}$$

并且 $dR_L = \dfrac{1}{2}\rho C_L v_r^2 dS$，$dR_D = \dfrac{1}{2}\rho C_D v_r^2 dS$，则

$$v_r^2 = v^2 + u^2, u = v\cot\theta \tag{5-17}$$

叶素获得的有用功为

$$dP = \omega dM$$

通过式（5-15）～式（5-17）的联立，可得出用风轮 v 来表述的 dT、dM 和 dP 表达式为

$$dT = \frac{1}{2}\rho v^2 dS(1+\cot^2\theta)(C_L\cos\theta + C_D\sin\theta) \tag{5-18}$$

$$dM = \frac{1}{2}\rho v^2 r dS(1+\cot^2\theta)(C_L\sin\theta - C_D\cos\theta) \tag{5-19}$$

$$dP_a = \frac{1}{2}\rho v^3 dS(1+\cot^2\theta)(C_L\sin\theta - C_D\cos\theta) \tag{5-20}$$

式中，$dS = tdr$，即翼弦与叶素展向厚度的乘积。

若以 dP 表示风提供给叶素的功率，$dP = vdT$，则叶素的理论空气动力效率为

$$\eta = \frac{dP_a}{dP} = \frac{U(C_L\sin\theta - C_D\cos\theta)}{v(C_L\cos\theta + C_D\sin\theta)} \tag{5-21}$$

令 $e = \dfrac{C_L}{C_D}$，式（5-21）可以简化为

$$\eta = \frac{1 - \dfrac{1}{e}\cot\theta}{1 + \dfrac{1}{e}\tan\theta} \tag{5-22}$$

从式（5-22）可以看出，翼型的升阻比 e 越高，叶素的空气动力效率越高。极限情况下阻力为 0，e 无穷大，空气动力效率 $\eta=1$。

升阻比 e 的值取决于翼型的攻角。如图 5-10 所示，过坐标原点作极曲线的切线 OM，就得到叶片的最大升阻比，M 点所对应的攻角，使空气动力效率达最大值。

叶素倾角 θ 对叶片的空气动力学效率影响不大，因为在空气流速度 v、风轮直径和风轮转速确定的条件下，叶片上每个区段 $[r_i, r_i + dr]$ 叶素的 v/U 值也是确定的，因此对空气动力效率影响不大。

5.3 动 量 理 论

动量理论研究了经过风轮的风能有多少被转化为机械能。德国物理学家 Albert Betz 在 1922—1925 年发表了 Betz 基础动量理论（简称 Betz 理论）。Betz 理论认为在通过风轮扫风面的空气流所携带的能量，仅有部分能量被风轮所吸收，并对此进行了论证，提出了 Betz 理想风轮。

5.3.1 贝兹理论

Betz 理论定义的风轮为理想风轮，未涉及叶片的形状参数和气动参数。Betz 理论主要考虑风力机轴向的动量变化，用来描述作用在风轮上的力与来流速度之间的关系，估算风力机的理想作功效率和流速。在风轮尾流不旋转时经典动量理论定义了一个通过风轮平面的理想流管，并假设：

（1）气流是不可压缩的均匀定常流。

（2）风轮简化成一个轮盘。

（3）轮盘上没有摩擦力。

（4）风轮流动模型简化成一个单元流管，如图 5-12 所示。

（5）风轮前后远方的气流静压相等。

（6）轴向力沿轮盘均匀分布。

将一维动量方程用于图 5-12 所示的控制体，考虑风力机轴向的动量变化，可得到作用在风轮上的轴向力推力 T 为

$$T = \dot{m}(v_1 - v_2) \qquad (5-23)$$

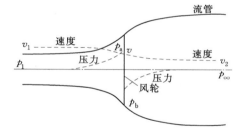

图 5-12 风轮流动的单元流管模型

式中　v_1——风轮前来流速度；

　　　v_2——风轮后尾流速度；

　　　$\dot{m}$——单位时间流经风轮的空气质量流量。

$\dot{m}$ 可表示为

$$\dot{m} = \rho v A \qquad (5-24)$$

式中　ρ——空气密度；

　　　A——风轮扫风面积；

　　　v——流过风轮的速度。

将式（5-24）代入式（5-23）可以得出

$$T = \rho A v(v_1 - v_2) \qquad (5-25)$$

根据动量理论，作用在风轮上的轴向力 T 表示为

$$T = A(p_a - p_b) \qquad (5-26)$$

式中　p_a——风轮前的静压；

　　　p_b——风轮后的静压。

由伯努利方程可得

$$\frac{1}{2}\rho v_1^2 + p_1 = \frac{1}{2}\rho v^2 + p_a \tag{5-27}$$

$$\frac{1}{2}\rho v_2^2 + p_2 = \frac{1}{2}\rho v^2 + p_b \tag{5-28}$$

根据风轮前后远方的气流静压 $p_1 = p_2$ 相等的假设得出

$$p_a - p_b = \frac{1}{2}\rho(v_1^2 - v_2^2) \tag{5-29}$$

$$T = \frac{1}{2}\rho A(v_1^2 - v_2^2) \tag{5-30}$$

由以上两式可以得出

$$v = \frac{v_1 + v_2}{2} \tag{5-31}$$

上式表示流经风轮的速度是风轮前来流速度和风轮后尾流速度的平均值。

定义轴向诱导因子 $a = \dfrac{v_1 - v}{v_1}$，v 为风轮处轴向诱导速度，则

$$v_t = v_1(1-a), v_2 = v_1(1-2a) \tag{5-32}$$

由式（5-32）可知，在风轮尾流处的轴向诱导速度是在风轮处的轴向诱导速度的两倍。轴向诱导因子 a 又可以表示为

$$a = \frac{1}{2} - \frac{v_2}{2v_1} \tag{5-33}$$

式（5-33）表示如果风轮吸收风的全部能量，即 $v_2 = 0$，则 a 有一个最大值，$a = \dfrac{1}{2}$。

但实际情况下，风轮只能吸收风的一部分能量，因此，$a < \dfrac{1}{2}$。

由式（5-30）和式（5-32）可得

$$T = \frac{1}{2}\rho A v_1^2 \times 4a(1-a) \tag{5-34}$$

引入风轮轴向力系数

$$C_T = \frac{T}{\frac{1}{2}\rho A v_1^2} \tag{5-35}$$

则

$$C_T = 4a(1-a) \tag{5-36}$$

根据能量方程，风轮吸收的能量（风轮轴功率 P）等于风轮前后气流动能之差

$$P = \frac{1}{2}\dot{m}(v_1^2 - v_2^2) = \frac{1}{2}\rho A v(v_1^2 - v_2^2) \tag{5-37}$$

$$P = 2\rho A v_1^3 a(1-a)^2 \tag{5-38}$$

当 $\dfrac{\mathrm{d}P}{\mathrm{d}a} = 0$ 时，则 P 出现极值，求解后 $a = 1$ 和 $a = \dfrac{1}{3}$。因为 $a < \dfrac{1}{2}$，所以 $a = \dfrac{1}{3}$。此时，$P_{max} = \dfrac{8}{27}\rho A v_1^3$。

定义风轮风能利用系数

$$C_P = \frac{P}{\frac{1}{2}\rho A v_1^3} = 4a(1-a)^2$$

因此，当 $a = \frac{1}{3}$ 时，风轮风能利用系数最大，$C_{Pmax} \approx 0.593$。

由上述可分析，最大风能利用系数对应的风轮扫风面的空气流速度为

$$v = \frac{2}{3} v_1$$

最大风能利用系数对应的风轮后空气流速度为

$$v_2 = \frac{1}{3} v_1$$

图 5-13 所示为风轮前后的流线、流速和压力的变化曲线图。从图 5-13 可以看出，在质量不变的条件下，由于风轮前后及风轮中的流速变化，使得流经风轮的空气流流管截面积发生变化。从流速曲线可以看出，在流经风轮时空气速度降为最低值，在风轮后速度逐渐增大为风轮前的流速。风轮从压力曲线可以看出，在靠近风轮处，静压力先骤然上升，然后骤然下降到最低点，且在风轮后逐渐恢复到最初的风轮前的压力值。

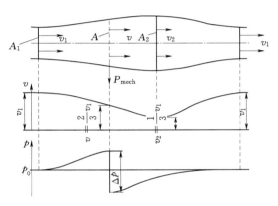

图 5-13　风轮前后的流场参数变化曲线

通过上述分析可知，Betz 理论实际上提出了风轮的最大转化率，即使是在无能量损失和理想空气流的条件下，风轮的风能利用系数也仅有 0.593，也就是说，最大仅有 59.3% 的风能能够被风轮转化为机械能；其次，当理想风能利用系数等于 0.593 时，风轮后的空气流速为风轮前空气流速的 $\frac{1}{3}$。

5.3.2　风轮尾流旋转时的动量理论

实际气流在风轮上产生转矩时，也受到了风轮的反作用力，因此，在风轮后的尾流气流发生与叶片旋转方向相反的旋转。这时，如果风轮处气流的角速度和风轮的角速度相比是一个小量，则一维动量方程仍可以应用，而且风轮前后的气流静压仍假设相等。

由动量方程得出 dr 圆环上的轴向力可表示为

$$dT = d\dot{m}(v_1 - v_2) \tag{5-39}$$

$d\dot{m}$ 为单位时间内流经风轮叶片平面圆环上的空气流量，可表示为

$$d\dot{m} = \rho v dA = 2\pi \rho v r dr \tag{5-40}$$

式中　dA——风轮平面 dr 圆环的面积。

将式（5-32）和式（5-40）代入式（5-39）可以得出

$$dT = 4\pi \rho v_1^2 r a(1-a) dr \tag{5-41}$$

作用在风轮上的轴向力可表示为

$$T = \int \mathrm{d}T = 4\pi\rho v_1^2 \int_0^R a(1-a)r\mathrm{d}r \tag{5-42}$$

式中　R——风轮半径。

应用动量矩守恒方程，则作用在风轮平面圆环上的转矩可表示为

$$\mathrm{d}M = \mathrm{d}\dot{m}(v_t r) = 2\pi\rho v_t \omega r^3 \mathrm{d}r \tag{5-43}$$

式中　v_t——风轮叶片 r 处的周向诱导速度 $v_t = \omega r$；

　　　ω——风轮叶片 r 处的周向诱导角速度。

定义尾流中周向诱导因子

$$a' = \frac{\omega}{2\Omega}$$

式中　Ω——风轮转动角速度。

将式（5-32）和 $a' = \frac{\omega}{2\Omega}$ 代入式（5-43），可得

$$\mathrm{d}M = 4\pi\rho\Omega v_1 a'(1-a)r^3 \mathrm{d}r \tag{5-44}$$

作用在整个风轮上的转矩可表示为

$$M = \int \mathrm{d}M = 4\pi\rho\Omega v_1 \int_0^R a'(1-a)r^3 \mathrm{d}r \tag{5-45}$$

风轮轴功率是风轮转矩与风轮角速度的乘积，因此

$$P = \int \mathrm{d}P = 4\pi\rho\Omega^2 v_1 \int_0^R a'(1-a)r^3 \mathrm{d}r \tag{5-46}$$

定义风轮叶尖速比 $\lambda = \frac{R\Omega}{v_1}$，风轮扫风面积 $A = \pi R^2$，则

$$P = \frac{1}{2}\rho A v_1^3 \frac{8\lambda^2}{R^4} \int_0^R a'(1-a)r^3 \mathrm{d}r \tag{5-47}$$

这时，风轮风能利用系数可表示为

$$C_P = \frac{8\lambda^2}{R^4} \int_0^R a'(1-a)r^3 \mathrm{d}r \tag{5-48}$$

因此，当考虑风轮后尾流旋转时，风轮轴功率有损失，风轮风能利用系数要减小。

可以证明，当 $a = \frac{1}{3}$ 时，C_P 获得最大值，即

$$C_{P\max} = \frac{16}{27}$$

与不考虑尾流旋转的 Betz 理论结果一致。

5.4　叶素-动量理论

5.4.1　叶素理论

将风轮叶片沿展向分成许多微段，这些微段称为叶素。叶素理论（Blade Element Theory）将风轮叶片简化为由有限个叶素沿径向叠加而成，因而风轮的三维气动特性可

以由叶素的气动特性沿径向积分得到。相对于动量理论，叶素理论从叶素附近的空气流动来分析叶片上的受力和能量交换，从而更多地应用于风力机的设计中。

叶素理论的基本出发点是将风轮叶片沿展向分成许多叶素。叶素理论应用在风力机气动设计和性能预估中有如下基本假设：

（1）不考虑沿叶片展向方向相邻叶素间的干扰。

（2）作用于每个叶素上的力仅由叶素的翼型气动性能决定。

假设在每个叶素上的流动相互之间没有干扰，即将叶素看成二维翼型，这时将作用在每个叶素上的力和力矩沿展向积分，就可以求得作用在风轮上的力和力矩。

对于每个叶素来说，其速度都可以分解为垂直于风轮旋转面的分速度 v_{x0} 和平行于风轮旋转面的分量称 v_{y0}，速度三角形和空气动力分量如图 5 - 14 所示。

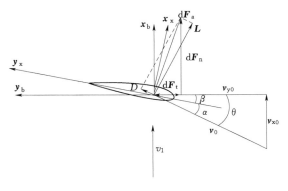

图 5 - 14　叶素上气流速度三角形和空气动力分量

图中 θ 角为入流角，α 为攻角，β 为叶片在叶素处的几何扭角，设 a 为轴向诱导速度，a' 为周向诱导速度。由动量理论可知，当考虑风轮后尾流旋转时

$$v_{x0} = v_1(1-a) \tag{5-49}$$

$$v_{y0} = \Omega r(1+a') \tag{5-50}$$

因此，叶素处的合成气流速度 v_0 可表示

$$v_0 = \sqrt{v_{x0}^2 + v_{y0}^2} = \sqrt{(1-a)^2 v_1^2 + (1+a')^2 (\Omega r)^2} \tag{5-51}$$

叶素处的入流角 θ 和攻角 α 可表示为

$$\theta = \arctan \frac{(1-a)v_1}{(1+a')\Omega r} \tag{5-52}$$

$$\alpha = \theta - \beta \tag{5-53}$$

这样，得出 α 后，就可以根据翼型气动数据表得到叶素的升力系数 C_L 和阻力系数 C_D。

合成气流速度 v_0 引起的在长度为 dr 叶素上的空气动力合力 $d\boldsymbol{F}_a$ 可以分解成法向力 $d\boldsymbol{F}_n$ 和切向力 $d\boldsymbol{F}_t$，则

$$d\boldsymbol{F}_n = \frac{1}{2}\rho t v_0^2 C_N dr \tag{5-54}$$

$$d\boldsymbol{F}_t = \frac{1}{2}\rho t v_0^2 C_T dr \tag{5-55}$$

式中　ρ——空气密度；

　　　t——叶素剖面弦长；

C_N、C_T——叶轮平面法向力系数和切向系数。

这时，作用于风轮平面 dr 圆环上的轴向力可表示为

$$dT = \frac{1}{2} B\rho t v_0^2 C_N dr \tag{5-56}$$

式中　B——叶片数。

作用在风轮平面 dr 圆环上的转矩为

$$dM = \frac{1}{2} B\rho t v_0^2 C_L r dr \tag{5-57}$$

叶素理论把气流流经风力机的三维流动简化为各个互补干扰的二维翼型上的二维流动，它忽略了叶素间气流的相互作用，而实际上由于风轮旋转，在哥氏力的作用下，叶片展向会出现流动，尤其在叶尖、轮毂部分。

5.4.2　叶素-动量理论

要计算作用在风轮上的力和力矩，必须计算风轮旋转面上的轴向诱导因子 a 和切向诱导因子 a'。由动量理论得到式（5-41）和式（5-44），由叶素理论得到式（5-56）和式（5-57）。

由式（5-41）和式（5-56）可得到

$$a(1-a) = \frac{\sigma}{4} \frac{v_0^2}{v_1^2} C_N \tag{5-58}$$

其中

$$\sigma = \frac{Bt}{2\pi r} \tag{5-59}$$

式中　σ——叶轮的局部实度，是叶轮 r 处 dr 微圆环与当地叶轮扫掠面积的比。

由 v_0、v_{x0} 和 v_{y0} 的速度三角形，以及式（5-49）和式（5-50）可以得到

$$\frac{a}{1-a} = \frac{\sigma C_N}{4(\sin\theta)^2} \tag{5-60}$$

和

$$\frac{a'}{1+a'} = \frac{\sigma C_T}{4\sin\theta\cos\theta} \tag{5-61}$$

式（5-60）和式（5-61）就是叶素动量理论获取的结果。要获得轴向诱导因子 a 和切向诱导因子 a'，需要反复迭代计算。

（1）对轴向诱导因子 a 和切向诱导因子 a' 进行初始化，通常取 $a = a' = 0$。

（2）通过式（5-52）计算入流角 θ。

（3）通过式（5-53）计算攻角 α。

（4）从翼型数据表，获得升力系数 $C_L(\alpha)$ 和阻力系数 $C_D(\alpha)$。

（5）通过式（5-54）和式（5-55）计算 C_N 和 C_T。

（6）通过式（5-60）和式（5-61）计算出轴向诱导因子 a 和切向诱导因子 a'。

从第（2）步到第（6）步反复计算，直到轴向诱导因子 a 和切向诱导因子 a' 的误差小于允许值。

（7）计算叶片上各部分的局部载荷。

上述过程完成后，可以根据获得的局部轴向力和局部扭矩，利用数值积分的方法计算叶片的机械功率、推力和叶片根部的弯矩等叶片整体力学参数。

5.4.3 普朗特叶尖损失因子

上述分析均为假设叶轮的叶片为无数多个。对于优先数量叶片的叶轮，在叶尖处的涡会降低叶片位置气流的升力对叶轮扭矩的贡献，造成叶尖损失。为修正这部分损失，普朗特引进了叶尖损失修正因子 f。

$$f = \frac{2}{\pi} \arccos \left[\exp \left(-\frac{B}{2} \frac{R-r}{r \sin\theta} \right) \right] \tag{5-62}$$

这样式（5-60）和式（5-61）可以被修正为

$$\frac{a}{1-a} = \frac{\sigma C_N}{4 f (\sin\theta)^2} \tag{5-63}$$

和

$$\frac{a'}{1+a'} = \frac{\sigma C_T}{4 f \sin\theta \cos\theta} \tag{5-64}$$

5.5 涡 流 理 论

为了计算气流通过风轮时的诱导涡，建立了很多理论，所有这些理论都引用了涡流系统。这些理论的计算值都是很相近的，这里只介绍由美国马萨诸塞州 Amherst 大学提出的经过改进的 Glauert 理论。

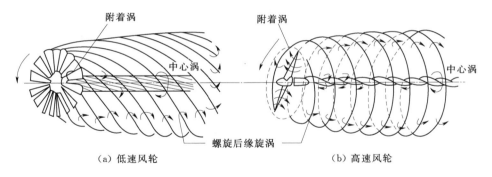

图 5-15 风轮的涡流系统

（1）风轮的涡流系统。对于有限长的叶片，风轮叶片的下游存在着尾迹涡，从而形成两个主要的涡区：一个在轮毂附近，一个在叶尖，如图 5-15 所示。当风轮旋转时，通过每个叶片尖部的气流迹线构成一个螺线形。在轮毂附近存在同样的情况，每个叶片都对轮毂涡流的形成产生一定作用。此外，为了确定速度场，可将各叶片的作用通过一个边界涡代替。对于空间某一给定点，其风速可被认为是由非扰动的风速和涡流系统产生的风速之和。由涡流引起的风速可看成是由下列三个涡流系统叠加的结果：

1）中心涡集中在转轴上。

2）每个叶片的附着涡。

3）每个叶片尖部形成的叶尖涡。

（2）诱导速度的确定。设 $\bar{v}$ 为风力后方漩涡系产生的轴向诱导速度，其方向与来流速

度 v_1 相反。在叶轮旋转面内的轴向诱导速度为 $\dfrac{\overline{v}}{2}$，最终使通过风轮时的气流绝对速度 v、风轮后方的速度 v_2 分别为

$$v = v_1 - \frac{\overline{v}}{2} \tag{5-65}$$

$$v_2 = v_1 - \overline{v} \tag{5-66}$$

则

$$v = \frac{v_1 + v_2}{2} \tag{5-67}$$

这与 Betz 理论所得到的 v 与 v_1、v_2 的关系相符。

设 Ω 和 ω 分别为尾流和风轮的旋转角速度，则风轮下游的气流旋转角速度相对于叶片变为 $\Omega + \omega$。令 $\Omega + \omega = h\omega$，$h$ 为周向速度因子，则 $\Omega = (h-1)\omega$。

从速度三角形可以看出，由于气流是以一个与叶片旋转方向相反的方向绕自身轴旋转，在风轮上游，其值为零，在风轮平面内，其值为下游的 $1/2$，故在该条件下风轮平面内的气流角速度可以表示为

$$\frac{\Omega}{2} + \omega = \left(\frac{1+h}{2}\right)\omega \tag{5-68}$$

在旋转半径 $[r,\ r+\mathrm{d}r]$ 处，相应的圆周速度为 U' 为

$$U' = \left(\frac{1+h}{2}\right)\omega r \tag{5-69}$$

设 $v_2 = k v_1$，通过风轮的轴向速度 v 可以表达为

$$v = \frac{v_1 + v_2}{2} = \frac{1+k}{2} v_1 \tag{5-70}$$

该叶素内气流的相对速度 v_r 和倾角 θ 为

$$v_\mathrm{r} = \frac{v_1(1+k)}{2\sin\theta} = \frac{\omega r(1+h)}{2\cos\theta} \tag{5-71}$$

$$\cot\theta = \frac{\omega r}{v_1}\frac{1+h}{1+k} = \lambda_\mathrm{r}\ \frac{1+h}{1+k} \tag{5-72}$$

其中

$$\lambda_\mathrm{r} = \frac{\omega r}{v_1}$$

（3）轴向推力和转矩的表达式。

$[r,\ r+\mathrm{d}r]$ 叶片叶素所受的轴向力分力 $\mathrm{d}T_\mathrm{i}$ 和切向分力 $\mathrm{d}A_\mathrm{i}$ 为

$$\begin{cases} \mathrm{d}T_\mathrm{i} = \dfrac{1}{2}\rho v_\mathrm{r}^2 t\,\mathrm{d}r(C_\mathrm{L}\cos\theta + C_\mathrm{D}\sin\theta) \\[2mm] \mathrm{d}A_\mathrm{i} = \dfrac{1}{2}\rho v_\mathrm{r}^2 t\,\mathrm{d}r(C_\mathrm{L}\sin\theta - C_\mathrm{D}\cos\theta) \end{cases} \tag{5-73}$$

设 $\tan\varepsilon = C_\mathrm{D}/C_\mathrm{L}$，上述表达式可以写为

$$\begin{cases} \mathrm{d}T_\mathrm{i} = \dfrac{1}{2}\rho v_\mathrm{r}^2 t C_\mathrm{L}\ \dfrac{\cos(\theta - \varepsilon)}{\cos\varepsilon}\,\mathrm{d}r \\[2mm] \mathrm{d}A_\mathrm{i} = \dfrac{1}{2}\rho v_\mathrm{r}^2 t C_\mathrm{L}\ \dfrac{\sin(\theta - \varepsilon)}{\cos\varepsilon}\,\mathrm{d}r \end{cases} \tag{5-74}$$

叶片数为 B 的风轮，在 $[r,\ r+\mathrm{d}r]$ 区间叶素上产生轴向推力 $\mathrm{d}T$ 和在该区间 B 个叶

素上产生的转矩 dM 为

$$
\begin{cases}
dT = \dfrac{1}{2}\rho v_r^2 B t C_L \dfrac{\cos(\theta-\varepsilon)}{\cos\varepsilon}dr \\[3mm]
dM = \dfrac{1}{2}\rho v_r^2 B t r C_L \dfrac{\sin(\theta-\varepsilon)}{\cos\varepsilon}dr
\end{cases}
\tag{5-75}
$$

下面将分析风轮对流过它的 $[r, r+dr]$ 区间空气所给予的作用力。轴向流过环形单元的空气在该方向的动量变化等于它所受到的推力 dT'，即

$$
dT' = \rho \dot{v}(v_1 - v_2)
\tag{5-76}
$$

$\dot{v}$ 为通过风轮上该圆环截面的气体体积流量，由于

$$
\dot{v} = 2\pi r dr v = \pi r dr(1+k)v_1
\tag{5-77}
$$

则

$$
dT' = \rho \pi r dr v_1^2 (1-k^2)
$$

再考虑流动空气角动量距地变化，可得该部气流的转矩 dM' 为

$$
dM' = \rho \dot{v} r^2 \Delta\omega = \rho \dot{v} r^2 \Omega
\tag{5-78}
$$

其中，$\Delta\omega = \Omega$，则得到

$$
C_L B t = \frac{2\pi r v_1^2 (1-k^2)\cos\varepsilon}{v_r^2 \cos(\theta-\varepsilon)} = \frac{8\pi r(1-k)\cos\varepsilon\sin^2\theta}{(1+k)\cos(\theta-\varepsilon)}
\tag{5-79}
$$

同样因 $dM' = dM$，可得

$$
C_L B t = \frac{2\pi\omega r^2 v_1(1+k)(h-1)\cos\varepsilon}{v_r^2 \cos(\theta-\varepsilon)} = \frac{4\pi r(h-1)\cos\varepsilon\sin2\theta}{(1+h)\sin(\theta-\varepsilon)}
\tag{5-80}
$$

可以证明，式（5-79）和式（5-80）的等号右端相等。式（5-79）、式（5-80）可分别变形为

$$
G = \frac{1-k}{1+k} = \frac{C_L B t \cos(\theta-\varepsilon)}{8\pi r \cos\varepsilon\sin^2\theta}
\tag{5-81}
$$

$$
H = \frac{h-1}{h+1} = \frac{C_L B t \sin(\theta-\varepsilon)}{4\pi r \cos\varepsilon\sin2\theta}
\tag{5-82}
$$

由以上两式，又可以得到

$$
\frac{G}{H} = \frac{(1-k)(h+1)}{(1+k)(h-1)} = \cot(\theta-\varepsilon)\cot\theta
\tag{5-83}
$$

（4）风轮环形部位可得到的风能功率及理想风轮风能利用系数的最大值。空气流过风轮 $[r, r+dr]$ 环形区间时，它能给予风轮该处的功率为

$$
dP_U = \omega dM = \rho\pi r^3 dr \omega^2 v_1(1+k)(h-1)
\tag{5-84}
$$

对无阻力、无叶片数的影响、无空气摩擦的理想风轮，该部位的风能利用系数为

$$
C_P = \frac{dP_U}{\rho\pi r dr v_1^3} = \frac{\omega^2 r^2}{v_1^2}(1+k)(h-1) = \lambda_r^2(1+k)(h-1)
\tag{5-85}
$$

对于这一不存在阻力，并且可全部接受流动空气因其动量改变而给予它能量的理想风轮，其环形部位风能利用系数达到式（5-85）给出的最大值时，若能给出它的 λ_r 值和 k、h、$C_L B t$、θ 等参数存在的关系，就可以据此进行各叶素气动参数设计。下面将说明随 λ_r 而变的各最佳参数求解过程。

利用式（5-72）、式（5-83）可变化为

$$\frac{G}{H}=\frac{(1-k)(h+1)}{(1+k)(h-1)}=\cot^2\theta=\frac{\lambda_r^2(1+h)^2}{(1+k)^2} \tag{5-86}$$

从而有

$$\begin{cases} \lambda_r^2=\dfrac{1-k^2}{h^2-1} \\ h=\sqrt{1+\dfrac{1-k^2}{\lambda_r^2}} \end{cases} \tag{5-87}$$

将式（5-87）代入风能利用系数式（5-85），则

$$C_P=\lambda_r^2(1+k)\left(\sqrt{1+\frac{1-k^2}{\lambda_r^2}}-1\right) \tag{5-88}$$

$C_P=f(\lambda_r,\ k)$，对于给定的 λ_r 值，C_P 取得极大值的条件是 $\mathrm{d}C_P/\mathrm{d}k=0$。由此可得满足该条件时存在的关系

$$\lambda_r^2=\frac{1-3k+4k^3}{3k-1} \tag{5-89}$$

该方程又可以表达为

$$4k^3-3k(\lambda_r^2+1)+\lambda_r^2+1=0 \tag{5-90}$$

设 $k=\cos\theta\ \sqrt{\lambda_r^2+1}$，并将其代入式（5-90），再除以 $(\lambda_r^2+1)^{\frac{3}{2}}$，则有

$$4\cos^3\theta-3\cos\theta+\frac{1}{\sqrt{\lambda_r^2+1}}=0 \tag{5-91}$$

由于 $4\cos^3\theta-3\cos\theta=\cos3\theta$，则 $\cos3\theta=-\dfrac{1}{\sqrt{\lambda_r^2+1}}$，即 $\cos(3\theta-\pi)=-\dfrac{1}{\sqrt{\lambda_r^2+1}}$，从而得到

$$\theta=\frac{1}{3}\arccos\left(\frac{1}{\sqrt{\lambda_r^2+1}}\right)+\frac{\pi}{3}=\frac{1}{3}\arctan\lambda_r+\frac{\pi}{3} \tag{5-92}$$

对于不存在阻力、可全部接受流动空气给予它能量的理想风轮（意味着不受叶片数量的限制，及 $B=\infty$），对应于每个 λ_r 值，都可以确定 θ、k，并可得到间接反映通过风轮的气流角速度变化量的 h 值及风能利用系数 C_P 的最大值等。

（5）最佳倾角和参数 C_LBt 的最佳值。利用前述理想风轮的结果，即对应于每个 λ_r 值，都可以确定相应的 θ、k、h，从而可分别依据式（5-93）、式（5-94）确定最佳倾角 θ 和 C_LBt/r 的最佳值，以此进行风轮的设计。

$$\theta=\mathrm{arccot}\left(\lambda_r\ \frac{1+h}{1+k}\right) \tag{5-93}$$

$$\frac{C_LBt}{r}=\frac{8\pi(1-k)}{1+k}\times\frac{1}{\lambda_r\ \dfrac{1+h}{1+k}\sqrt{\left(\lambda_r\ \dfrac{1+h}{1+k}\right)^2+1}} \tag{5-94}$$

当选定翼型且确定了叶片数 B，并确定各叶素翼型攻角后，就确定了叶片任何半径 r 处的叶素弦长 t 和安装角 β。

一旦确定了风轮设计工况下的叶尖速比 λ，则利用叶片任意 $[r,\ r+\mathrm{d}r]$ 叶素的参数 $\lambda_r=\lambda r/R$，就可以求得该叶素的其他参数值。

（6）存在阻力的非理想风轮环状区可达到的风能利用系数、最佳攻角。不忽略阻力的非理想风轮 $[r，r+dr]$ 环状区可达到的风能利用系数为

$$C_P=\frac{\omega dM}{\rho\pi rdrv_1^3}=\frac{\frac{1}{2}\omega\rho tBrdrv_r^2C_1\frac{\sin(\theta-\varepsilon)}{\cos\varepsilon}}{\rho\pi rdrv_1^3} \tag{5-95}$$

代入 C_LBt 的解，并且有

$$v_r=\frac{v_1(1+k)}{2\sin\theta} \qquad \omega r=\frac{v_1(1+k)}{h+1}\cot\theta \tag{5-96}$$

最终得到

$$C_P=\frac{(1+k)(1-k^2)}{(1+h)}\frac{1-\tan\varepsilon\cot\theta}{1+\tan\varepsilon\tan\theta} \tag{5-97}$$

当叶片翼型无阻力，即 $\tan\varepsilon=0$ 时，上式就成为理想风轮 $[r，r+dr]$ 部位的风能利用系数。

5.6 NACA 翼 型 命 名

5.6.1 NACA 四、五位数字翼型族

NACA 翼型分为对称翼型和有弯度翼型两种；对称翼型即为基本厚度翼型，有弯度翼型由中弧线和基本厚度翼型叠加而成。

1. NACA 四位数字翼型

四位数字翼型的表达形式为 NACA××××。

第一个数字表示最大相对弯度 f 的百倍数值；第二个数字表示最大弯度的相对位置 f_x 的 10 倍数值；最后两个数字表示相对厚度 t 的百倍数值。

例如，NACA4418 翼型，其最大相对弯度 f 为 4%；最大弯度的相对位置 f_x 为 40%；最大相对厚度 t 为 18%。

2. NACA 五位数字翼型

NACA 五位数字翼型和四位数字翼型不同的是中弧线。从实验中发现，中弧线最大弯度的相对位置离开弧线中点，无论是前移还是后移，都对提高翼型最大升力系数有好处；但是后移时会产生很大的俯仰力矩，不可能采用；但若向前移太多，原来四位数字翼型中弧线形状就要修改，这就变成了五位数字翼型。

五位数字翼型的表达形式为：NACA×××××。

第一个数字表示弯度，但不是一个直接的几何参数，而是通过设计的升力系数来表达，这个数乘以 3/2 就等于设计升力系数的 10 倍，但第一个数字近似等于最大相对弯度 f 的百倍数值；第二个数字表示最大弯度相对位置 f_x 的 20 倍；第三个数字表示中弧线后段类型，"0"表示直线，"1"表示反弯度曲线；最后两个数字表示最大厚度 t 的百倍数值。

例如，NACA23012 翼型，其设计升力系数为 $2\times3\div20=0.30$；最大弯度的相对位置 f_x 为 15%；中弧线后段为直线；最大相对厚度为 12%。

常见的 NACA 四、五位数字修改翼型是改变前缘半径和最大厚度的弦向位置，主要有两组修型。第一组修型的表达形式为 NACA××××—×× 或 NACA×××××—××，横线前面为未修改的 NACA 四、五位数字翼型表达形式，横线后面第一个数字表示前缘半径的大小，第二个数字表示最大厚度相对位置 t_x 的 10 倍数值。第二组修型是德国航空研究中心做的，这里不作详细介绍。

5.6.2　NACA 层流翼型

NACA 层流翼型是 20 世纪 40 年代研制成功的。层流翼型设计的特点是翼面上的最低压力点尽量后移，以增加层流附面层的长度，降低翼型的摩擦阻力。目前常用的是 NACA 6 族和 NACA 7 族层流翼型。层流翼型的厚度分布和中弧线是分开设计的。最大厚度的相对位置 t_x 有 0.35、0.40、0.45 和 0.50 等几种形式。中弧线形状是根据载荷分布设计的，从前缘到某点 a 载荷是常数，从 a 点到尾缘载荷线性降低到零。点 a 的位置一般在最大厚度点之后。

1. NACA 6 族层流翼型的几种表达形式

（1）例如，NACA 65，3 - 218，a = 0.5。第一个数字 6 表示 6 族；第二个数字 5 表示在零升力时基本厚度翼型最低压强点位置在 0.50 弦长处；逗号后的 3 表示升力系数在设计升力系数 ±0.3 范围内，翼型上仍存在有利的压强分布；横线后面的第一个数字 2 是设计升力系数的 10 倍，即该翼型的设计升力系数为 0.2，而有利压强分布的升力系数范围是 -0.1～+0.5 之间；最后两个数字表示最大相对厚度为 18%；等式 a = 0.5 是说明中弧线类型的。

（2）例如，NACA 65$_3$ - 218，a = 0.5。它和上面翼型表达式的差异在于下标 3 代替了逗号后的 3。下标 3 仍表示有利压强分布的升力系数范围，只是这种翼型的厚度分布是从一系列的保角变换中得到的，这种翼型是 NACA 族翼型的修改翼型。

（3）例如，NACA 65（318）- 217，a = 0.5。这种翼型的厚度是从某种翼型按比例换算出来的。括号中的 3 仍为表示有利的升力系数范围为 ±0.3，18 表示原来翼型的相对厚度为 18%，最后的 17 表示这种翼型的实际相对厚度为 17%。这种翼型也是 NACA 6 族翼型的修改翼型。

（4）例如，NACA 65 - 210 和 NACA 65（10）- 211。这种翼型的最大相对厚度小于 12%，其有利的升力系数范围小于 ±0.1。这时第三个表示有利范围的数字就不标注出来了。

（5）例如，NACA 65（215）- 218，a = 0.5。这是从 NACA 65，3 - 215，a = 0.5 翼型按线性关系增加纵坐标得到的修改翼型：t 由 15% 增加到 18%；设计升力系数等于 0.2；其余标记意义与（1）相同。

（6）例如，NACA 641 A212。这种翼型是经修改过的 6 族翼型，或称 NACA 6A 族翼型；它的上下翼面在最后 0.20 弦长段都是直线。

2. NACA 7 族层流翼型的几种表达形式

（1）例如，NACA 747A315。第一个数字表示族；第二个数字表示在设计升力系数下，上翼面顺压梯度段相对坐标的 10 倍数值，即在设计升力系数下，上翼面顺压梯度段为：从 $x=0$ 到 $x=40\%$；第三个数字是下翼面顺压梯度段相对坐标的 10 倍数值，即在设计升力系数下，下翼面顺压梯度段为：从 $x=0$ 到 $x=70\%$；最后三个数字的含义与 6 族翼型相同。夹在中间的字母 A 表示基本厚度翼型与中弧线的不同组合。

（2）NACA 翼型在风力机上的应用在很多水平轴风力机上采用了 NACA 230×× 系列翼型和 NACA 44×× 系列翼型（其中×× 表示最大相对厚度），最大相对厚度从根部的 28% 左右到尖端的约 12%。在某些方面，这些翼型并不能令人满意。例如，NACA230×× 系列中的翼型具有对表面污垢敏感的最大升力系数，而且它们的性能随着厚度增加的恶化比其他翼型快得多。

（3）NACA 63-2×× 系列翼型在 NACA 翼型中总体性能表现最好，而且它们对表面粗糙度具有良好的不敏感性，因而在各种水平轴风力机上得到了广泛应用。现在仍然有很多风力机在桨叶靠叶尖的部分使用 NACA 63-2×× 系列翼型。

对于大多数垂直风力机，通常使用对称翼型，例如，四位数字系列 NACA 00××，最大相对厚度为 12%～15%。

5.7　风轮叶片专用翼型

鉴于传统航空翼型作为风轮叶片翼型不能良好满足使用要求，一些发达国家从 20 世纪 80 年代中期开始研究风力发电机组专用新翼型，并开发了一系列翼型。其中具有代表性的有美国的 SERI 翼型系列、丹麦的 RISΦ-A1 翼型系列、瑞典的 FFA-W 翼型系列、NREL 翼型系列、丹麦科技大学（Delft）研发的 DU 翼型等。

5.7.1　SERI 翼型系列

SERI 翼型系列提供了三种针对不同叶片长度的翼型，该系列翼型的特点是具有较高的升阻比和较大的升力系数，且失速时对翼型表面的粗糙度敏感性低。

直径 10～30m 的风力叶片设计，对 SERI 翼型系列的应用提出下列特性要求：主要用于 10m 高度处年平均风速 4.5～6.2m/s 之间的风场；主要用于定桨距失速控制的叶片，叶尖速比约为 8 时风能利用系数最大。认为主要功率产生区域集中在叶片的 75% 半径外侧，且希望在该位置的翼型具有较高升阻比、有限的最大升力系数、失速时对表面粗糙度较低的敏感性和适当的相对厚度。为了满足上述叶片设计要求，设计了 SERI S805A 翼型。

在满足叶片根部和叶尖翼型局部气动设计要求的同时，还要求叶片气动性能从根部到叶尖应为单调变化，且具有流线型的叶片表面。因此，出于结构设计因素的考虑，用于叶片根部的翼型应当较厚，且具有较高的最大升力系数。叶尖处翼型则相对较薄，具有较低的最小阻力和最大升力系数。根据这

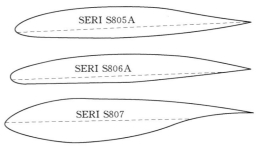

图 5-16　SERI S805A/S806A/S807 翼型
系列外形

些要求，设计了分别用于叶尖（$r/R=0.95$）的 SERI S806A 翼型，用于根部（$r/R=0.40$）的 SERI S807 翼型。图 5-16 所示为上述几种翼型系列的外形。

对于直径 21～35m 的风轮，翼型的相对厚度对叶片强度和刚度设计具有重要意义。为此，设计了外形与 SERI S805A/S806A/S807 翼型系列相似的厚翼型族，命名为 S812、S813、S814，其中 S812 的最大相对厚度为 0.21，是 S805A 最大相对厚度的 1.5 倍左右。它们的外形如图 5-17 所示。

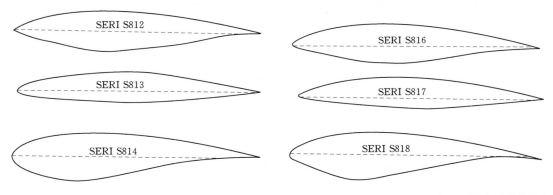

图 5-17　SERI S812/S813/S814 翼型系列外形　　图 5-18　SERI S816/S817/S818 翼型系列外形

对于风轮直径 36m 以上的风力，为满足翼型修型以实现叶片气动性能与结构强度的优化组合，设计了第三族翼型，分别命名为 SERI S816、S817、S818，其外形如图 5-18 所示。

5.7.2　RISΦ-A 翼型系列

从 20 世纪 90 年代后期开始，丹麦 RISΦ 国家实验室先后设计 RISΦ-A1、RISΦ-P 和 RISΦ-B1 三个风力机专用翼型系列。RISΦ-A1 翼型族定型于 1998 年，整个翼型族包括六个翼型，相对厚度范围为 12%～30%，适用于定转速、失速或变桨控制、功率在 600kW 以上的风力机，如图 5-19 所示。

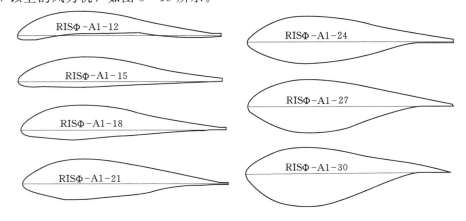

图 5-19　RISΦ-A 翼型系列外形

RISΦ－A1 翼型系列的几何特征是具有较尖锐的前缘，能够使流体迅速加速并产生负压峰值。气动性能方面，该翼型系列在接近失速时具有最大的升阻比，攻角为 10°时的设计升力系数约为 1.55，而最大升力系数为 1.65。同时 RISΦ－A1 翼型系列具有对前缘粗糙度的不敏感性。

RISΦ－P 翼型族定型于 2001 年，共有四个翼型，厚度分别为 15%、18%、21% 和 24%。该系列翼型被用于取代对应厚度的 RISΦ－A1 翼型，有效克服了 RISΦ－A1 翼型族最大升力系数对前缘粗糙度较敏感的缺点，适用于定速或变速的桨距控制的兆瓦级风力机。

RISΦ－B1 翼型族是 2001 年完成设计，包括了六个翼型，相对厚度范围为 15%～36%，适用于变桨和桨距控制的兆瓦级风力机。该翼型族的特点为最大升力系数高，气动性能对前缘粗糙度不敏感，可使细长叶片能够保持高的气动效率。

5.7.3　FFA－W 翼型系列

FFA－W 翼型系列由瑞典航空研究所研制，具有较高的最大升力系数和升阻比，在失速工况下具有良好的气动性能。FFA－W 包括了三个翼型系列，分别为 FFA－W1、FFA－W2 和 FFA－W3。

FFA－W1 系列有六种翼型，相对厚度为 12.8%～27.1%。该翼型系列的设计升力系数较高，可以满足低叶尖速比风力发电机组的设计需求。翼型系列中，薄翼型在表面光滑和层流条件下具有高升阻比，同时对昆虫残骸或制造误差造成的前缘粗糙不敏感；较厚翼型在前缘粗糙情况下具有较高的最大升力系数和较低的阻力系数。

FFA－W2 翼型系列含两种翼型，相对厚度分别为 15.2% 和 21.1%。该翼型系列与 FFA－W1 翼型系列的设计要求和设计目标相同，只是设计升力系数稍低，以满足不同的使用要求。

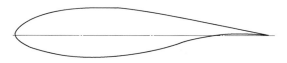

图 5－20　FFA－W3－211 翼型外形

FFA－W3 翼型系列包括七种翼型，相对厚度为 19.5%～36.0%，其中相对厚度为 19.5% 的翼型，是采用相对厚度 18% 的 NACA63－618 翼型和相对厚度为 21.1% 的 FFA－W3－211 设计，通过对其中弧线和厚度分布进行内插得到。图 5－20 所示为 FFA－W3－211 翼型外形。

相对厚度为 19.5% 和 21.1% 的两种翼型为薄翼型，可用在风轮叶片的叶尖部分。较厚的集中翼型在给定相对厚度下，比 NACA63－6×× 系列的厚翼型具有更好的气动性能。因此，在相对厚度超过 18% 时，一般使用 FFA－W3 翼型系列。

5.7.4　NREL 翼型系列

NREL 翼型系列如图 5－21 所示，由美国国家可再生能源实验室（NREL）研制，包括薄翼型族和厚翼型族，分别用于大中型叶片。左边三种为薄翼型族，右边三种为厚翼型族，从上到下分别为用于靠近叶片叶尖部分（为 95% 半径处）、叶片主要外部区域（75% 半径处）和根部（40% 半径处）的翼型。

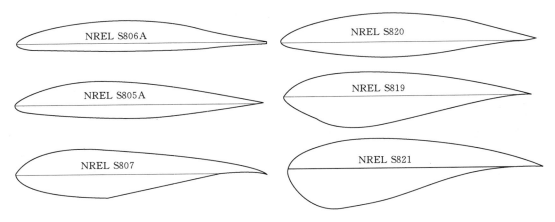

图 5 - 21　NREL 翼型系列外形

　　NREL 翼型具有最大升力系数对粗糙度不敏感的特点。翼型的升力系数接近或达到最大时，从层流到湍流转捩点的位置非常接近翼型的前缘，可以保证最大升力系数对粗糙度的不敏感性。表面清洁时，该系列翼型有较小的摩擦力。在翼型设计时，延长层流段的长度，可以有效地减小翼型表面的摩擦阻力。NREL 系列翼型的另一个优点是失速特性良好。随着后缘分离的逐渐加剧，翼型失速平缓，升力系数不会出现较大的波动性。当来流波动较大，风力机的功率接近峰值时，这一特点可以减小有叶片间歇性失速诱发的风力机功率和载荷的波动。

5.7.5　DU 翼型系列

　　20 世纪 90 年代初，荷兰代尔夫特（Delft）理工大学先后发展了相对厚度 15% ～ 40% 的 DU 系列翼型。该系列翼型包括 15 种翼型，其中有五个在 Delft 大学的 LST 风洞完成了气动试验，有四个翼型在 STUTTGART 的 IAG 低速风洞中完成了试验。有两个翼型在两个风洞中都进行了试验验证。DU 翼型族使用范围广泛，风轮直接从 29m 到 100m 以上，在功率从 350kW ～ 3.5MW 的风力机上均有使用。

5.8　翼 型 的 选 择

　　大型风力机叶片很长，其不同展向未知的气动要求有别。因此，理论上叶片的各剖面应选择不同的翼型。叶片翼型选择不仅需要研究其相应气动性能，还应考虑相应的功率控制方式等问题。针对目前大型风力发电机组的功率控制方式，以下分别讨论定桨距和变桨距风轮叶片的翼型选择问题。

5.8.1　定桨距叶片的翼型选择

　　一般采用被动失速控制的风力发电机组多采用定桨距叶片，即叶片与轮毂为刚性连接，需要利用叶片失速特性实现对风力功率的调节和控制。

　　根据被动失速风力发电机组功率控制原理分析，要求定桨距风力发电机组在额定风速时，叶片的大部分截面应在大攻角临界流动分离状态下工作。这对翼型的失速性能设计提出了较高要求。根据叶片气动特性分析和设计要求，一般在大功率定桨距叶片设计中应优先选择风力发电机组专用翼型，如 FFA - W 翼型系列等。如果需要选择航空翼型，则应优选 NACA 等系列中失速性能优异的翼型。

5.8.2　变桨距叶片的翼型选择

变桨距叶片是现阶段叶片发展的主流设计方式。对于一般要求的叶片设计，可以选择统一翼型方案。如选用气动特性优良的 NACA 等作为设计翼型系列，并对相应的弦长和扭角进行优化。

一些大功率叶片采取了组合翼型的设计方案，即将叶片分为根部、中部和尖部三部分。根据叶片气动性能和力学结构对不同部位的要求，选用不同翼型的组合设计，以使叶片的功率性能得到进一步优化。但应注意，针对这三部分的设计翼型，需要分别设计相应的弦长和扭角，同时需要在相接部位确定过渡段，以实现平滑连接。

5.8.3　风力机叶片翼型布置

为使叶片外沿处保持高的气动性能，大多数风力机翼型设计在叶片靠近根部截面承载较大的弯矩，设置较大的刚度和强度。同时，翼型的设计也需满足较大的弯矩承载能力，往往该处翼型具有大的相对厚度，并且采用平脊后缘。

叶片根部翼型不仅要有较高的升力系数，同时需满足良好的失速特性。在正常工作状态下，叶片根部运行在大攻角下。较高的升力系数和良好的失速特性不仅有助于维持叶片的良好动力输出，对结构失效也有抑制作用。

第6章 水平轴风力机

风轮是风力机最主要的部件，其气动特性影响了风能转化率，也决定了风力机的经济性。此外，与风力机功率控制也紧密相关。对风轮空气动力学特性的掌握是理解和认识风力机运行基本理论的基础。

本章主要讨论了风轮的关键参数对水平轴风轮空气动力学特性的影响；分析了水平轴风力机利用风轮的空气动力学进行转速-功率控制的原理；给出了风轮风洞实验的空气动力学相似原理。

6.1 气动设计模型

6.1.1 气动设计流程

首先建立理论概念风轮，假设其性能属性，预估风轮的风能利用系数，计算出风轮的直径，确定叶片的几何和气动参数；然后，通过对风轮结构性能的计算，检验风轮性能与设计值之间的误差。通常计算结果与设计值不能较好地吻合，可通过反复计算和风洞试验，来分析和优化风轮的关键参数值，从而适当地修正和改善设计。若初步结果与设计概念风轮相差甚远，可对概念风轮进行适当的调整。

设计必须较好地确定风轮的结构，其任务是在预先假定的要求和目标下，寻找一个最理想的风轮结构。设计起点通常是确定在某设计风速下风力机的功率输出。基于这一点，通过初步估计风轮的风能利用系数，来确定所需要的风轮直径。风轮直径的首次假设是从

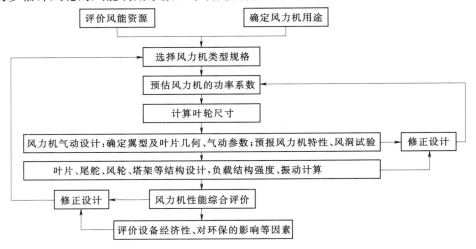

图 6-1 风力机的设计流程

风轮空气动力学设计计算得到。通过计算，来设计风轮的气动力学参数，确定理想风轮叶片的形状，最后，在综合考虑了气动性能、强度和刚度的安全性指标、经济性等因素后，尽可能地寻找最佳的风轮结构。

风力机设计流程如图 6-1 所示。

6.1.2 风轮直径的确定

在最大设计输出功率 P 和风力机来流风速 v_∞ 确定的前提下，选定叶尖速比 λ，预估风力机在该叶尖速比下的风能利用系数 C_P 值，则风轮的直径 D 的计算为

$$D = \sqrt{\frac{8P}{\pi \rho C_P v_\infty^3}} \qquad (6-1)$$

式中 ρ——空气密度，kg/m^3。

风轮的转速为

$$n = \frac{60 v_\infty \lambda}{\pi D} \qquad (6-2)$$

除此之外，水平轴风轮的气动设计，还要确定和选择叶片的翼型，计算出相对于风轮轴线不同半径 r 处叶片叶素的弦长和安装角。

6.1.3 输出功率计算模型

德国空气动力学家贝兹基于叶轮扫风面的二维流场，提出了流经风轮扫风面的风能可转化为机械能的量。

实际上，旋转风轮的尾流产生旋转动量，为了维持角动量，尾流旋转力矩必然与风轮力矩相反。旋转尾流削减了风轮有用功，从而使风轮的风能转化率低于 Betz 理论值。在扩展动量理论中，充分考虑了旋转尾流的效应，扩展动量理论模型如图 6-2 所示。

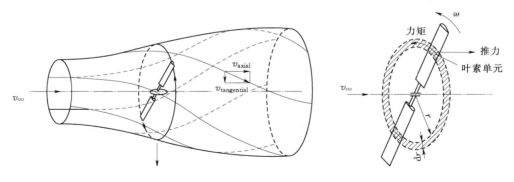

图 6-2 扩展动量理论模型　　　　　图 6-3 叶素理论模型

引入叶片结构是从风轮结构到空气动力学理论非常关键的一步，也是找出风轮结构与其空气动力学性能内在联系的唯一途径，这里最常用的模型为叶素理论。叶素为叶片在风轮任意半径 r 处翼型剖面延伸厚度 dr 而形成的基本单元。叶素理论确定了任意半径 r 处的空气动力，假设各叶素沿轴旋转形成了同心圆薄片，且叶素与叶素之间不存在空气动力

流场的相互干扰，如图6-3所示。

在半径 r 处叶素弦线与风轮旋转平面的夹角称为叶素安装角 β，风轮轴向自由流流速为 v 与切向速度 u 构成相对速度 v_r，如图6-4所示。相对速度与叶片弦线的夹角称为当地空气动力学攻角 α。特别注意的是，安装角 β 和攻角 α 是完全不同的概念，攻角 α 是空气动力学参数，而安装角 β 是结构参数，如图6-4所示。

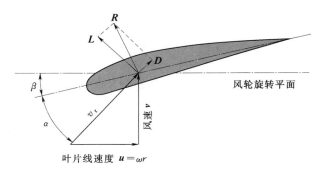

图6-4 攻角和桨距角示意图

联系旋转尾流的轴向和切向流动机理与叶素气动力的形成，确定叶素的流动条件，从而可以很快从翼型特性曲线读出叶素的升力系数和阻力系数。

叶片上表面和下表面的压力差导致叶尖旋涡的产生。诱导阻力是当地升力系数和叶片展弦比的函数。叶片展弦比越大，表明叶片越狭长，诱导阻力越小。叶尖漩涡与中心漩涡一样，均会产生诱导阻力，造成有用功的损失。图6-5所示为复杂的漩涡模型。

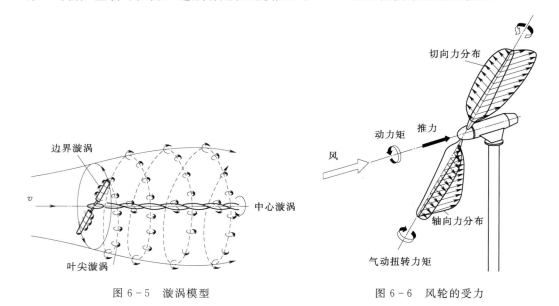

图6-5 漩涡模型　　　　　　　　　图6-6 风轮的受力

通过对叶素升力系数和阻力系数的计算，可以得出整个叶片展向的空气动力分布，其模型如图6-6所示。这通常分为两部分：一部分是风轮旋转平面的切向力分布；另一为轴向推力分布。在整个风轮半径范围内，对切向力进行积分，则可得出旋转速度下风轮的动力矩、风轮效率或风能利用系数。对轴向力进行积分，得出对整个风力机塔架的推力。因此，通过叶素理论可以得出某特定叶片的风力机功率以及在稳态下的气动载荷。

图 6-7 为风轮风能利用系数的理论值与实际值存在差异的原因。从图 6-7 可以看出，造成风能利用系数低于 0.593 的原因主要有三点：①考虑风力机尾流的实际角动量后，风轮风能利用系数为叶尖速比的函数，只有当叶尖速比无限大时，风能利用系数才接近于贝兹理想值；②当引入叶片的空气动力学后，叶片的气动阻力进一步降低了风能利用系数；③风轮有限叶片数是造成风能利用系数低于 Betz 理想值的又一原因。此外，风轮必须在某叶尖速比条件下获得风能利用系数最佳值。

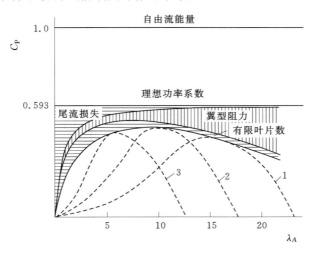

图 6-7　风轮风能利用系数偏低的原因
1、2、3—叶片素

基于 Betz 理论和叶素理论，可得出真实风轮的功率曲线。但需注意的是，Betz 理论和叶素理论均为简化理论，因此，利用这两个理论计算的风轮功率的准确性有限。

6.2 风 轮 功 率 特 性

Betz 定律指出了风轮机械输出功率的大小。叶素理论则指出风轮结构与其性能的关系。风轮功率 P 可以通过下式计算

$$P = C_P \frac{\rho}{2} v^3 A \qquad (6-3)$$

式中　A——风轮扫风面积，m^2；

　　　v——风速度，m/s；

　　C_P——风轮风能利用系数；

　　　ρ——空气密度，kg/m^3；

　　　P——风轮功率，W。

对应某一叶尖速比，通过叶素理论可计算风能利用系数 C_P。重复对不同叶尖速比进

行计算，则得出风轮风能利用系数与叶尖速比的关系曲线，该曲线也称为风轮功率特性曲线，表达了同一转速下不同风速的风能利用系数，或者同一风速下不同转速的风能利用系数。如果风轮采用变桨距控制功率输出，那么必须对每一桨距角的风能利用系数曲线进行计算。相应由不同桨距角的定桨距风轮性能曲线构成了变桨距风轮控制的性能曲线族，如图 6-8 所示。

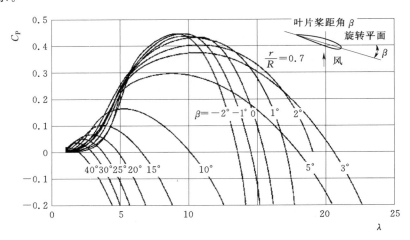

图 6-8　某风轮的性能曲线族

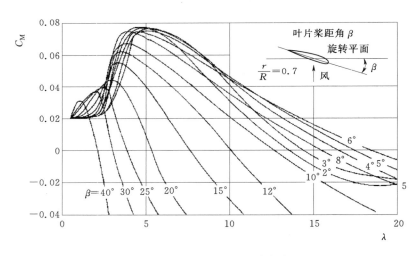

图 6-9　某风轮的力矩曲线族

除了风轮输出功率外，风轮的动力矩也是反映风轮性能的重要参数之一，图 6-9 所示为不同桨距角对应的动力矩性能曲线。与功率类似，风轮动力矩可以通过力矩系数计算得到

$$M = C_M \frac{\rho}{2} v^2 AR \qquad (6-4)$$

式中　C_M——风轮的力矩系数；

　　　R——风轮半径，m。

由功率除旋转速度可计算得到力矩，故也可得出如下关系式

$$C_P = \lambda C_M \tag{6-5}$$

功率曲线和力矩曲线是风轮的性能特征曲线。风轮风能利用系数曲线形状的不同代表风轮结构的不同，影响 C_P 的主要参数有风轮结构、风轮叶片数、叶片弦长分布、叶片气动性能、叶片扭角等。

图 6-10 所示为几种典型结构风轮的风能利用系数。从图 6-10 可看出，现代高速风轮较传统风轮具有明显的性能优势。如美国风车和荷兰风车的最大风能利用系数只有0.3，而利用气动阻力旋转的 S 型风轮则更低为 0.15，现代三叶片水平轴风轮最大风能利用系数达 0.5。

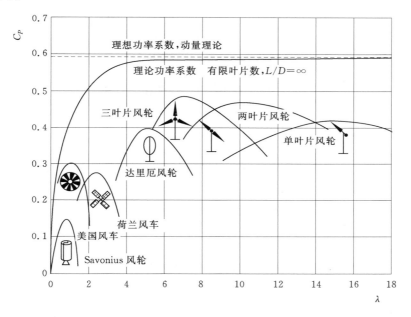

图 6-10 不同风轮的风能利用系数

从图 6-10 还可看出，单叶片升力型风轮的最佳转速较两叶片的更高，最佳叶尖速比在 15 左右，但风能利用系数低于两叶片的；类似，两叶片升力型风轮的最佳转速较三叶片的更高，其最佳叶尖速比在 10 左右，风能利用系数则较低；三叶片风轮的最佳叶尖速比为 7 左右。

图 6-11 所示为五种典型风轮结构的力矩系数。从图 6-11 可看出，叶片密实度越小的风轮，最佳叶尖速比对应的最佳转速越快，风轮力矩越小；相反，叶片密实度较大的多叶片风轮，其最佳转速较低，力矩越大。两叶片风轮的起动力矩较小，因而很难起动，将风轮桨距角调到理想位置情况除外。

因此，从风轮的用途可大致确定风轮叶片数的范围。若用于乡村和偏远山区的提水或制热，可用叶尖速比较小的低速风轮，才能满足力矩要求。同样，对于当地年均风速不高的风资源，采用起动较好、叶尖速较低的风轮较为合适。

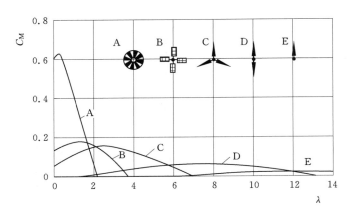

图 6-11　不同结构风轮的动力矩

6.3　风轮重要设计参数的气动性能

6.3.1　风轮叶片数

风轮叶片数是风轮最显著的外形特征。图 6-12 所示为叶片数对风轮风能利用系数的影响。从图 6-12 可看出，随着风轮叶片数的增加，最大风能利用系数增加，但增加率逐渐减少。例如从一个叶片增加到两个叶片，风能利用系数增加了 10%；从两个叶片到三个叶片，风能利用系数增加了 3%～4%；三个叶片到四个叶片增加了 2%～3%，这说明增加的幅度在降低。

理论上讲，风能利用系数随着叶片数增加会继续增加。但有许多风轮，如美国风轮，呈现出下降的趋势。这是因为在叶片密实度非常高的情况下，气体流动条件变得非常复杂，无法利用理论模型概念加以解释。

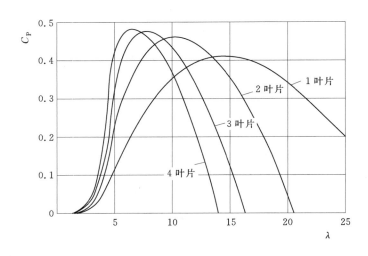

图 6-12　叶片数对风轮风能利用系数的影响

从图 6-12 还可看出，随风轮叶片数的增加，最佳叶尖速比减小。如三叶片风轮最佳叶尖速比为 7～8，两叶片最佳叶尖速比为 10，一叶片风轮的最佳叶尖速比为 15。观察风轮风能利用系数与风轮叶片数的关系可联想到，为什么现代风力机叶片数较少，通常为两个或者三个。这是因为通常因叶片数增加而额外产生的能量和电量，不足以抵消风轮叶片的额外成本。那么，究竟是选择单叶片、两叶片还是三叶片，需要考虑以下因素：

（1）转速越高，叶片数越少。高转速可使齿轮箱的转速比减小，降低齿轮箱的费用。

（2）减少风轮叶片的数量，则可以降低风轮的成本和维护费用。

（3）叶片叶素的弦长 t 与叶片数 B 成反比。

（4）风轮转动质量的动平衡、振动控制的难易，风轮运转噪声的大小。

三叶片风轮的叶片成 120°夹角，转子的动平衡比较简单。三叶片的质量对风轮-塔架轴线成均匀对称分布，该质量分布与叶片在叶轮旋转时所处的角度无关。因而，在风轮-塔架轴线上具有较好的动平衡性，对风轮的运转不产生干扰。

从成本而言，1～2 个叶片比较合适。但两叶片风轮的叶片对风轮-塔架轴线的质量矩在叶轮偏航旋转过程中是变化的，这种变化与叶片所处位置有关。当叶片在竖直位置时，对风轮-塔架轴线的质量矩最小；当叶片转到水平位置时，质量矩相对塔架平行且很大，风轮会产生干扰力。与三叶片风轮相比，两叶片风轮更容易偏离正常风向和产生摇摆运动，且当叶片上下的起动力不平衡，或受到风脉动等干扰时，会对塔架产生不良的影响。这些问题均需考虑，以免破坏风轮结构。两叶片风轮的优点是叶片实度小、转速高。若三叶片风轮要达到同样高的转速，则需将叶片设计得非常窄，而基于结构强度要求，这可能无法实现。

虽然通过单叶片设计可进一步提高风轮转速，但其动态不平衡尤为突出，致使风轮机舱、塔架产生振动等问题，使风力机产生更强的摆动和偏航运动。因此，单叶片风轮又必须在平衡转子的动平衡和控制振动方面额外增加费用。高叶尖速比的两叶片或单叶片风轮，因转速较高气动噪声也较大，从旋转的视觉效果来看，两叶片或单叶片风轮通常感觉是从不停止，三叶片风轮则没有此感觉。所有这些原因导致现在商业风力机完全采用三叶片风轮。但随着风轮尺寸加大，应用领域扩大，如近海风电场，两叶片风轮再次显示出其吸引力。因此，选择风轮叶片最佳数时，不仅要考虑气动功率的差别，还需要综合考虑风力机的使用环境。

6.3.2 最佳风轮叶片形状

风轮从空气流中捕获到能量的大小受叶片几何形状的影响很大。确定空气动力学最佳叶片形状，或者最大化地近似设计出最佳形状，是风轮气动设计的内容之一。

叶素弦长决定了风轮前后的速度比是否达到最佳值。利用 Betz 理论和叶素理论，可以计算出风轮叶片轮廓的理论形状。计算目的为：在任一半径处，使流经风轮平面的风速为来流风速的 2/3。

最佳叶素弦长与安装角计算如下：设风轮的叶片数为 B，风轮叶片 $[r, r+dr]$ 截面上获得的推力 dT，切向力 dA 为

$$dT = B\frac{\rho}{2}v^2 t dr(1+\cot^2\theta)(C_L\cos\theta+C_D\sin\theta) = B\frac{\rho}{2}v_r^2 t dr(C_L\cos\theta+C_D\sin\theta) \quad (6-6)$$

$$dA = B\frac{\rho}{2}v_r^2 t dr(C_L\sin\theta-C_D\cos\theta) \quad (6-7)$$

通过风轮上圆环截面的气体体积流量 v 为

$$v = 2\pi r dr v \quad (6-8)$$

这些气体的速度从风轮前的 v_1 到风轮后的 v_2，根据动量定律，所产生的动量减少量等于气体受到风轮的作用力，有

$$dT' = \rho v(v_1 - v_2) \quad (6-9)$$

当叶素弦长 t 的取值为最佳时，可使风轮后的速度达到 Betz 理论指出的要求，即 $v_2 = v_1/3$，由于 $dT = dT'$，且 $v_2 - v_1 = 2(v_1 - v)$，所以有

$$B\frac{\rho}{2}v^2 t dr(1+\cot^2\theta)(C_L\cos\theta+C_D\sin\theta) = 2\pi r dr \rho v \times 2(v_1-v) \quad (6-10)$$

故最佳叶素弦长

$$t = \frac{8\pi r v(v_1-v)}{Bv^2(1+\cot^2\theta)(C_L\cos\theta+C_D\sin\theta)} = \frac{8\pi r \times \frac{2}{3}v_1 \times \left(v_1-\frac{2}{3}v_1\right)}{Bv^2\frac{1}{\sin^2\theta}(C_L\cos\theta+C_D\sin\theta)}$$

$$= \frac{16\pi r}{9B}\frac{v_1^2}{C_L v_r u + C_D v_r v} \quad (6-11)$$

而 $v_r = \sqrt{U^2+v^2}$，最终有

$$t = \frac{8\pi r}{3B} \times \frac{1}{\left(\frac{U}{v_1}C_L+\frac{2}{3}C_D\right)\sqrt{\frac{9}{4}\left(\frac{U}{v_1}\right)^2+1}} = \frac{8\pi r}{3BC_L}\frac{1}{\left(\frac{U}{v_1}+\frac{2}{3}\frac{C_D}{C_L}\right)\sqrt{\frac{9}{4}\left(\frac{U}{v_1}\right)^2+1}} \quad (6-12)$$

当选用升阻比较大的翼型，并且一般设计攻角也接近于最佳值，因而 $C_D/C_L \leqslant 0.02$，式 (6-12) 可简化为

$$t = \frac{8\pi r}{3BC_L}\frac{1}{\frac{U}{v_1}\sqrt{\frac{9}{4}\left(\frac{U}{v_1}\right)^2+1}} = \frac{8\pi r}{3BC_L}\frac{v_1}{\lambda v_r} \quad (6-13)$$

式中　U——当地叶素线速度，m/s；

　　　v_r——半径 r 处有效相对速度，m/s，$v_r = \sqrt{v_w^2+U^2}$；

　　　λ——叶尖速比；

　　　C_L——半径 r 处升力系数；

　　　r——当地弦长，m；

　　　B——叶片数。

设 t_{opt} 为当地最佳叶片弦长（m），v_{WD} 为设计风速（m/s），忽略机翼阻力和叶尖漩涡损失，给出在整个叶片长度范围内最佳弦长分布为

$$t_{opt} = \frac{2\pi r}{B}\frac{8}{9C_L}\frac{v_{WD}}{\lambda v_r} \quad (6-14)$$

式 (6-14) 可有效地近似计算出叶片的轮廓。最佳弦长分布分别是叶片长度或风轮

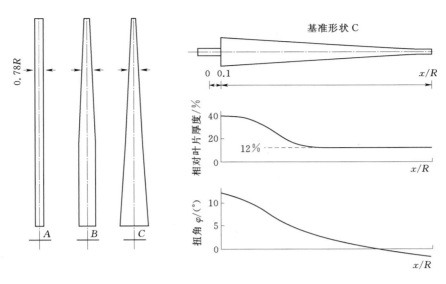

图 6-13　三种叶片的形状

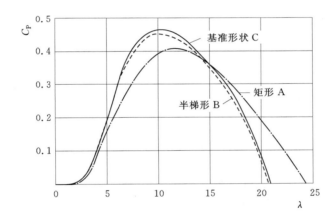

图 6-14　叶片形状对风轮性能的影响

半径的双曲线函数。

　　具有理论最佳形状的双曲线轮廓叶片在制造上工艺比较复杂。从制造经济效益来看，设计目标应该是直叶片结构。图 6-13 所示为三种形状的叶片，并把双曲线叶片作为基准形状，然后进行空气动力学特性比较。图 6-14 所示为由于与理论双曲线轮廓形状之间存在偏差而造成的能量损失程度。从图 6-14 可以看出，梯形叶片与理论形状叶片的性能更加接近，其最大风能利用系数稍低于理想双曲线叶片的值，而矩形叶片性能相对低了很多。

　　图 6-15 所示为空气动力学设计参数对风能利用系数的影响。其设计为最佳叶尖速比 10 的两叶片风轮。为刻画叶片几何形状特征，引入了叶片实度、高径比和稍根比三个参数概念，具体为

$$叶片实度 = \frac{叶片投影面积}{风轮扫风面积} \tag{6-15}$$

$$高径比 = \frac{风轮半径的平方}{风轮叶片的投影面积} \tag{6-16}$$

$$稍根比 = \frac{叶尖弦长}{叶根弦长} \tag{6-17}$$

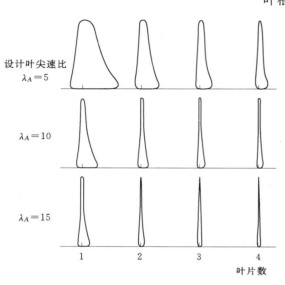

图 6-15　叶片形状与风轮叶尖速比的关系

图 6-15 所示为单叶片、两叶片、三叶片和四叶片风轮，不同叶尖速比条件下风轮叶片的实际形状。从图 6-15 可看出，在叶片密实度相同的条件下，叶片越多，叶片越细长。同时随设计叶尖速比增高，叶片也越细长。如叶尖速比为 15 时，三叶片或者四叶片风轮的叶片变得非常细长。很明显，设计细长叶片时必须考虑其强度和刚度的问题。因此，为了满足叶片的强度要求，高转速风轮只允许有少数的叶片，而增加叶片的结构尺度。采用单叶片风轮的目的就是建立一个高转速风轮。

图 6-16 所示为不同部位的叶片被忽略后，风轮的风能利用系数曲线。从图 6-16 可看出，叶片被忽略的部分越靠近叶尖，风轮的整体性能越低。这说明离叶尖越近的叶片，对风力机的功率输出影响也更大。即相比而言，叶片根部产生的功率更少。基于这样的规律，从叶片安全角度考虑，为了使叶片结构更加简单，并具有更高的强度，在设计制造中可暂时不考虑叶片根部的气动性能，然后强化叶片的结构强度和刚度，并使叶片质量最小。另一方面，单从叶片结构设计而言，虽然叶片面积产生的功率最小，但不能为了减少成本和重量，而取消部分根部的叶片。

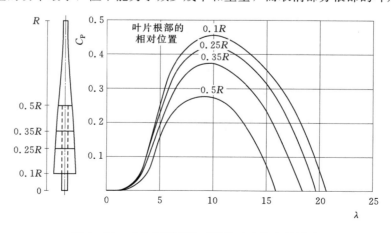

图 6-16　叶片不同部位对风轮功率输出的影响

在某种情况下，在叶片根部采用特殊形状也可较大地提高性能。ENERCON 风力机，在叶片根部采用大弦长设计，如图 6－17 所示，呼应了叶片的理想形状，并将机舱周围的空气流场纳入叶片空气动力计算。在给定的环境下，这一结构设计增加了风能利用系数。然而，这一效果与叶片根部的空气动力学和断面结构有很大关系。这两个特征导致在机舱周围产生极大的涡流加速度，从而影响叶片根部的气流速度，以至于叶片根部面积也变得非常重要。

上述气动性能分析结果显示，叶片外围靠近叶尖的部分产生的功率更大，故叶片叶尖的弦长分布也要尽可能与理论最佳形状接近。图 6－18 所示为适用于风力机叶片叶尖的形状。与飞机机翼条件类似，叶尖弧形影响着叶尖漩涡的产生和叶尖产生的气动阻力。优化叶尖形状可以很好地提高风轮功率，改善气动噪声的产生。

图 6－17　ENERCON 风轮的叶片根部

图 6－18　叶片叶尖的形状

在叶尖设计附加叶片也可以达到同样的目的。荷兰国家航空研究所曾对叶尖附加叶片的有效性进行了风洞试验测量。但是风洞试验得出结构的良好性能在大气环境下的试验风力机上还未得到证实。据分析，原因为附加叶片的有效性被不稳定的湍流风大大减弱。无论如何，一些风力机上仍然在叶尖采用非常规形状，如图 6－19 所示。

图 6－19　非常规形状叶尖实物图

6.3.3　风轮叶片扭角

为了尽可能地获得高的风轮效率，希望叶片各微段叶素安装角都为最佳值以得到最佳的叶片形状。

图 6－20 所示为采用带有扭角的叶片。从图 6－20 可看出，由于叶片各叶素 [r, r＋dr] 所处半径位置的不同，其切向速度 U 在根部最小，在叶尖最大，为此由 U 和来流风速 v_w 叠加构成的相对速度 v_r，由根部到叶尖逐渐增大。定义叶素切角为叶素表面气流的相对速度与切向速度反方向之间的夹角 θ，为叶素攻角 α 与叶素安装角 β 之和，即 $\theta＝\alpha＋\beta$。从图 6－20 可看出，因相对速度逐渐增大，叶素倾角从根部向叶尖也逐渐增大。若叶片采用非扭曲设计，则各半径叶素的安装角 β 相同，则在旋转的过程中，从根部向叶尖的

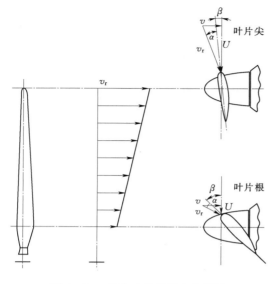

图 6-20　扭曲叶片的受力分析图

攻角 α 势必逐渐减小。这样，如果叶尖处于最佳攻角位置，则叶尖以下的叶片部分因大于临界攻角均处于失速区域，风轮效率必然很低；如果叶根处的叶片处于最佳攻角，则叶根以上的叶片叶素因攻角较小，而风轮整体的效率依然很低。为了避免这两种情况的出现，使叶片各个部位的叶素在旋转中都处于最佳攻角，所以对叶片进行扭曲设计。扭曲设计的叶片结构如图 6-20 所示，其结果是叶片从叶尖到根部安装角逐步增大，在叶尖处近似为不扭曲的状态。从图可以看出，经扭曲设计后，在运行中整个叶片各叶素均可具有较好的攻角，保证了叶片性能最大化。

通常叶片理想扭角大小仅通过叶尖速比来确定，即风轮的工作点，且为额定工作点。因此，在所有的运行条件下，扭角未必总是最佳的，这难免会造成风轮有用功的损失。例如，当叶片扭角为某一工作点设计值时，风速增加后，不可避免地导致靠近轮毂叶片的气流分离面积增加，有用功损失也增加。由于风轮根部叶片相对流动速度较低，做功能力较弱，因此为了制造方便，靠近根部的叶片经常不会严格追求扭角。

在实际设计情况下，扭角特征受流经叶片的有效速度影响。为此，在某一风速下，可以利用扭角去影响流动分离现象。正因如此，定桨角风轮在靠近轮毂的叶片不是线性扭曲，而是更大幅度地扭转，直到 20°，但叶片叶尖不扭转。叶片扭角变化不仅影响了叶片的失速特征，也影响了风轮的起动性。

总之，决定风轮最理想扭角需要多方面考虑，功率控制方面的方法，如变桨距调节或失速调节，以及风轮的运行特征，翼型的选择也影响着风轮扭角。

图 6-21 所示为横坐标表示叶片的相对位置，纵坐标则表示扭角值，图中三条曲线表示了三种不同扭角的叶

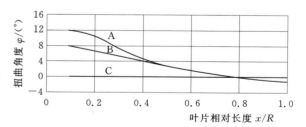

图 6-21　三种不同扭角的叶片

片。图 6-22 所示为三种叶片扭角变化对风轮性能的影响，A 叶片为扭曲最大的叶片，C 叶片为未扭曲的叶片，B 叶片居于 A 叶片和 C 叶片之间。比较三种叶片的性能可以看出，扭角小的叶片风轮功率也小，未扭曲的叶片则效率降低甚多。对于大型风力机而言，既要减小扭角简化结构来降低制造成本，又要增大扭角保证一定的风轮效率。为此，需综合两者利弊而采用一定的折中方案。

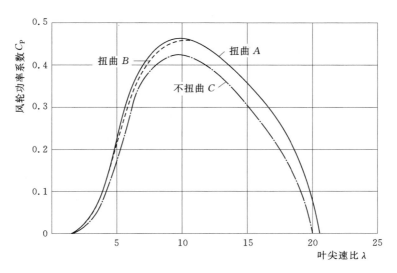

图 6-22　扭角对风轮叶片性能的影响

6.3.4　风力机叶片翼型

高转速风轮的效率和控制特征很大程度上由叶片翼型的空气动力学特性来决定。反应翼型特征最重要的参数升阻比（L/D）为

$$\frac{L}{D} = \frac{C_L}{C_D}$$ (6-18)

升阻比对风轮风能利用系数的影响规律如图 6-23 所示。

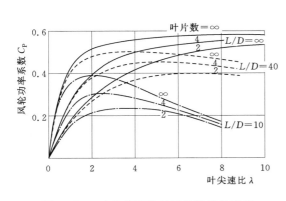

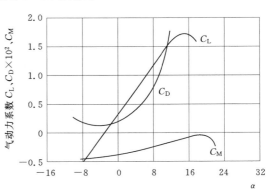

图 6-23　叶片升阻比对风轮性能的影响　　　图 6-24　风轮升力和阻力系数特性曲线

从图 6-23 可以看出，当升阻比减少时，风能利用系数也在减少，最佳风能利用系数点向低叶尖速比转移。当升阻比和叶尖速比较高，$L/D = 100$ 时，叶片数对风能利用系数有轻微影响；但是，当升阻比和叶尖速比比较低，$L/D = 10$ 时，叶片数对风能利用系数影响力较大。即低速风轮叶片较多，其翼型特征对风能利用系数影响较小；高速风轮叶片较少，则其翼型特性对风轮风能利用系数有决定性作用。

机翼的空气动力学特性可通过风洞模型试验来进行测试和验证。升力系数和阻力系数

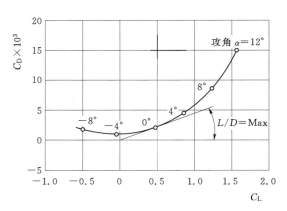

图 6-25　叶片的特性极曲线

作为攻角的函数进行测量，以最大升力系数为限制条件，攻角的上限为在翼型上表面发生气流分离时对应的临界攻角。这里有两种绘图形式。第一种显示了与攻角对应 C_L、C_D 和 C_M 的变化规律，另一种为处理后的极曲线。第一种有时也被称为 Lilienthal 坐标图，如图 6-24 所示。第二种图显示了升阻比与空气动力学系数之间的直接联系，如图 6-25 所示，攻角为极曲线的一个参数。极曲线的优点由最佳升阻比可以直接观察得出，其值为矢量径与曲线相切的夹角。

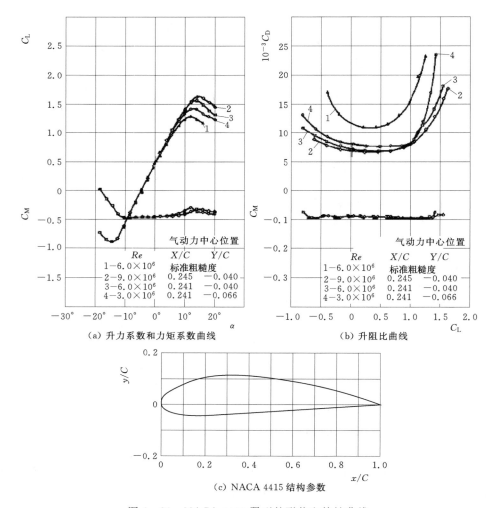

（a）升力系数和力矩系数曲线　　（b）升阻比曲线

（c）NACA 4415 结构参数

图 6-26　NACA 4415 翼型的形状和特性曲线

除了几何现状外，流动参数也影响着机翼的性能，其中最重要的参数之一为雷诺数。雷诺数通常作为从风洞测量模型到实物流动特征过渡的相似性参数。雷诺数定义为

$$Re=\frac{vt}{\nu} \tag{6-19}$$

式中　v——当地叶素相对速度，m/s；

　　　t——当地叶素弦长，m；

　　　ν——空气运动黏度，m^2/s，$\nu=1.5\times10^{-5}\,m^2/s$。

在叶尖，风轮叶片雷诺数范围 $1\times10^6\sim10\times10^6$，这取决于风力机的尺寸。风轮极坐标图 6-26 和图 6-27 所示为不同雷诺数的翼型特性曲线。

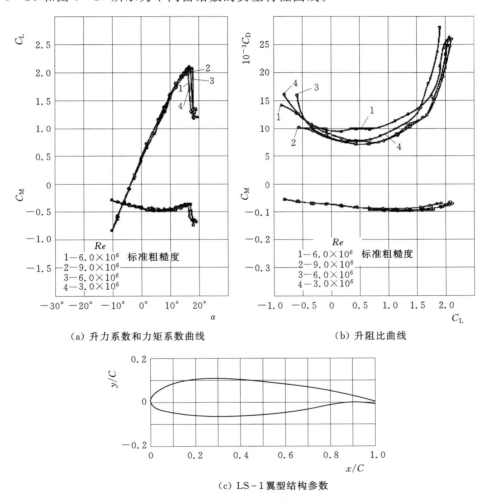

（a）升力系数和力矩系数曲线　　　　（b）升阻比曲线

（c）LS-1翼型结构参数

图 6-27　LS-1 翼型的形状和特性曲线

图 6-26 和图 6-27 显示现代风力机常用的两种典型翼型的特性曲线，NACA44 系列和 LS-1 系列为层流翼型。层流翼型在沿弦长方向，流动边界层可以保留更长的时间。这些翼型在一定的攻角范围内阻力非常小，故层流翼型现在使用的很多。

风轮叶片外端采用的 NACA44 和 LS-1 系列翼型，其厚度与弦长比例接近 15%～16%。它们在性能上稍有不同。NACA44 系列翼型具有相对低的升阻比，但对表面粗糙度不敏感；LS-1 系列翼型是一个最近发明的翼型家族，升阻比较高，同时对表面粗糙度比较敏感。

图 6-28 所示为几种不同翼型对风轮风能利用系数的影响。从图 6-28 可知，只要翼型的空气动力学特性较高，且表面光滑，那么翼型的种类对风轮风能利用系数影响就较小。尽管如此，这些差别也不能被忽视。选择一个高性能的翼型不会增加成本，但会直接增加能量出力，最终会增加风力机的经济效益。

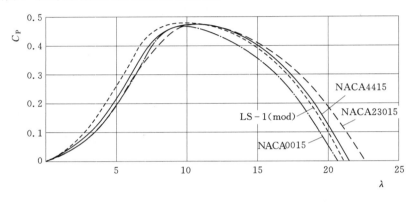

图 6-28　不同类型翼型对风轮风能利用系数的影响

由于技术与成本原因，叶片不可能绝对光滑。此外，在运行过程中环境对表面粗糙度也会产生影响，如图 6-29 所示。因此，要选择合适粗糙度的叶片，高性能层流翼型对此非常敏感。当叶片表面光滑时，性能较高；相反，当表面变粗糙后，性能开始下降。对于风轮而言，运行过程中形成的表面污染物，如昆虫尸体和灰尘等，均会增加叶片表面的粗糙度，叶片长度超过 30～40m 的大型风轮，其污染程度占的比例很小，但其影响远远超过小型风力机。

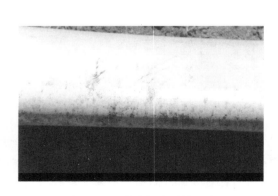

图 6-29　叶片污染后的照片

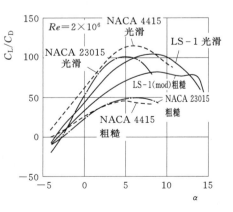

图 6-30　不同叶片光滑和受污染对性能曲线的影响

失速控制风力机对表面粗糙度特别敏感。如图 6-30 所示，当粗糙度增加后，翼型的最大升阻比系数发生改变，气流分离点向更小的攻角移动，以至于气动失速现象在低速时提前产生，从而风轮性能下降。除此之外，图 6-30 还表明光滑叶片的性能明显高于受污染叶片的性能。

6.3.5 叶片厚度

叶片厚度造成了气动性能和叶片强度之间的矛盾。空气动力学家努力设计出最薄的叶片，以利用其高性能。相反，叶片结构设计要求有足够的厚度来承担载荷。叶片最大厚度由内腹板高度确定，决定了腹板或腹板断面模数。最大厚度也是决定叶片在低重量条件下满足强度要求的关键参数。因此，高气动性能与高强度之间存在矛盾。最理想的选择为牺牲结构重量

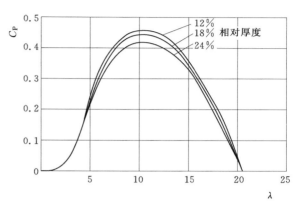

图 6-31 叶片厚度对风轮功率输出的影响

来补偿能量输出。基于此原因，设计者严格给出厚度与弦长的比值（相对厚度）对风轮风能利用系数的影响规律，如图 6-31 所示。叶片越薄，风轮的风能利用系数越高，这缘于叶片越薄，其阻力就越低。

6.3.6 风轮的叶尖速比设计

叶尖速比是整个风力机的参数，其影响远不止风轮的气动特性。为了清楚地说明此结论，这里来分析叶尖速比对现代风力机的影响。

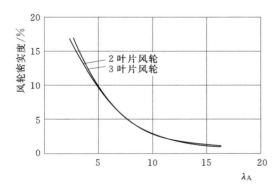

图 6-32 密实度和设计叶尖速比的关系

首先，大的设计叶尖速比意味着提高了风轮的转速。经过数十年的发展，齿轮箱技术已经成熟，齿轮箱成本在整个系统所占的比例逐渐在减小，越来越多的风力机采用齿轮箱。这样，高叶尖速比风轮设计的必要性大大减小。但是，高叶尖速比意味着风轮的转速较高，在低力矩时产生理想出力，齿轮箱的重量大大减轻。

其次，随着叶尖速比设计值的增加，风轮密实度迅速降低，如图 6-32 所示。风轮密实度降低意味着所需要的材料减小，成本降低。但实际经验显示，高叶尖速比风轮须采用价格昂贵的高强度材料来满足叶片强度和受力要求。例如，德国 WEC-520 风力机，其叶尖速比达 16，叶片完全采用碳纤维这种新型合成材料制作而成。所以，当设计高叶尖速比风轮时，在实度不变的条件下，可以减少风轮的叶片数，增大单个叶片的结构尺寸而满足叶片的强度要求。例如，单叶片风轮既

可实现高叶尖速比设计，同时又可保证叶片合理的展弦比和厚度。

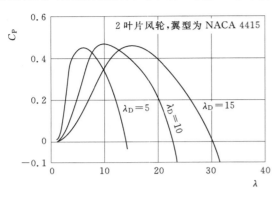

图 6-33　叶片叶尖速比对风能利用系数的影响

再次，叶尖速比对风轮风能利用系数产生影响。图 6-33 所示为叶尖速比对风轮风能利用系数的影响规律。对于叶尖速比 5～15 的高转速风轮，最大风能利用系数差别甚微。因此，从能量输出的角度而言，没有必要追求高叶尖速比。

最后，选择叶尖速比时还必须考虑风轮的噪音输出。叶尖速比越高，气动噪音越大。目前，这也成为是否选择高变速比风轮的一个决定性因素。

综上所述，采用高叶尖速比风轮设计不一定是完全必要的。高叶尖速比风轮除了显示出有限的优点外，也有很多的不足。目前，两叶片风轮的设计叶尖速比一般为 9～10，三叶片风轮的叶尖速比一般为 6～8。

6.4　现代风轮叶片设计

现代风轮叶片设计既要考虑最佳空气动力学形状，又要考虑强度要求及经济性，图 6-34 和图 6-35 反映了不同风力机设计的叶片结构。一般而言，叶片材料在设计中非常关键，例如玻璃纤维有较强的可塑性，比传统试验风力机采用的金属材料，更加容易构造出接近最佳空气动力学叶片的形状。

风轮叶片的展弦比比机翼的高很多，只有高性能的滑翔机机翼才采用如此大的展弦比。这样纤细的叶片在空气动力学性能上比较理想，但往往不能满足强度和刚度的要求。

叶片厚度与弦长比（相对厚度）的选择必须考虑叶片的强度和刚度因素。风轮叶片靠近叶尖的区域，相对厚度为 15％～12％之间。而靠近轮毂的叶片，离轮毂越近，叶片越厚。

叶片的梢根比差异较大。梢根比越大，靠近叶尖部的叶片越宽，因而可以在部分负荷范围内提高风轮利用系数，增加起动力矩。

采用气动性能比较优越的叶尖形状，可用来降低噪音。但实际上，非常规叶尖形状还没有取得令人满意的性能效果。

在三叶片风轮中，如图 6-34 所示，叶片不管是采用变桨控制还是失速控制，均具有大的展弦比。在绝大多数的条件下，叶尖速比选择接近于 7，因而接近最佳气动性能值。叶尖速比与噪音有关，经验显示，当叶尖速超过 70m/s 时产生较大噪音。

大型两叶片试验风轮呈现出相对较宽的叶片几何形状，如图 6-35 所示。叶尖速比为 9～10，梢根比变化较大。变桨控制方法在风力机之间有所不同。如 MOD-2 风轮采用部分叶片变桨控制；MOD-5A 则采用副翼控制。

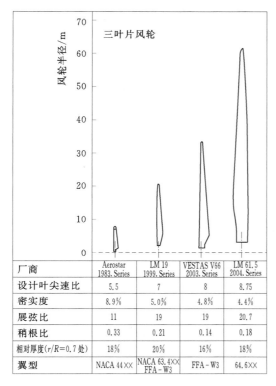

厂商	Aerostar 1983. Series	LM 19 1999. Series	VESTAS V66 2003. Series	LM 61.5 2004. Series
设计叶尖速比	5.5	7	8	8.75
密实度	8.9%	5.0%	4.8%	4.4%
展弦比	11	19	19	20.7
稍根比	0.33	0.21	0.14	0.18
相对厚度($r/R=0.7$处)	18%	20%	16%	18%
翼型	NACA 44××	NACA 63.4×× FFA-W3	FFA-W3	64.6××

图 6-34　三叶片风轮的叶片结构

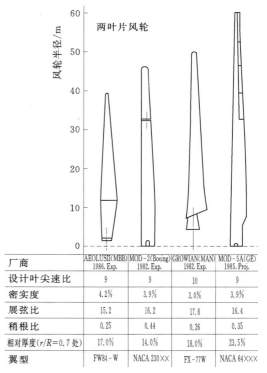

厂商	AEOLUSII(MBB) 1986. Exp.	MOD-2(Boeing) 1982. Exp.	GROWIAN(MAN) 1982. Exp.	MOD-5A(GE) 1985. Proj.
设计叶尖速比	9	9	10	9
密实度	4.2%	3.9%	3.0%	3.9%
展弦比	15.2	16.2	17.8	16.4
稍根比	0.25	0.44	0.26	0.35
相对厚度($r/R=0.7$处)	17.0%	14.0%	18.0%	23.5%
翼型	FW84-W	NACA 230××	FX-77W	NACA 64×××

图 6-35　两叶片风轮的叶片结构

6.5　风轮的偏航控制

如果使风轮充分地捕获风能，必须时刻调整风轮扫风面与风向垂直，俗称不断"找风"。偏航角即风轮主轴与风向之间的夹角，偏航面的存在引起了能量损失。风轮可通过不同的方法进行调整来对准风向，具体有采用空气动力偏航的尾翼和侧风轮，电机驱动的主动偏航和下风式自由偏航。

6.5.1　尾翼偏航

尾翼偏航是最简单的偏航方法。尾翼偏航一般被应用于风轮直径只有几米的小型风力机，历史上曾有一些厂商试图采用尾翼来对大型风力机进行偏航。试验表明尾翼偏航无法有效地稳定风轮和机舱。

6.5.2　侧风轮偏航

侧风轮偏航的方法已经在丹麦风电场成功地应用。目前，在小型风力机上依然可见侧风轮。然而，涡轮蜗杆造价较高，导致侧风轮偏航的成本相对较高。侧风轮在轴线方向上也会造成振动问题。此外，风轮的偏航力矩靠侧风轮来维持。若只使用单侧风轮时，由于机舱两侧气流的不均衡，使风轮轴线与风向总是存在一个较小的角度。所以，有的风轮采用双侧风轮的结构。

　　侧风轮在大型风力机上应用较少，增加了风力机的复杂性和结构尺寸。因为如果能够有效移动重达几十吨的机舱，并克服直径超过 30m 风轮的偏航力矩，其结构势必非常庞大。

　　侧风轮偏航的另一个不足之处是，在没有足够的风力条件下，不可能完成机舱的方位调整。然而，这对于维修中的大型风力机是非常必要的。

6.5.3　下风式自由偏航

　　下风式风力机不需要任何机动驱动偏航系统，可自行成功偏航，因此而节省更多的制造成本。自由偏航系统如图 6-36 所示。

图 6-36　自由偏航系统

　　如果风轮为下风式设置，风轮轴向力与风轮轴之间，形成了偏转力矩。随着风的横向推力增加，气动力使风轮在非常宽的偏航角范围内产生偏转力矩。但是，需要确定此回转力矩是否足够强，能否保证机舱随风向自由偏航，并保持合适位置。

　　风轮偏航力矩必须克服多种不同的阻力力矩，包括有惯性力矩、塔架顶部轴承的摩擦阻力力矩。这些力矩影响了偏航中动力距和阻力矩的平衡。而且，气动力在扫风面内的不均匀性随高度增加和风力增加，变得更加明显，在风轮轴产生交替力矩，特别是对两叶片风轮影响更大。在这个复杂的力和力矩平衡系统中，影响偏航的重要设计参数之一是风轮叶片锥角。

　　采用摇摆式轮毂的风轮中的叶片锥角对偏航有积极作用，能帮助风轮迅速找到偏航平衡位置。

　　风轮主轴与水平方向的仰角也是一个重要参数。许多风轮有仰角设计，目的是在叶片与塔架之间留有足够的空间，避免叶片碰到塔架。然而，这在风力机轴的周围产生了偏转力矩，可将风轮转到特定的位置。

　　综上所述，风轮自由偏航的前提条件是，风轮为下风式风轮，或者是有仰角设计，或者是叶片有锥角设计。且风轮应该采用摇摆式毂链连接轮毂的两叶片风轮，或者三叶片风轮。

　　下风式自由偏航也有不足之处。风向快速变化导致风轮偏航率增加，产生非常高的回转力矩，叶片会产生高的弯曲力矩，容易使风轮叶片产生疲劳负载。为了减少损坏，对于自由偏航的下风式风力机而言，精心匹配的偏航阻尼设备是非常必要的。

　　在一些早期的中小型美国风力机上，自由偏航系统已经成功应用，如 US-windpower、CARTER、ESI 等。ESI 风力机采用摇摆式轮毂的下风式两叶片风轮，叶片具有明显的锥角，如图 6-36 所示。当安装了额外的阻尼器后，偏航系统运行结果明显令人满意。其他风力机，如 CARTER，在强风下采用自由偏航系统，在低风速下采用小型机动偏航系统。但是，到目前为止，还未成功将顺风自由偏航系统引入大型风力机。

6.6 转速-功率空气动力学控制

当风速较高时，风轮承受的风载荷将超过风轮结构设计强度。对于大型风力机而言，随着尺寸的加大，结构安全富裕度变得越来越窄。此外，风轮的功率输出也受到发电机最大允许功率的限制。图 6-37 所示为不同定桨角条件下，功率输出变化曲线。从图中可以看出，实际风力机在运行中达到额定功率后，随着风速增加，需保持恒定功率运行，在风速达到 25m/s 时，风力机切出停止运行。

除了限制风轮的功率输出以外，还要维持风轮转速恒定运行，或者在预先设定的范围内运行。当向电网输电时，发电机失电，力矩会突然消失。在这种情况下，风轮转速急剧增加，必须通过气动性能进行控制，来调节其功率和转速，来防止会破坏风力机。

通常通过减小风轮投影面积或者改变风轮叶片上的有效速度，来改变空气动力攻角，可有效降低驱动空气动力。因为不能改变风速，因此叶片上的有效速度仅随转速改变而改变。风轮变转速

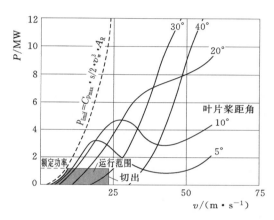

图 6-37 风轮不同桨距角所对应的功率输出

运行，则转速成为了控制功率输出的参数。在大型风力机上，通过控制风轮转速来调整的风力机功率输出减小风轮有效气动投影面积，如将风轮转出风域，仅用于小型风力机。

这里主要讨论针对大型风力机的功率调节和转速-功率负荷调节的方法。

6.6.1 变桨控制

叶片攻角是影响风轮功率输出的最主要因素之一，如图 6-38 所示，通过机械调整叶片桨距角来调整风力机获得的空气动力转矩，从而得到稳定的输出功率。同时，风力机在起动过程中也需要通过变桨距来获得足够的起动转矩。为达到此效果，叶片在控制驱动下绕叶片轴旋转，或者利用离心力，被动变桨。变桨距调节时叶片攻角依据气流状况连续地作出调整与变化。图 6-38 中，T 为周向力，A 为切向力，R 为合力。

风轮静止时的叶片位置被称为顺桨，如图 6-38（a）所示，此时桨距角稍大于 90°，叶片升力极小或为零，风轮不旋转或转得较慢；当风速达到起动风速时，叶片安装角向减小的方向转动，直到气流对叶片产生一定的攻角和升力，使风轮起动，如图 6-38（b）所示。在风力机功率小于其额定值的正常运行状态，控制系统将叶片叶尖安装角置于 0°附近，如图 6-38（c）所示，不再变化，这一段工况下的风力机等同于定桨距风力机，

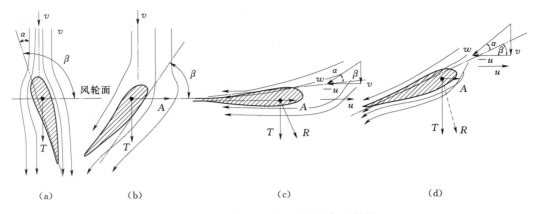

图 6-38　变桨距风力机叶片的气动特性

其输出功率随风速变化而有所变化，需要指出的是，风力机 70%～80% 的时间运行在这一段工况内，由于此时桨距角并非都处于最佳状态，这将导致风能利用率的较大损失；当功率超过额定值时，变桨距机构开始工作，增大叶片桨距角，使叶片向攻角减小的方向变化，将风力机的输出功率限制在额定值附近。在执行变桨距动作时，变距机构应保证在所有确定的运行工况点转速下，各叶片的转动保持一致。

　　为了解决低风速下风轮能量利用率低的问题，近年来，新型的变桨距风力机发电机组在低风速时根据风速大小调整发电机转差率，即改变风轮转速，使其尽量运行在设计最佳叶尖速比上，以获取风轮具备的最大风能利用系数值。当然，能够作为控制信号的只是风速变化稳定的低频分量，对于高频分量并不响应。

　　事实上，随着现代风力机容量的增大，调控大型机组质量高达数吨的叶片转动并使其响应速度能跟上风速的变化是相当困难的。若无其他相应措施，变桨距风力机的功率调节对高频风速变化的适时响应也就无法实现。因此，近年来设计的变桨距风力机发电机组，除了对叶片进行安装角控制以外，还通过控制发电机转子电流来调控发电机转差率，使得发电机转速在一定范围内能够快速响应风速的变化，以吸收阵风时的瞬时风能，使风能的输出功率更加平稳。

　　连续地将叶轮叶片超顺桨方向调整，是控制风轮电力输出一个精确而有效的方法，也是在较大风速范围内控制风轮转速的有效方法。电网频率主导着风轮转速，如果发电机未与固定频率的电网相连接，那么风轮转速的控制就显得格外重要。这种控制方法通常在风轮加速到与电网频率同步或者当风力机孤网运行时采用。

　　将桨距角调整到顺桨位置还有其他的优势。在额定风速下，该控制方法生效时，风轮轴向推力显著下降，但在采用失速控制的风力机中很难有此现象。当风速非常高时，可以通过将桨叶调到顺桨位置，从而大大减小桨叶和风力机的风载荷。

　　综上所述，变桨距风力机具有如下特点：

　　（1）变桨距风力机与定桨距风力机相比，在额定功率点以后输出功率更加平稳，如图 6-39 和图 6-40 所示。

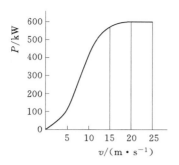

图 6-39 变桨距风力机的
功率特性曲线

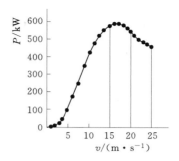

图 6-40 定桨距风力机的
功率特性曲线

（2）设计工况附近具有较高的风能利用系数。一般定桨距风力机在低风速段的风能利用系数较高，而风速略超过额定值后，风能利用系数开始大幅下降，如图 6-40 所示；对于变桨距风力机，由于叶片安装角可调，使得额定风速之后仍然具有较高的风能利用系数。

（3）由于变桨距风力机发电机组的叶片安装角是根据发电机输出功率的反馈信号来控制的，通过调整叶片角度，总能使它获得额定功率输出。因而变桨距风力机在高风速段的额定功率不受因大气温度和海拔变化引起的空气密度变化的影响。

（4）起动、脱载性能好。低风速起动时，叶片安装角可转动到合适的角度，使风轮具有最大的起动力矩；当风力机需要甩负载时，如发电机脱网，变桨距风力机可先转动叶片使风轮输出功率连续减小至 0，避免脱离负载时的载荷突变，也不需要设置叶尖扰流器气动刹车。

（5）与定桨距风力机相比，变桨距风力机的叶片、机舱、塔架受到的动态载荷较小。

（6）变桨距风力机轮毂结构复杂，制造、维护成本高。

对整个叶片进行变桨控制是比较满意的气动控制方法，但不必要对整个叶片都进行调节。功率主要由风轮外围的叶片产生，因此从气动效率的角度来看，

图 6-41 MOD-2 型风轮叶片

采用部分叶片调节控制方法已经足够，其中可调节的叶片占总叶片长度的 25%～30%。这种方法曾用于两叶片的大型风力机，例如美国的 MOD-2 型风轮叶片，如图 6-41 所示。该风力机安装了液压变桨控制系统，变桨叶片的长度为总长的 25%。

但是，部分叶片变桨距控制存在一些缺陷。在实际中，在外围叶片建立有效可靠的控制机械系统存在困难。在外部叶片，可调节的风轮叶片面积的气动载荷增加。在极高风速下，停运的风轮气动载荷极高，很难将叶片调至顺桨位置。部分叶片变桨控制需要更大的桨距角范围来获得与全翼展调节控制同样的效率。另外一个缺点是，部分叶片变桨控制的

风轮起动力矩较小。

另一种部分叶片变桨控制是副翼控制，其思想是如同控制飞机机翼，利用副翼来控制风力机叶片。此概念可作为大型风力机的调节方法，如通用电力公司的 MOD-5A 大型风力机。然而，相对于全展翼控制方法而言，为了能满足控制要求，此控制系统复杂，需要正、负副翼偏转系统。因此，没有适用的副翼控制经验可借鉴。

6.6.2　定桨距被动失速控制

6.6.2.1　被动失速控制原理

图 6-42 所示为叶片的流场图，从图中可看出在风轮旋转速度保持不变的条件下，随着风速增加，不调节桨距角，会有气流分离的现象产生，这就是失速现象。利用这样的原理来进行功率调节，为被动的失速调节系统。因为小型风力机没有变桨调节系统，所以被动失速调节系统对其功率输出的控制十分重要。

定桨距风力机叶片失速调节是这样运行的：在正常运行情况下，气流紧贴叶片表面流动，风轮的动力源于空气流在翼型面上流过时产生的升力，如图 6-43（b）所示；风轮转速保持恒定时，风速增加，叶片翼型上气流攻角随之增加，在达到翼型的升力系数最大值之后，其对应的风速大于额定设计风速，开始发生失速现象，如图 6-43（c）所示，此时升力系数迅速减小，而阻力系数迅速增加，直到最后气流无法在叶片

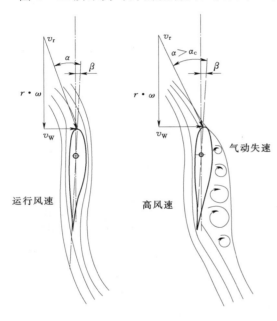

图 6-42　定桨距叶片发生失速流场示意图

翼型的上表面紧贴流过而产生脱落，失速的发生限制了风轮功率的增加。定桨距风轮由于叶片桨距角不变，在起动时转速为零，空气流与风轮之间无相对速度，因此空气流正吹风轮，产生严重的气流被撕裂现象，如图 6-43（a）所示，阻力较高而起动困难，因而，独立运行的定桨距风轮需借组其他设备来帮助起动；用于并网发电的风力机，起动时以发电机作为电动机运行，只需从电网获取少许电能，就能使机组很快加速到同步转速，由电动状态转为发电状态。

在风轮气动设计时，将叶片叶素的攻角安排为由根部向叶尖逐渐减小，根部处于临界攻角，叶尖小于临界攻角。因而风速增加时，叶片根部叶素首先进入失速。其后，随风速继续增大，失速部分进一步向叶尖方向的叶素扩展，而早先已失速的根部部分，失速程度加深。由于失速的根部叶素使风力机功率减小，而未失速叶尖部分因攻角的适量加大仍有功率增加，从而使风力机功率保持在其额定值附近。

需要注意的是，静态失速（攻角缓慢并稳定的变化）时的攻角和动态失速时的攻角值

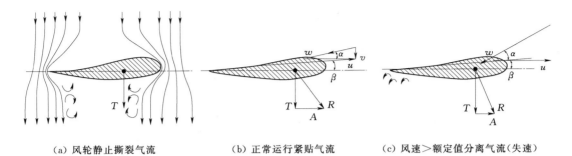

（a）风轮静止撕裂气流　　　　（b）正常运行紧贴气流　　　　（c）风速＞额定值分离气流（失速）

图 6-43　定桨距风力机叶片的气动特性

不同。阵风条件下，从发生失速到风速降低气流又恢复正常流动之间，存在滞后现象。叶片已失速后，阵风不会对风轮造成功率波动，这是因为失速使叶片升力变化很小。这与变桨距风轮形成鲜明对比，变桨距风轮只有当其变桨距速度很快时才能达到瞬间功率变化很小的目的。

　　失速风力机的运行和测试结果如图 6-44 所示，叶尖安装角对风轮的最大功率、失速开始时的风速和失速特性有着重要影响。从图中可以看出，叶尖安装角稍有变化，则风轮的输出功率产生较大的差异，叶尖安装角为 2.5° 时，该风力机的输出功率最大，且具有较好的功率调节特性。为此，定桨距失速调节风力机的桨距角非常重要，准确度必须较高，才能避免不必要的空气动力损失。

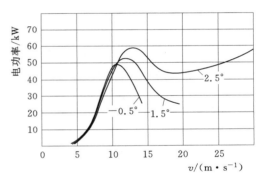

图 6-44　失速调节风力机叶尖安装角变化的功率特性

　　定桨距失速调节风力机有可能在风速超过某一值后，出现功率超过其额定值并进一步上升的现象，如图 6-44 中桨距角为 2.5° 所对应的功率性能曲线。为此，失速风力机必须设计配置气动刹车设备，确保某一风速下及时制动，避免风轮飞车。此外，由于风轮巨大的转动惯量，高风速下甩开负载并停车，如风力机脱网停机，也必须先执行叶尖扰流空气动力刹车动作。

　　当风速增加，叶片发生失速后，定桨距风轮的轴向推力 T 增大，如图 6-43 所示，因而其机舱、塔架所受载荷要比变桨距的高。

　　采用被动失速控制需要小心设计叶片结构和风轮旋转速度。为了保证在某风速下，叶片气流产生分离从而有效控制风轮功率增加，风轮必须在气动最佳转速下运行。

　　通常，当风速高于 15m/s 时，此类风力机功率输出减少，如图 6-45 所示。理论上讲，在更高的风速下，风力机输出功率会再升高，但风力机已不能在此风速下运行。

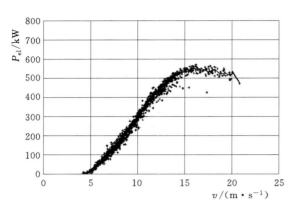

图 6-45　定桨距风轮的功率性能曲线

为将此设计变成现实，必须满足如下条件：

（1）为了能承受高气动载荷，风轮和整个风力机的强度和承受力必须高。在这种环境下，轻视质量设计将面临许多问题。

（2）发电机功率必须高，以至于在强风条件下，发电机依然与电网频率保持同步。

（3）当风轮桨距角处于非理想位置时，风轮仍具有良好的起动力矩。通常，这仅仅适用于三个和三个以上叶片的风轮。两叶片定桨角风轮必须采用电机起动。

（4）无变桨控制的风力机运行主要受平行运行电网的固定频率限制。对于孤网运行的风力机需要额外的技术设备。

（5）即使发电机力矩消失，也能保证风轮不是空转。为了保证安全，这需要风轮叶片空气动力学的有效刹车，包括机械刹车。

叶片直径不足 20m 的小型风力机，以及一些大型风力机，常常采用固定叶片的定桨距风轮，在一定风速下其功率输出被气动失速所限制。丹麦制造者将这类设计很好地进行了完善，如图 6-46 所示。

6.6.2.2　空气动力刹车

对于定桨距风轮，采用气动刹车来限制超速是强制性措施。空气动力刹车常用于失速机超速保护，此时机械刹车不能或不足以停车，空气动力刹车是机械刹车的补充，关于机械刹车在第 4 章已进行了讨论。与机械刹车不同，叶片采用空气动力刹车不是使叶片完全静止，而是使转速限定在允许范围内。在风力机中主要采用可调节的风轮叶尖，如图 6-47 所示。可收缩隐藏在叶片结构内的扰流器现在已经不再使用，其效果较差，且结构相当复杂，如图6-48所示。

图 6-46　三叶片和定桨距控制
的丹麦风轮

原则上讲，其他只要能增加气动阻力的空气刹车都可以采用。有些试验性风力机甚至采用降落伞刹车（NEWECS-45），当事故刹车时，叶尖弹出降落伞进行刹车。此刹车系统因运行困难，因而商业操作不可行。通常，以失速控制运行的风轮，气动刹车通过采用离心式开关进行释放。在最近的风轮类型中，空气动力刹车采用液压驱动，运行时刹车自动收缩，大大简化了运行过程。然而，这也存在结构复杂的问题，违反了定桨距风轮最基本的简单化理念。

图 6-47 叶尖可调的空气
动力刹车

图 6-48 隐藏在叶片中的阻尼板

6.6.3 主动失速控制

最初，许多丹麦风力机制造者尝试将定桨距控制技术，应用到大型兆瓦级风力机中。但是在实际运行不久后，就发现采用此技术有许多明显的不足。

风轮可调叶尖是气动刹车必不可少的部件，但是随着风力机尺寸的增大，其结构变得越来越复杂，离心载荷在刹车过程变得不容乐观。在高风速下，风力机停滞状态下承受的载荷也远远大于采用变桨距运行的风力机，从而大型风力机在塔架和基建方面的经济性存在劣势。而且，当风力机尺寸增大后，失速特性也变得越来越复杂，很难从空气动力学角度进行准确地计算和可靠的预测。

在运行中，定桨距风轮常见的劣势也变得越来越明显。在兆瓦级风力机中，电网不能承受风力机极大幅度的功率输出波动。此外，不同纬度和不同季节均会导致不同空气密度，为了避免能量的损失，在不同空气密度运行的风力机选用不同的定桨距角，风轮速度也必须进行调整。对于采用失速控制的风力机，因运行而导致的叶片污染也会给功率曲线造成不可忽视的负面影响，但对于变桨控制则影响很小。

基于以上问题，原本坚持以简单为原则的失速控制的研究者，决定将其变更为一种结构较复杂的控制方法，这就是通常所说的"主动失速"，运行原理如图 6-49 所示。考虑到空气密度的变化，以及叶片表面的污染

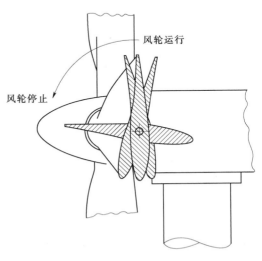

图 6-49 主动失速控制的叶片
桨距变化示意图

程度，风轮整个叶片都进行变桨距调节，每一个风速下都将对应一个桨距角。在非常大的

风速下，风轮叶片将处于停滞状态，将叶片的尾缘朝向风向，从而减小风载荷。

实际上即使在这种方法中，失速控制也没有被证明是合理的。这依然是通过叶片的气流分离而被动限制功率输出，没有采用一个封闭的控制环，而将功率作为其参考输入变量。

主动失速控制系统的结构复杂性与变桨距控制系统的相差不多。叶片通过连接在轮毂上的轴承纵向旋转，原则上与变桨距控制具有同样类型的驱动装置。

有研究者指出，与相对传统的变桨距控制相比，主动失速控制具有更少很短的调节，因此磨损特征更佳。因强调失速效果可以更好地吸收风湍流的影响，以至于即使没有变速发电机系统，其功率和载荷峰值依然低于变桨距控制的风轮。理论上讲，这些优点可以通过数学模型和试验研究证实。

原则上讲，有两种方法可以通过改变叶片攻角来控制风轮功率，如图 6-50 所示。传统变桨距是通过减小攻角来减小风轮功率输出，相反增加攻角未增加风轮功率输出。另一可行的方法是将攻角调整到更大临界攻角，在该角度下气流在叶片表面产生分离，因而也限制了风轮的功率输出，这就是所谓的主动失速控制。从图 6-50 可看出，两种方法变桨的方向相反，传统变桨距是增大桨距角来减小攻角，主动失速是减少桨距角来增大攻角。

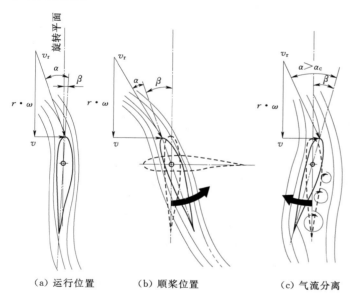

（a）运行位置　　　（b）顺桨位置　　　（c）气流分离

图 6-50　风轮变桨距控制后的叶片流场变化

图 6-51　Nibe A 定桨距控制风轮

1980 年 Danish 通过 Nibe 风力机试验对上述两种方法进行了证实，如图 6-51 和图 6-52 所示。Nibe A 风轮模型的部分叶片具有可调性，利用可调叶片的失速现象来控制功率输出，风轮叶片桨距角有三个固定位置，根据风速进行设定。经实践验证，失速不能很精确地限制风轮功率输出，而且在风轮叶片和整个风力机上都有较大载荷。桨距角到某一程度，叶片上气流分离是间断性的，以至于在某条件下，叶片发生摆动。

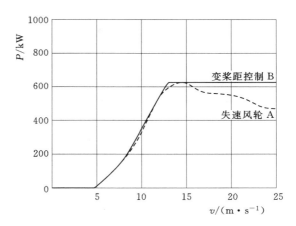

图 6 - 52 变桨距 Nibe B 风力机 　　图 6 - 53　Nibe A 和 Nibe B 风力机的功率曲线

相比而言，Nibe B 的叶片则可以连续变桨，直到叶片处于顺桨位置。通过早期风力机运行实践证明，此方法可以稳定、有效地控制风轮功率输出，这也是现在大型风力机采用该控制方法的主要原因。采用连续变桨控制，风力机的电力输出在额定风速到切出范围内，都能够保持一个恒定值。图 6 - 53 所示为 Nibe A 和 Nibe B 风力机的功率曲线。

6.6.4　失速控制面临的问题

对风轮空气动力学研究需要准确把握风轮叶片气流分离的物理现象，即使是传统的变桨距控制也不能轻易地避免气流分离现象。

利用风洞试验测量得到的翼型升阻比曲线，对风轮失速进行理论预测很必要。然而，风轮的三维流场与二维翼型流线不一致。三维失速现象是一种特别、独立的现象，目前还没有哪种理论能够很好地解释。此外，在翼型表面产生的气流分离现象是在气动攻角连续变化的条件下发生的，攻角的变化率也对此产生影响。这种非静止的空气动力学过程称为动态失速。

叶片表面的边界层，随着流场中静压力的提高，发生气流分离的现象，进一步引发了失速现象。若给边界层注入能量，如将分离的快速气流与边界层相混合，导致叶片前缘的层流变成了紊流。紊流边界层可以使气流在叶片表面黏附的距离更长，气流分离现象将转移到更高的攻角发生。

这种混合气流边界层，可以通过安装在叶片上表面的扰流器轻松获得。这些扰流器采用小平板结构，与气流流动方向形成夹角，其目的是产生旋涡，这种特殊小平板也称为涡流发生器，如图 6 - 54 所示。涡流发生器有时也会用于飞机机翼，在大攻角下增加流体在翼面上的附着距离。

应用此涡流发生器后，气流在更高攻角才发生气流分离，特别是对于靠近风轮中心的厚

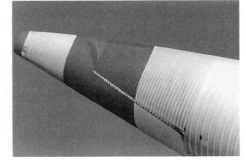

图 6 - 54　涡流发生器示意图

叶片更加有效。然而，这些扰动增加流体黏附力，也增大了阻力。因此，必须认真考虑增加涡流发生器后延迟失速的正面效果是否被增加有效功损失的负面影响所平衡，甚至抵消。

安装涡流发生器在某些情况下非常成功，有可能提高风轮外围可调叶片的流动条件。Darrieus 风轮研究也显示了同样的效果，靠近风轮轴的气流分离现象被延迟，极大地改善了风轮性能曲线。

在实际的运行中，失速控制风力机的最大输出功率往往大于设计值。由于大型风力机失速特征的种种气动问题，理论计算功率曲线变得不可靠。为了减少额外的功率输出，一种所谓的失速带被安装在风力机叶片上。如果在叶片前缘上表面失速带安装位置正确，那么气流将提前分离，因而减小功率的最大输出量。因此，涡流发生器具有积极作用，但也会导致低转速区域的功率曲线降低，从而造成能量损失。

在失速控制风轮中，涡流发生器和失速带不是提高性能普遍采用的方法。原则上讲，它们仅在气动中流场并不理想的情况下有效。最好的办法还是认真地设计风轮的气动性能。

此外，失速型风力机除了受翼型安装角、气流速度的影响外，还与空气密度有关，所以在高原空气稀薄区域，定桨距风力机的功率达不到额定值。因为，温度每变化 $10℃$，密度就变化 4%。而桨叶的失速性能只与风速有关。因海拔和温度均影响风力机的功率输出，其功率产出为其在海平面额定功率的 $60\%\sim80\%$。故针对此类风力机，同样的风力机在不同的地点，其桨距角度不应该相同；为了运行良好，应在夏季和冬季都对桨距角进行一次调节。

6.6.5　将风轮转出风域

将风轮转出风域，有时也被称为扭头风轮，是限制风轮功率输出的最原始方法，在历史上被用于风车，也用于美国风车，甚至当今有大部分小风轮也用该方法来限制功率。

风轮的偏转减少了垂直于风轮平面的速度分量，也减少了风轮的有效扫风面积。而且，偏转角越大，气流分离越早，风轮的风能利用系数降低得越多，如图 6-55 所示。这些影响联合作用，导致风轮在偏航角 $15°\sim20°$ 之间极大地减少了风轮功率输出。

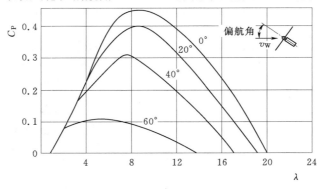

图 6-55　不同扭转角风轮的功率曲线

此方法很适用于粗略限制功率输出，但不能作为精确的控制方法。如果风轮有较大的速度范围，通过改变转速，即通过控制电机力矩，使功率输出能被控制在较大的运行范围内。只有在较大风速下，转速范围不再提供有效的功率控制时，才能将风轮逐步转出风域。

6.7 风 轮 尾 流

研究风轮空气动力学必须要考虑风轮下游的流场。风电场中风轮距离较近，以至于下游风轮受到上游风轮尾流的影响：

（1）减少风轮尾流的平均速度会降低下游风轮的能量输出。

（2）尾流中的紊流不可避免地增加，增大了下游风力机的紊流负载，导致风力机疲劳载荷的产生。另一方面，由于上游平均风速减少，导致稳态负载减少。

（3）在较差条件下，风轮尾流会影响叶片桨距角，从而以一种不理想的方式控制风轮功率输出。

处理风轮尾流需要有计算单一风轮尾流物理数学模型的概念。近几年，风轮尾流的数学模型经多步修改和各数值模型的建立，被逐步地被完善。第一个常用的模型是 Lissaman 在 1977 年发表的，模型是建立在叶片叶素理论和 Betz 定律之上。Lissaman 基于叶素理论，应用风洞测量的经验值，计算了风轮后的速度轮廓，形成了半经验计算方法，能够有效提供数据。Lissaman 也建立了风轮后尾流扩展量的概念，如图 6-56 所示。

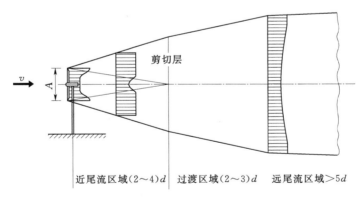

剪切层

近尾流区域(2~4)d 　　过渡区域(2~3)d 　　远尾流区域>5d

图 6-56　风轮尾流模型
d—风轮直径

靠近风轮的区域是核心区域，其大小由风轮后环境压力变化和叶片周围流场的旋涡决定。压力补偿导致核心区域扩大。尾流中最小速度点发生在风轮后 1~2 倍风轮直径距离的区域。

在过渡区域，风轮尾流的边界层中产生了大量的紊流，并与周围的高速空气流相混合。随着距离增加，风速不断增加，风轮叶片产生的旋涡大部分消失。

在远尾流区域，距离风轮 5 倍直径时，尾流速度轮廓发展成 Gaubian 分布，其形状主要由周围湍流确定。周围空气的湍流密度越大，那么尾流中降速被平衡的越快。

对风轮尾流条件的定量理解有助于建立更复杂的尾流模型。早在 1988 年 Ainslie 就基于 N-S 方程数值方法为湍流边界层建立了数学模型，因此可很好地模拟尾流的物理条件。Ainslie 应用黏度的解析式对周围湍流影响进行了描述，也就是紊流传递的剪切力。为了确定风轮尾流产生额外的湍流，Crespo 建立了相似的数学模型，提出了湍流流动扩散更精确的数学模型。

对风轮尾流的理论分析可以获得许多重要的信息。风轮的推力系数对风轮后的推力损失有重要影响，从而影响了尾流。风轮尾流随着风力机运行状态的变化而变化，如叶尖速比，叶片桨距角等状态。相对而言，定桨距风轮在整个运行负荷范围内产生更大的剪切力，因而风轮尾流也相应比较显著。

有相当规模的湍流是由尾流自身产生的。下游的风力机就伴随着周围空气的湍流。附加的湍流密度是周围环境值的 $130\%\sim150\%$。这极大地影响了风力机疲劳载荷。

与周围风速相比，风轮尾流中心最大降速可从图 6-56 中看出，如：在 2 倍风轮直径距离时，速度减少为 60%；在 4 倍风轮直径距离时，速度减少为 30%；在 6 倍风轮直径距离时，速度减少为 20%。

6.8　试验风轮的空气动力学

风轮性能和负荷的空气动力学讨论大多是基于理论模型概念和计算方法。这些理论如何准确反映实际条件仍然是问题。通常采用试验和测量的方法来检验理论计算值。

许多原因导致风力机很难进行空气动力学测量。没有足够的技术设备，空气动力学参数只能通过电量输出进行测量。而且，在大气环境中没有清晰地参考速度。解决这些困难的方法是，仿照航空学，采用风洞测量。

6.8.1　风洞内的模型测量

测量空气动力学的传统方法是利用风洞进行测量。飞行器空气动力学如果没有风洞是难以想象的。然而，由于多种原因，在风洞中对大型风力机或整机进行测试存在一定困难。

由于风轮尺寸非常大，因此不可能对实际风轮进行风洞测试。即使是现有最大的风洞，相对风力机结构较小。测量只能在尺寸较小的模型上进行，很难获得有效的雷诺数。而且，风洞内流速是恒定均匀的，相对自由大气环境而言，采取了许多假设。尽管存在这些限制，但只要风洞内模型测量用于解决特定问题，并且采用合适的方法，风洞研究是研究风能技术的一个非常有效的方法。这里有两个难题需要去解决：一个是风轮功率输出特征的测量；另一个是模拟风轮或整个风力机在非稳态过程中的动态响应。

6.8.2　相似理论

相似理论主要应用于风力机的相似设计及性能换算。所谓相似设计，即根据试验研究出来的性能良好、运行可靠的模型来设计与模型相似的新风力机。性能相似换算是用于试验条件不同于设计现场条件时，将试验条件下的性能利用相似原理换算到设计条件下的性能。

风力机相似是指风轮与气体的能量传递过程以及气体在风力机内流动过程相似，它们在任一对应点的同名物理量之比保持常数，这些常数称为相似常数。

依据相似理论，要保证气流流动过程相似，必须满足几何相似、运动相似、动力相似。

6.8.2.1 几何相似

几何相似指模型与原型风力机的几何形状相同，对应的线性度比为一定值。

$$\frac{d}{d_{\mathrm{m}}}=\frac{d_{\mathrm{h}}}{d_{\mathrm{hm}}}=\frac{r}{r_{\mathrm{m}}}=\frac{t}{t_{\mathrm{m}}}=\frac{\delta}{\delta_{\mathrm{m}}}=m_1 \tag{6-20}$$

式中　d_{h}——风轮轮毂直径，下标 m 表示模型。

严格来说，还应保证叶片表面的相对粗糙度相似。相对粗糙度会影响流动损失的大小，但是由于加工条件的限制，在尺寸小的情况下粗糙度成比例缩小是难以保证的，即

$$m_1=\frac{d}{d_{\mathrm{m}}}\neq\frac{\Delta}{\Delta_{\mathrm{m}}}$$

式中　Δ——表面粗糙度。

不过，对于风力机来讲，表面粗糙度的相似与否影响不大，故一般不予考虑。

6.8.2.2 运动相似

空气流经几何相似的模型与原型机，其对应点的速度方向相同、比值保持常数，称为运动相似，即

$$\frac{v_1}{v_{1\mathrm{m}}}=\frac{v}{v_{\mathrm{m}}}=\frac{v_2}{v_{2\mathrm{m}}}=\frac{v_{\mathrm{r}0}}{v_{\mathrm{r}0\mathrm{m}}}=\frac{v_{\mathrm{r}}}{v_{\mathrm{rm}}}=\frac{U_0}{U_{0\mathrm{m}}}=\frac{U}{U_{\mathrm{m}}}=m_{\mathrm{v}} \tag{6-21}$$

式中　v_1、$v_{1\mathrm{m}}$——原型机、模型前方的风速；

　　　v、v_{m}——通过风轮时的气流速度；

　　　v_2、$v_{2\mathrm{m}}$——风轮后方的气流速度；

　　　$v_{\mathrm{r}0}$、$v_{\mathrm{r}0\mathrm{m}}$——叶片尖部气流的相对速度；

　　　v_{r}、v_{rm}——原型机和模型对应叶素上气流的相对速度；

　　　U_0、$U_{0\mathrm{m}}$——叶片尖部气流的切向速度；

　　　U、U_{m}——叶片尖部气流的切向速度。

模型和原型机空间对应点气流速度相似，则对应叶素上对应点的速度三角形相似，对应的气流入流角相等，对应叶素的安装角相等，攻角 α 是气流倾角与安装角的差，所以也应相等，即 $\phi=\phi_{\mathrm{m}}$，$\beta=\beta_{\mathrm{m}}$，$\alpha=\alpha_{\mathrm{m}}$。

所以对应的 C_{L} 和 C_{D} 也应具有相同的值，式（6-21）也表明原型机和模型的叶尖速比必须相等。

6.8.2.3 动力相似

动力相似是指满足几何相似、运动相似的模型与原型机上，作用于对应点的力方向相同、大小之比应保持常数。这里所讲的作用于气体的力除了因压力分布形成的推力和切向力之外，还应包括惯性力、黏性力。几何相似、运动相似的惯性力、黏性力是否满足动力相似的条件为

参照叶素上推力 dT、切向力 dA 的表达式为

$$dT = \frac{1}{2}\rho v^2 dS(1+\cot^2\theta)(C_L\cos\theta+C_D\sin\theta)$$

$$dA = \frac{1}{2}\rho v^2 dS(1+\cot^2\theta)(C_L\sin\theta-C_D\cos\theta)$$

则

$$\frac{dT}{dT_m} = \frac{\frac{1}{2}\rho v^2 dS(1+\cot^2\theta)(C_L\cos\theta+C_D\sin\theta)}{\frac{1}{2}\rho_m v_m^2 dS_m(1+\cot^2\theta_m)(C_{Lm}\cos\theta_m+C_{Dm}\sin\theta_m)} = \frac{\rho v^2 dS}{\rho_m v_m^2 dS_m}$$

$$\frac{dA}{dA_m} = \frac{\frac{1}{2}\rho v^2 dS(1+\cot^2\theta)(C_L\sin\theta-C_D\cos\theta)}{\frac{1}{2}\rho_m v_m^2 dS_m(1+\cot^2\theta_m)(C_{Lm}\sin\theta_m-C_{Dm}\cos\theta_m)}$$

以 l 表示长度尺寸的量，由于加速度 a 的尺度等同于 v^2/l，根据理论力学，惯性力为

$$dI = ma = \frac{\rho v^2 l ds}{l} = \rho v^2 dS$$

所以

$$\frac{dT}{dT_m} = \frac{dA}{dA_m} = \frac{dI}{dI_m} = m_f \qquad (6-22)$$

而黏性力 F，即内摩擦力，可由牛顿内摩擦定律得到

$$dF = \mu dS' \frac{dv}{d\delta} = \mu\delta dl \frac{v}{\delta} = \mu v dl \qquad (6-23)$$

式中　μ——流体的动力黏度；

　　　dS'——内摩擦力作用的面积；

　　　δ——摩擦层的厚度；

　　　$\dfrac{dv}{d\delta}$——速度梯度。

若模型与原型机的惯性力与黏性力相似，即

$$\frac{dI}{dI_m} = \frac{dF}{dF_m}$$

则

$$\frac{\rho v^2 dS}{\rho_m v_m^2 dS_m} = \frac{\mu v dl}{\mu_m v_m dl_m}$$

经变换后得到

$$\frac{\rho l v}{\mu} = \frac{\rho_m l_m v_m}{\mu_m}$$

或

$$Re = \frac{lv}{\nu} = \frac{l_m v_m}{\nu_m} = Re_m \qquad (6-24)$$

式中　Re——雷诺数，表示作用于流体上的惯性力与黏性力之比；

　　　ν——流体的运动黏度。

式（6-24）说明，只有黏性力相似时，模型与原型机的雷诺数才相等。

6.8.2.4　相似结果

由于两个风力机相似，对应叶素上的 ϕ、α、β、C_L 和 C_D 值均相等。对于模型和原型机上的对应叶素，下列关系式成立

$$dT = dT_m \frac{\rho v^2 dS}{\rho_m v_m^2 dS_m} = dT_m \frac{\rho v^2 D^2}{\rho_m v_m^2 D_m^2} \tag{6-25}$$

$$dM = dM_m \frac{\rho v^2 r dS}{\rho_m v_m^2 r_m dS_m} = dM_m \frac{\rho v^2 D^2}{\rho_m v_m^2 D_m^2} \tag{6-26}$$

$$dP = dP_m \frac{\rho v^3 r dS}{\rho_m v_m^3 r_m dS_m} = dP_m \frac{\rho v^3 D^2}{\rho_m v_m^3 D_m^2} \tag{6-27}$$

由于风轮总的推力、力矩和功率可以分别由它所有叶片各个叶素的推力、力矩和功率的总和得到，所以

$$T = B\sum dT = \frac{\rho v^2 D^2}{\rho_m v_m^2 D_m^2} B\sum dT_m = \frac{\rho v^2 D^2}{\rho_m v_m^2 D_m^2} T_m \tag{6-28}$$

式（6-28）可改写成

$$\frac{T}{\rho v^2 D^2} = \frac{T_m}{\rho_m v_m^2 D_m^2} \tag{6-29}$$

$$\frac{M}{\rho v^2 D^2} = \frac{M_m}{\rho_m v_m^2 D_m^2} \tag{6-30}$$

$$\frac{P}{\rho v^2 D^2} = \frac{P_m}{\rho_m v_m^2 D_m^2} \tag{6-31}$$

由于风轮的效率 $\eta = \dfrac{M\omega}{Tv}$，所以

$$\frac{\eta}{\eta_m} = \frac{M_m \omega_m T_m v_m}{M\omega Tv} = \frac{D\omega v_m}{D_m \omega_m v} = \frac{U_0/v_1}{U_{0m}/v_{1m}} = \frac{\lambda}{\lambda_m} \tag{6-32}$$

这表明，对于具有相同叶尖速比的相似模型和原型机，它们的效率也相等。利用此结论，可以从风洞试验中演示相似小风力机的性能从而推断出大型风力机的效率。式（6-32）中的叶尖速比 $\lambda = U_0/v_1$ 是指风轮的外缘切向速度与风轮前气流速度之比。以下另外一些结论也以风轮前方的速度 v_1 来表述，因为该处风速时未受干扰。

两个风力机相似时，它们具有相同的下述无因次参数

$$C_T = \frac{T}{\dfrac{1}{2}\rho S v_1^2}$$

$$C_M = \frac{M}{\dfrac{1}{2}\rho S v_1^2 R} \tag{6-33}$$

$$C_P = \frac{P}{\dfrac{1}{2}\rho S v_1^3}$$

式中　C_T——风轮的推力系数；

　　　C_M——风轮的力矩系数；

　　　C_P——风能利用系数；

　　　v_1——风力机前方 5～6 倍风轮直径处的风速；

　　　S——风轮扫风面积；

　　　R——风轮半径。

这样就可以在实验室里得到模型的 $C_T = f(\lambda)$、$C_M = f(\lambda)$、$C_P = f(\lambda)$ 的一组特性曲线，模型的特性曲线对于与其相似的原型机或其他相似风轮都是适用的。此后就可用这些无量纲系数及其 $f(\lambda)$ 曲线来给出风轮特性的实验结果。

对于已知其特性曲线的风力机，即对应于每个叶尖速比 λ 的 C_T、C_M 和 C_P 值已知。则该风力机在不同风速 v_1、不同工作转速 n（对应于 u_0）下的 T、M 和 P 的值可求出

$$T = \frac{1}{2}\rho C_T S v_1^2$$

$$M = \frac{1}{2}\rho C_M R S v_1^2$$

$$P = \frac{1}{2}\rho C_P S v_1^3 \qquad\qquad (6-34)$$

$$n = \frac{30\lambda v_1}{\pi R}$$

这样就可以汇出风力机的推力、转矩和功率相对于风速 v_1、工作转速 n 的关系曲线。这些性能曲线可用于分析风力机与其负载的特性匹配与否，即在研究用风轮驱动水泵、发电机等负载时，将起到非常重要的作用。

6.8.2.5 模型机试验中的问题

相似模型与原模型的雷诺数定性尺寸用其直径、速度以及风轮前风速代表时，式（6-24）表述为

$$Re = \frac{v_1 D}{\nu} = \frac{v_{1m} D_m}{\nu_m} = Re_m \qquad\qquad (6-35)$$

分析发现，雷诺数相等在大型风力机模化为实验风洞中的相似模型时，一般来说是不容易实现的。事实上，风洞里的模型实验是在普通大气压力和环境温度下进行的，因此模型和原型机的运动黏度相同，$\nu = \nu_m$。式（6-35）可以写成

$$v_1 D = v_{1m} D_m \qquad\qquad (6-36)$$

和

$$UD = U_m D_m \qquad\qquad (6-37)$$

因 $U = \frac{\pi D n}{60}$，式（6-37）还可写为

$$nD^2 = n_m D_m^2 \qquad\qquad (6-38)$$

式（6-36）说明模型必须在 $v_{1m} = v_1 D / D_m$ 的风速下试验，因而 v_{1m} 比 v_1 高。式（6-38）指出模型机转速必须满足 $n_m = nD^2 / D_m^2$，n_m 也比 n 高。

例如，假设用 1:20 的比例制作一个模型机。原型机的主要参数为：风轮直径 $D = 20m$；叶尖速比 $\lambda = 6$；在 8.7m/s 的来流风速下转速为 50r/min。为了符合相似情形下雷诺数相等的条件，必须在风速 174m/s 的条件下作模型试验。并且模型机的转速应达到

$$n_m = 20^2 n = 400 \times 50 = 20000(r/min)$$

在这样高的风速和转速下，空气的压缩性就不能被忽略，这导致失去与原型机的动力相似性，因为真实尺寸的原型机上空气的压缩性可以被忽略。

实际上，风洞试验里的模型机风速被控制在比原型机真正运行风速稍高一点的范围内，以达到模型机上空气的压缩性可以被忽略的目的。这导致模型的雷诺数 Re_m 将比原

型机上的 Re 要低。

由流体力学得知，如果雷诺数的值比临界雷诺数 Re_{cr} 高，惯性力远大于黏性力，雷诺数不同带来的影响可以被忽略。试验也说明，雷诺数高于 Re_{cr} 值时，对应的阻力系数变化不大，相同攻角下的模型和原型机的阻力系数相等。所以满足其他相似条件的模型和原型机的阻力系数相等。满足其他相似条件的模型和原型机，仅雷诺数比临界雷诺数 Re_{cr} 高的情况下，由完全相似所获得的所有关系式对它们都是成立的。

另一方面，如果模型试验是在 Re 低于 Re_{cr} 的条件下进行的，虽模型和原型机的攻角相同，但由于黏性的影响大，模型上的阻力系数要比原型机的高，这时两机的相似性就差了。

需要注意的是，选择风轮叶片的翼型，要选择升阻比高的，同时在正常运转时叶素的雷诺数值大于临界值 Re_{cr} 的条件。其中，薄的弯曲翼型的 Re_{cr} 值大约为 104，相对较厚的 NACA 系列翼型则在 105～106 范围之间。

第7章 风力机载荷和结构应力

风力机在运行过程中承受着多种应力和载荷。载荷是设备结构设计的依据,其分析计算在设计过程中非常关键。载荷分析不准确,可能导致结构强度设计问题,过于保守则造成风力发电机组的总体设计成本增加。为此,载荷的设计时首先考虑以下几个条件:

首先,保证部件能够承受极限载荷,必须能够承受可能遇到的最大风速。

其次,保证风力机20~30年的使用寿命。极限载荷产生的应力相对容易估计,而疲劳寿命问题则相对较为困难。

最后,注意部件的刚度,这与其振动和临界变形有很大关系。如果风力机所有部件的刚度参数都能够很好地满足,那么风力机的振动性能就能够很好地控制。因而,刚度也是决定部件尺寸的主要参数之一。

本章则提出了与风力机载荷相关的内容,并加以介绍。

7.1 风力机载荷类型

风力机承受的载荷比较复杂。风力机所处的环境不同,其载荷也有所不同,表7-1反映了风力机所承受的各种载荷。

表7-1 风力发电机组载荷形式汇总

载荷类型	稳态载荷	动态载荷				非循环载荷
		循环载荷				
气动载荷	均匀稳定风速	剪切风	塔影	横风	塔坝现象	风湍流
惯性载荷	离心力	重力		陀螺力		

7.1.1 按载荷源分类

按载荷源分类，有空气动力载荷、重力和惯性载荷、操作载荷及其他载荷。

空气动力载荷指由于空气流动及其与风力发电机组动静部件相互作用所产生的载荷，是风力发电机组主要的外部载荷之一，取决于作用于风轮的风况条件、风力发电机组气动特性、结构特性和运行条件等因素。

重力和惯性载荷指重力、振动、旋转以及地震引起的静态载荷和动态载荷。

操作载荷指在风力发电机组运行和控制过程中产生的载荷，如发电机负荷控制、偏航、变桨距以及机械刹车过程产生的载荷。

其他载荷有尾流载荷、冲击载荷、覆冰载荷等。

7.1.2 按结构设计要求分类

按结构设计要求，风力机载荷可大致分为最大极限载荷和疲劳载荷两种类型。

最大极限载荷是指风力发电机组可能承受的最大载荷，需要根据载荷的波动情况，考虑相应的安全系数。

疲劳载荷是风力发电机组构件的寿命设计要考虑的主要因素，与构件所承受交变循环载荷的循环次数对应。

7.1.3 按载荷时变特征分类

按载荷时变特征分类，风力机载荷可以分为稳定载荷、循环载荷、随机载荷、瞬变载荷和共振激励载荷五类。

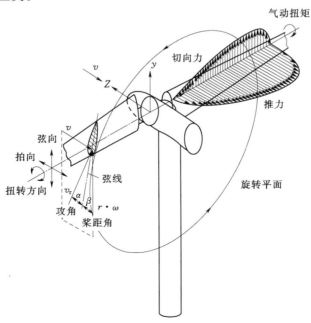

图 7-1 风轮所受的载荷和结构应力

稳定载荷是指均匀风速、叶片的离心力、作用在塔架上的风力发电机组重量引起的载荷，包括静载荷。

　　循环载荷是指由于风剪切、偏航系统的误差以及误操作、重力等引起的周期性载荷。

　　随机载荷是由湍流风引起的气动载荷。

　　瞬变载荷是由于阵风、启停机和变桨距等操作、冲击载荷等引起的载荷。

　　共振磁励载荷是与结构动态特性有关的载荷。

　　图 7-1 所示为用两个坐标图来表明风轮所受的载荷。从图 7-1 可以看出，在叶片局部断面所在的旋转坐标轴系中，作用于风轮叶片的力和力矩被分解为沿弦向和拍向两个分量。在机翼弦长方向，获得弦向分量；在垂直于弦长方向，为拍向分量。这一分解对风轮叶片上载荷的研究是非常适用的。在风轮旋转平面内，作用于风轮的力被分解为旋转面的切向力和垂直于旋转平面的推力分量。这个二维系统表达了以载荷的形式作用于风轮上的全部受力和力矩。当叶片的弦向和拍向受力，向风轮的切向力和轴向推力方向转变时，就必须考虑叶片局部扭角和桨距角。

7.2　载　荷　来　源

　　风力机载荷源于空气动力、重力和惯性力，也与风力机运行动作和运行状态有关。最坏的情形是，这些载荷源同时产生，并产生叠加的效应。

　　当将全部载荷分解到相互独立的各部件上时，整个风力机的复杂载荷则变得容易理解。这对空气动力、重力和惯性力引起的应力均适用。气动载荷是由施加于风轮的变动流场条件决定的。

　　下面对各载荷源引起的应力加以分析和讨论。

7.2.1　均匀稳定空气流的载荷

　　首先假设空气流均匀稳定地流经风轮扫掠面，那么水平轴风轮叶片承受着稳定的气动力。垂直轴风轮则不同，Darrieus 风轮或类似结构风轮在均匀流场中承受着随时间发生改变的载荷。

　　水平轴风轮叶片上的风载荷，很大程度由从叶片根部到叶尖的有效风速变化来决定。此外，风轮叶片的结构形状也影响着风载荷在叶片上的分布。图 7-2 所示为叶片弦线方向的载荷分布图，其载荷导致叶片产生了弦向弯曲应力；图 7-3 所示为拍向的风载荷分布图，反映了轴向推力导致叶片在拍向的弯曲应力。从两图可以看出，由于叶片的扭曲，从起动风速到切出风速，叶片载荷分布轮廓明显不同。在弦向分布，随着风速的提高，叶片弦向承受的风载荷增大，且为均匀分布；但在切出风速 24m/s 时，叶片根部承受的载荷最大，且从叶根向叶尖移动，载荷逐渐在减小。在拍向方向，随着风速的增加，叶片整体载荷增大，且叶尖比叶片根部承受着更大的载荷；但当风速为切出风速时，叶片根部拍向承受着最大风载荷，叶尖载荷几乎最小。扭角是在额定风速经优化得到的，因而只有在额定风速下的气动载荷才接近于理论最佳值。在其他风速，特别是较额定风速更高的风速，会在接近于轮毂的部分产生气流分离，这导致气动载荷发生巨大改变。

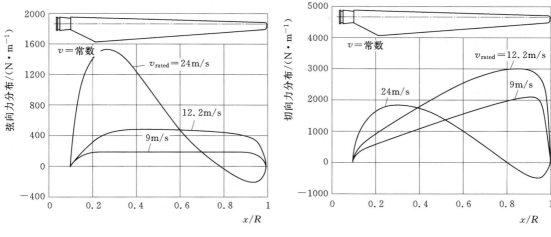

图 7-2 叶片弦向载荷分布   图 7-3 叶片拍向载荷分布

在整个叶片长度上对载荷进行积分，便可得出整个叶片的载荷和力矩。弦向载荷提供了风轮旋转力矩，推力载荷分布提供了整个风轮轴向推力，如图 7-4 所示。载荷和力矩这两个参数本质上决定了整个风力机的静态载荷水平。在变桨距控制风轮中，风轮力矩和轴向推力增加到某一值后下降，使得风轮控制系统将捕获的风能控制在额定功率附近。因此，在额定功率点风轮推力是最大的，然后下降。

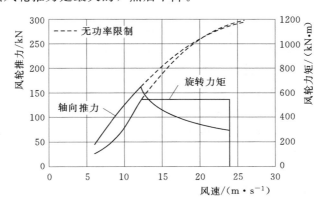

图 7-4 风轮在稳定气流下的力矩和轴向推力

在定变桨风力机中，靠气动失速来限制功率输出，因此风轮在到达额定功率后，轴向推力继续增加，或者保持在一个恒定的水平。正因为如此，变桨距风力机的风轮承受着更高的空气动力载荷。

将百年一遇的最大阵风作为风力机的最大静载荷，此时叶片迎风且静止，叶片安装角达 90°。设 C_D 为叶片垂直于风向的阻力系数。作用在 $[r, r+dr]$ 叶素上的力为

$$dF = \frac{1}{2}\rho C_D t v^2 dr \qquad (7-1)$$

计算和经验表明，某些大型风力机，在风轮迎风静止状态下，叶片经得起 60m/s 左右的大风。

在进行叶片结构强度计算时，对叶尖速比 $\lambda < 4$ 的低速风轮和斜置高速风轮，应主要考虑叶轮迎风静止状态下的应力；而对叶片与转轴垂直的固定轮毂高速风轮，则应主要考虑风轮正常运转状态下的应力，因为即使静止时迎着强风，其应力也比伴有阵风的正常运转状态下小。

7.2.2　垂直剪切风和横风

风不对称地吹扫过风轮时，会产生不稳定的、循环变化的载荷。受地表粗糙度的影响，风速随高度增加而增加，不可避免地造成了风的不均匀性。为此，风轮每旋转一圈，叶片在上部的旋转部位比离地面近的部位承受的风载荷更高。与此相似，由于横风风向的快速变化，也引起了风轮的循环变化载荷。

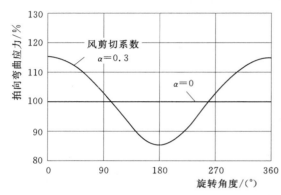

图 7-5　由于剪切风引起的叶片根部的弯曲应力

垂直剪切风和横风导致在叶片上循环地增加和降低气动载荷。与稳定而均匀的风产生的稳定载荷相比，产生了极大的差异，如图 7-5 所示。图 7-5 也反映了由于剪切风风轮廓和沿风向变化的不对称气流轮廓引起的叶片根部的弯曲应力。

在风轮旋转中，叶片气动载荷的变化也代表了风轮整体载荷的变化。对于非铰链连接的两叶片风轮，变桨距和偏航中的交变应力，造成偏航传动部件的疲劳载荷。基于此原因，大型两叶片风力机通常设计有铰链式轮毂，可在一定程度上补偿这些变化的载荷。

阵风导致风速在短时间内增加和风向的显著改变。但由于风力机的惯性和对风调向的滞后，风速增加后，风轮来不及作出反应快速增加转速，短时间内叶片表面气流相对速度很高；由于风轮轴不可能立即和已改变的风向一致，所以会发生 $30° \sim 40°$ 的对风偏差，甚至更多，结果使叶片承受的弯曲力矩增大。攻角 α 变化比气流相对速度 w 增大会引起更大的应力。

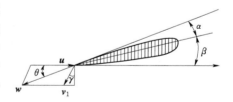

图 7-6　对风不准时叶片气流速度三角形

当产生横风，风轮对风不准时，设 γ 为风轮轴线与实际风向之间的夹角，如图 7-6 所示。距转轴 γ 处的叶片叶素气流的切向速度 $u = \omega r$，气流相对速度为

$$w = \sqrt{u^2 + v_1^2 + 2uv_1\sin\gamma} \tag{7-2}$$

其相对速度与切向速度间的夹角（入流角）为

$$\tan\theta = \frac{v_1\cos\gamma}{u + v_1\sin\gamma} \tag{7-3}$$

可以看出，由于 γ 的存在，使叶片气流相对速度增加；而入流角减小，会使攻角减

小。该叶素上垂直翼弦的空气动力为

$$f_n = \frac{1}{2}\rho C_n t dr w^2 \qquad (7-4)$$

式中　C_n——李连塞尔（Lilienthal）空气动力系数，取决于翼型和攻角 α（$\alpha = \theta - \beta$）。

　　所以，对于已确定叶素翼型和安装角 β 的叶片，影响 f_n 的因素有 $u(\omega)$、v_1 和偏航角 γ。给定风力机角速度 ω 和风速 v_1 时，取若干个偏航时出现的 γ 值进行计算，就可以求出任意距转轴 r 处的叶素上参量 $C_n w^2$ 可能达到的最大值，从而找出最大值 f_{nM}。

　　一般大型风力机叶片沿其长度的扭角都比较小，所以在确定叶片的弯曲应力时可以忽略沿其叶片的扭角。在此前提下，作用在叶尖值距离转轴 z 处叶片段的空气动力，对截面 z 所产生的最大弯曲力矩为

$$M_x = \int_z^R (r-x) f_{nM} dr \qquad (7-5)$$

在距叶片根部 z 处叶片横截面的弯曲应力值为

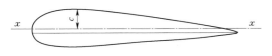

图 7-7　叶片横截面长度方向中性轴

$$\sigma_f = \frac{M_x c}{J_x} \qquad (7-6)$$

式中　J_x——对于截面长度方向 $x-x$ 中性轴的惯性矩，中性轴如图 7-7 所示；

　　　c——从轴线到叶素翼型凸面一边的距离，m。

7.2.3　风力机塔架影响

　　为了控制机舱的长度，风轮旋转平面与塔架之间的间隙应尽可能小。但若风轮和塔架之间的距离太小，塔架周围的空气动力学流场会影响叶片运行。

　　对于传统的上风式风轮，塔架周围的流场对风轮的影响较小。这种上风式风力机中由于塔架前气流延迟，而对风轮性能产生的影响叫塔坝效应。塔坝效应在老式风车以及风车房产生的影响非常突出，但对现代风力机的影响相对较小。从图 7-8 可以看出，在圆柱形塔架前，风速由于受到塔架的阻碍作用而逐渐降低。风速几乎在 1 倍塔柱直径时开始降速，而在 0.5 倍塔柱直径时发生明显降低的现象。因此，只要设计风轮叶片和塔架的间隙

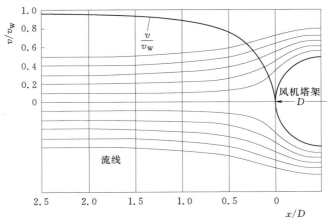

图 7-8　塔坝效应

保持在 1 倍塔架直径的距离，就可以将塔柱对风轮载荷的影响减到最小。否则，如果风轮转速在塔架的自振频率范围内，则塔坝效应有可能激起塔架振动。

如果风轮安装在塔架的下风位置，则产生与上述情况完全不同的效果。在下风式风轮塔架的下游，风速减小比较明显。即使风轮旋转面与塔架存在较大距离，叶片在每旋转一周都必然经过塔架的阴影区域，对风力机叶片气动性能产生影响。

综上所述，即使是在上风侧安装风轮，塔架的空气动力学影响也必须考虑。由于目前几乎所有风力机塔架均为圆形截面，仅需考虑圆柱体周围流场即可。流动介质的内摩擦和表面摩擦导致柱体后产生气流分离域，即所谓的尾流域。圆柱体后的尾流域湍流面积逐渐增大，平均风速在逐渐降低。另一个典型特征是圆形柱体后在两边以定义的频率交替出现漩涡，即卡门涡街。依靠流体雷诺数，可以得到三个特征区域，如图 7-9 和图 7-10 所示。

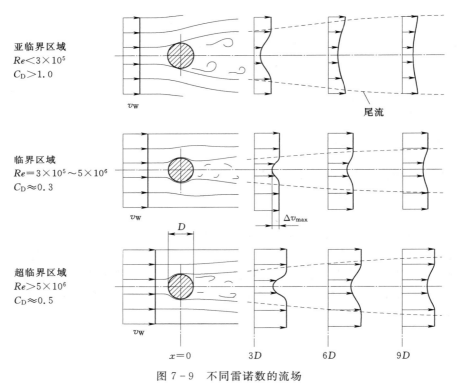

图 7-9　不同雷诺数的流场

1. 亚临界区域

当雷诺数低于 3×10^5 时为亚临界区域。此时风速为低速流动，边界层仍然处于层流。在柱体断面最宽点前发生流体分离。流动尾迹相对宽而清晰，周期地产生卡门涡街。在这些条件下，圆柱体的空气阻力系数相对高，大于 1.0。

2. 临界区域

雷诺数为 $3\times10^5\sim5\times10^6$（称为临界雷诺数）流速时为临界区域。柱体表面的边界层流体从层流变成了湍流。这一作用极大地影响着尾流的形状。高能量的湍流边界层导致流体柱体周围在持续流动，尾流域变窄。周期性的卡门涡街几乎全部消失，阻力系数降到了

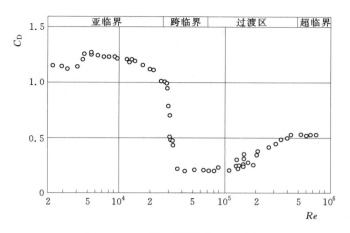

图 7-10 不同雷诺数的阻力系数

0.25~0.35。因为受边界层影响，表面粗糙度会影响流场湍流的产生点。

3. 超临界区域

当雷诺数大于临界值时为超临界区域，在这里尾流区域又变得较宽。在超临界区域，阻力系数上升到 0.5 左右。卡门涡街再一次周期性产生，但是较微弱。

从大型风力机塔架周围流体可简单估计出，当塔架直径为几米，风速为 $5\sim25\text{m/s}$ 时，雷诺数较大，所以始终存在湍流。在这种情况下，尾流中的风速最大降幅为

$$\frac{\Delta v_{\max}}{\overline{v}_{\text{W}}} = 1 - \sqrt{1 - C_{\text{D}}} \qquad (7-7)$$

当叶片经过塔架尾流时，风速减小进一步导致有效气动攻角减小。这两点都导致风轮叶片升力突然减小，影响空气动力载荷和力矩产生。这种塔架尾流由于风速减小而给叶片性能造成的影响叫塔影效应。

塔影效应影响过程非常短暂，但对叶片产生一个脉冲扰动，从空气动力学角度而言，这意味着瞬间塔影效应起到了作用，即攻角暂时梯度变化对气动力和力矩产生重要的影响。

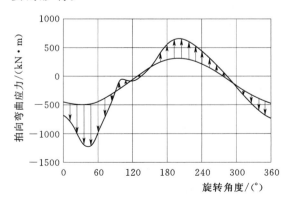

图 7-11 塔影效应在叶片根部引起的拍向弯曲应力

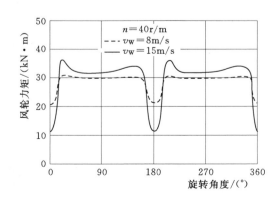

图 7-12 塔影对风力机力矩输出的影响

图 7-11 和图 7-12 所示为塔影对下风风轮的弯曲应力和力矩输出的影响。从图 7-11 可以看出，叶片在塔影效应影响下，拍向弯曲应力呈现正负交替变化，容易产生疲劳载荷。在风力机 30 年寿命内，叶片承受这种循环载荷次达到 $10^7 \sim 10^8$，因此其影响不能忽略。因而，塔影效应是计算风轮叶片疲劳生命的一个不可忽视的因素。

此外，塔影效应也影响下风式风轮的电力输出，在极端条件下，测量得出的电力损失是平均输出的 $30\% \sim 40\%$。

最后，塔影对风力机噪声产生重要影响。

7.2.4　阵风

当功率输出和能量产出受平均风速的长期变化影响时，风力机上非循环的载荷波动将由短期的风速波动、风扰动和阵风来决定。经常出现的风扰动极大地增加了材料疲劳，特别是风轮叶片的材料疲劳。因而，在疲劳强度设计中，必须考虑非常罕见的极限风速情形。就载荷而言，风的随机扰动呈现出非常严峻的载荷问题。

在载荷计算中，通常采用湍流谱模型，其假设风速在轴向为一维湍流波动。实际上，风速波动也有侧向分离，但数学模型处理二维比较困难，因此当处理风力机时，没有必要采用二维模型。

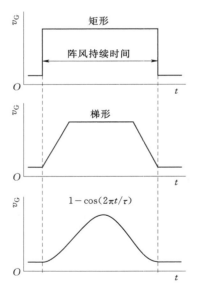

图 7-13　理想化的阵风形状

除高频率的波动外，可以观察到，偶尔有相当大的偏离平均风速值的风速，从几秒到几十秒，这些峰值被称为阵风。在风能技术中，将风速突然下降称为负阵风。

在风力机载荷假设中，假设理想化的阵风形式作为结构设计一定发生概率的载荷。相关的信息包括发生概率、时间长度和空间范围。

这些离散阵风在载荷计算中的重要性主要在于确定极限载荷。基于这一目的，必须充分了解阵风的特征属性。气象学研究至今还没有对此特殊问题给予太多的关注，以至于阵风特征、升高和降低的时间和空间范围等类似参数方面没有足够的数据可供使用。图 7-13 所示为理想的阵风形状，用于计算风力机载荷。

定义阵风系数为阵风持续时间的函数，如图 7-14 所示。阵风系数也决定于平均风速水平。平均风速越高，期望阵风系数越低。阵风发生频率也被认为与平均风速和阵风系数有关，如图 7-15 所示。

图 7-16 所示为风扰动对风力机单位动态载荷的效果。最初，风轮叶片的弯曲变形计算仅考虑了由剪切风塔架影响和类似参数引起的循环扰动影响，但忽略了湍流。从图 7-16 可以看出，若包括湍流谱，变形值几乎翻倍。

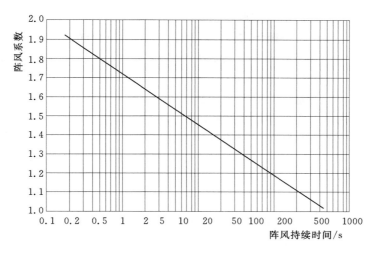

图 7-14 与阵风持续时间相关的阵风系数

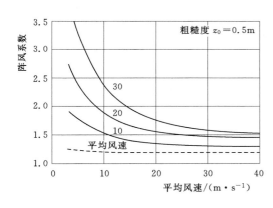

图 7-15 与平均风速和发生频率
相关的阵风系数因子

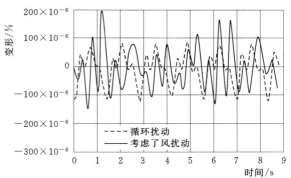

图 7-16 叶片拍向的弯曲变形

7.2.5 重力和惯性载荷

空气动力载荷计算比较困难,旋转力和离心力引起的载荷计算相对简单。唯一困难的是,在设计的开始,部件质量不明确。因为质量仅能作为全载荷谱的计算结果,包括静载荷,当确定结构尺寸时,多次循环迭代是必要的。第一次假设重力最好来源于经验数据,从现有的风力机统计得出。

7.2.5.1 重力载荷

对于风力机的所有部件,部件重力必须考虑。在风力机中,风轮叶片重力对叶片本身和下游部件都非常重要。

在旋转一周中,风轮叶片重力沿叶片长度交替产生张力和压力,从而交替产生大的弯曲力矩。重力载荷的重要性从叶尖到叶根增加,即与空气动力学载荷影响的方向相反。假设风轮旋转速度是 20~50r/min,其使用寿命是 20~30 年,循环载荷特别是叶片弦轴周围的循环弯曲力矩，在使用周期中循环次达到 $10^7 \sim 10^8$。许多仅在 $1000h$ 运行时间后，就达到 10^6 循环载荷。基于这一循环次数，钢架必须加固到允许的强度。

因此，结合风湍流，重力是影响风轮叶片疲劳强度的关键因素。风轮越大，重力的影响力也越大。正如其他结构一样，随着尺寸增加，重力变成了强度的主要关注问题。对于水平轴风轮而言，静载荷造成交替载荷，加剧了这一问题。然而，垂直轴风轮的部件可以设计成更大尺寸，因为重力产生的交替载荷可以完全避免。

在过去，许多水平轴风轮的设计者在风轮叶片根部安装铰接链来补偿交替的弯曲力矩。然而，在实际应用中这并不现实。一方面，该系统比较昂贵；另一方面，产生了附加的动态问题。

7.2.5.2　离心载荷

在直升机转轮中，因转速较快，叶片强度和动态特性由离心力决定。但是在风轮中，因转速较低而离心力相对不重要。

由于某特殊目的，离心力甚至用来缓解叶片上的载荷。在一些风轮中，风轮叶片顺风倾斜，偏出了旋转平面，成 V 字形。这就是所谓的风轮叶片锥角，离心力和升张力在叶片长度分布的弯曲力矩与气动推力产生的弯曲力矩相反。

在叶片 $[r, r+dr]$ 部位叶素上的离心力为

$$dF_c = \rho_y S \omega^2 r dr \qquad (7-8)$$

在距转轴 x 的截面上，离心力引起的应力为

$$\sigma_c = \frac{F_{cx}}{S_x} = \frac{1}{S_x} \int_x^R \rho_y S \omega^2 r dr \qquad (7-9)$$

式中　ρ_y——叶片材料的密度，kg/m^3；

　　　　S——叶素横截面面积，m^2。

这个应力为拉升力，与弯曲力矩形成的应力叠加，使受弯曲作用而拉升的一边受力更大，而受压的一边则应力减小。

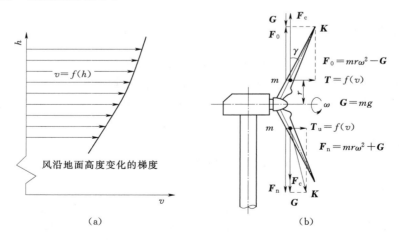

（a）　　　　　　　　　　　　　　　　（b）

图 7-17　考虑叶片离心力和空气轴向推力的叶片斜置角度

如图 7-17 所示的风速方向，叶片轴线与转轴之间的夹角小于 90°，叶片所受应力显著下降。叶片扫掠面的形状为圆锥，叶片的这种配置称为"锥置"。如果 γ 角选择适当，空气轴向推力 T 与离心力 F_c 的合力 K 将沿着叶片的轴线方向，这不但消除了叶片离心力、空气对叶片轴向推力形成的弯矩，也同样改善了风轮轮毂及其所连接的后续机构的受力情况。若忽略重力的影响，夹角 γ 的关系为

$$\tan\gamma = \frac{T}{F_c} \tag{7-10}$$

斜置式叶片改进了高速风轮，尤其是固定轮毂风力机的安全性。

对于恒定不变的斜置夹角 γ，要想完全消除 F_c、T 形成的弯矩是不可能的。除非该风轮只在与 γ 角所对应的转速下恒速运行。

有些风力机的叶片采用铰接方式与轮毂相连，这样的轮毂就为铰链式轮毂。锥角 γ 可随弯曲力矩的大小而不断变化，以消除离心力、空气轴向推力形成的力矩，不但能做到整体"锥置"可变，而且可以做到各叶片单独改变其锥角，此时叶片自重形成的弯矩也可以被消除。

需要指出的是，无论采用哪种"锥置"方式，由于阵风的影响，叶片不可能完全排除弯矩引起的应力，特别是当风轮迎风静止时，叶片还必须经受得住此时的弯曲力矩。

如果风轮还有其他流场条件，锥角效果可能被颠倒过来。当气动攻角为负值时，如突然发生风速下降，或者快速变桨，推力会在短时间内颠倒过来，以至于空气动力和离心力产生弯曲应力。因此，当考虑多个因素后，必须确定风轮叶片锥角在技术上是否还有意义。

7.2.5.3 回转载荷

当旋转的风轮随风向偏航时，会产生回转载荷。当变桨力矩在风轮轴上时，大的偏航率导致大的回转力矩。然而，偏航率通常较低，实际相应应力较小，即偏航速率必须足够低，回转力矩才不会有重要作用，根据回转力定义结构是不经济的。

对于被动偏航的风力机而言，当风向快速变化时，风轮不可避免地快速偏航，基于这种条件，风轮叶片承受非常大的弯曲载荷。在低风速下，风速突然变化出乎意料，这也是被动偏航更加复杂，且存在较多问题的另一个原因。无论如何，被动偏航仅能在下风风轮实现，而现在已经不再生产。

旋转着的风轮作调向转动时，会产生陀螺力。设 ω 为风轮转动角速度，Ω 为调向转动角速度，叶片相对于风轮轴线的转动惯量为 I_i，取两个可动的三轴坐标系，如图 7-18 所示。

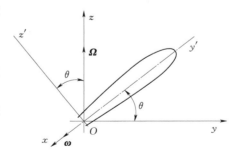

图 7-18 设在风轮和调向轴上的坐标系

其一为 $Oxyz$，与风轮一同绕轴向竖轴 Oz 旋转，因此角速度矢量 ω 和 Ω 分别在 Ox、Oz 轴上。

另一坐标系 $Oxy'z'$ 设在风轮上，它的坐标轴 Oy' 沿着叶片的长度方向。

依据理论力学原理，并考虑到三叶片风轮的转动惯量 $I=3I_i$，叶片相互间的夹角为 $2\pi/3$，得到三叶片风力机因陀螺效应产生的力矩 $\boldsymbol{M}$ 在 Ox、Oy、Oz 坐标轴上分量构成的矩阵为

$$\boldsymbol{M}=\begin{bmatrix} 0 \\[6pt] I\omega\Omega \\[6pt] I\dfrac{\mathrm{d}\Omega}{\mathrm{d}t} \end{bmatrix} \tag{7-11}$$

式中　$\dfrac{\mathrm{d}\Omega}{\mathrm{d}t}$——调向转动角速度。

需要指出，尽管每一个叶片都只是三叶片风轮的一部分，但各个叶片都要分别承受风力的整个陀螺效应。

三叶片风轮的陀螺效应平衡性比双叶片的好，而多叶片风轮与三叶片的类似。

7.3　设　计　载　荷　假　设

如果要了解载荷，必须了解风力机承受关键载荷的条件，并以载荷工况加以记录。在定义的载荷工况下，通过计算得出的载荷是假设载荷，与实际载荷会有一定的偏差。然而，这一偏差必须在允许范围内，即设计采用的载荷假设必然高于实际运行中的载荷。

对风力发电机组的性能和整体结构而言，风况是最基本的外部条件。由于作用在风力发电机组的外部载荷主要是由风况条件决定的，从载荷设计和风力发电机组安全角度考虑，一般需要描述风力发电机组的两种风况条件：①描述正常发电期间频繁出现的正常风况，②描述一年或 50 年一遇的所谓极端风况。

通常，风力机外部载荷由气象条件决定，或由风力条件决定。在载荷工况中，风力条件分为常规风力条件和极端风力条件。常规风力条件被认为是在一年中经常发生的事件，而极端事件认为是在 1～50 年以一定概率发生的事件。

7.3.1　风力机分级

风场条件（风况条件、地理和气候环境特点等）是风电机组设计和选型的主要影响因素。

在世界范围内，可用于风力发电的风场条件千差万别。国际电工委员会在其颁布的风电机组相关设计标准中（IEC6400-1），根据风速和湍流状态参数将水平轴风电机组分成若干个级别，这样就减少了风电机组的类型，从而可以降低风电机组的设计成本，增加风电机组的竞争力。风电机组分成四个等级，即三个标准等级（Ⅰ、Ⅱ、Ⅲ）和一个特殊等级（S），见表 7-2。

表 7-2 风力发电机组等级

参 数		风 电 机 组 级 别			
		I	II	III	S
$v_{ref}/(m \cdot s^{-1})$		50	42.5	37.5	
v_a		10	8.5	7.5	
$v_{G50} = 1.4 v_{ref}$		70	59.5	52.5	由设计者确定
$v_{G1} = 1.05 v_{ref}$		52.5	44.6	39.4	
I_{15}	A	0.16			
	B	0.14			
	C	0.12			

表 7-2 中数据反映的是风轮轮毂高度的参考值，其中的 v_{ref} 为极端状态条件下 10min 参考平均风速；v_a 为年平均风速，$v_a = 0.2 v_{ref}$；v_{G50} 表示 50 年一遇的阵风风速；v_{G1} 为一年一遇的阵风风速；A 类和 B 类及 C 类设计分别对应较高、中等和较低湍流特性范围；I_{15} 为 15m/s 时的湍流强度特性值。商业风力机设计和鉴定也是根据这三种分级进行的。此外，这里有一种特殊的 S 类风力机用于特殊的风况条件下。风力机的设计湍流密度特征必须与预计地点的湍流比较。湍流密度是在风轮轮毂高度的 10min 平均风速获得的，为标准偏差。

7.3.2 常规风力条件

1. 平均风速和风速频率分布

在轮毂高度的年平均风速是风力机分类中最重要的参数。当地风电场的风速分布可反映各级风出现的频率，以决定风轮载荷的变化，是风力发电机组设计的主要条件之一。平均风速长期的变动对疲劳强度有一定的影响。从整体载荷谱来看，代表从一种风速类型转变为另一种类型。风频率分布被认为是瑞利分布，也被认为是 10min 平均值在尺度因子为 $k=2$ 的 Weibull 分布。

此种条件下，轮毂高度处的平均风速概率分布为

$$P(v_{hub}) = 1 - \exp\left[-\pi\left(\frac{v_{hub}}{2 v_a}\right)\right] \tag{7-12}$$

式中　v_{hub}——轮毂高度的年平均风速，m/s；

　　　v_a——年平均风速，m/s。

2. 垂直剪切风模型（NWP）

与风切变有关的风速是造成循环交变载荷的主要原因之一，特别是风轮叶片的弯曲载荷。载荷循环由风轮旋转的次数决定，因而相应较高。

反映垂直剪切风风廓线的 $v(z)$ 是表示平均风速随地面高度 h 变化的函数。对于标准等级的风力发电机组载荷计算，一般假定正常风速风廓线满足公式为

$$v(z) = v_{hub} \left(\frac{h}{h_{hub}}\right)^a \tag{7-13}$$

式中　h_{hub}——轮毂高度，m；

　　　α——指数，$\alpha = 0.20$。

3. 风向变化

风向的瞬间变化使偏航不能立即反应，导致风轮承受着横风。在运行中，假设 10min

平均风向的波动为 $\pm 30°$。

4. 风湍流

风湍流是决定疲劳强度的又一因素。在湍流模型中，必须考虑阵风在风轮扫风面不均匀分布以及旋转风轮情况下的效果。

此外，也必须注意当风力机之间安装比较接近时，风电场湍流密度的增加。在风力机分级中，其湍流特征密度分别假设为 18% 和 16%。在轮毂高度平均风速的标准偏差可以采用下式计算

$$\sigma_1 = I_{15} \frac{15 + a\,\overline{v}_{\mathrm{whub}}}{a+1} \tag{7-14}$$

7.3.3　极端风况条件

风力机尺寸设计必须考虑能够经受的极限风速条件。但此要求一般不包括特殊的自然载荷，即在自然天灾条件下发生的极限风速。观察龙卷风和台风，可发现其风速极高，几乎所有波及到的建筑都会受损。在这种条件下，风力机受损也有可能。

1. 极限风速和阵风

在风力机分级中，以 10min 的极限风速平均值为参考风速。

评估风力机生存的条件是 50 年阵风，最高风速 5s 的平均值，50 年只有一次超过该值。在轮毂高度 50 年阵风是来自极限的参考风速，即

$$v_e G_{50}(h) = 1.4 v_{\mathrm{ref}} \left(\frac{h}{h_{\mathrm{hub}}}\right)^{0.11} \tag{7-15}$$

达到一年一次的风速定义为年阵风，即

$$v_e G_1(h) = 0.75 v_e G_{50}(h) \tag{7-16}$$

假设 50 年阵风和年阵风为一股横风，10min 平均偏离风向 $\pm 15°$。

发生于常规操作中，伴随着频率增加的阵风能够从湍流模型得到，与风轮直径无关，或者采用阵风因素的简单型式得出。正阵风可以定义为

$$v_G = k_b\,\overline{v}_W \tag{7-17}$$

负阵风定义为

$$v_G = \frac{1}{k_b}\,\overline{v}_W \tag{7-18}$$

阵风系数可以如下型式考虑

$$k_b = 1 + \frac{v_G}{\overline{v}_W} \tag{7-19}$$

在这些极限风速下的载荷也是风力机运行面临的一个问题。风轮通常处于停机状态，风轮承受静态载荷。然而，风轮没有必要一定在极限风速时停机，而是可以以一个合适的桨距角慢速旋转，准确的气动刹车比停机下的风轮受到的载荷更小。这也是生产厂家规定了切断风速，但是风轮在减速运行的原因。

2. 极限风向改变

在不到 5m/s 的低风速，风向的极限改变 $\pm 180°$；在 50 年一遇的极限风速，风向改变为 $\pm 15°$。

7.3.4 其他环境影响

环境影响结构强度和风力机的运行，绝大多数气候条件的联合影响会产生叠加效应。

（1）温度范围。强度校核应该在$-20\sim+50℃$范围内进行。在特殊运行条件下，必须对其进行单独校核。

（2）空气密度。空气动力载荷计算是以标准大气压条件下的空气密度$\rho=1.225\mathrm{kg/m^3}$为前提进行的。

（3）太阳辐射。假设太阳辐射密度为$1000\mathrm{W/m^2}$。

（4）冰雪覆盖。叶片积冰可能是导致极大载荷的一个环境因素。通常认为，即使在风轮叶片上形成厚的积冰，也不会产生特殊载荷。与飞机机翼相似，这会导致空气动力升力减小，风轮的性能减弱。

载荷假设区分了旋转部件和非旋转部件。对于非旋转部件，假设积冰为30mm；对于风力机叶片，假设从叶片根部到叶尖质量分布存在变化，在每一个叶片其积冰也有不同。

（5）鸟撞击。鸟类撞击到旋转叶片上也会造成载荷的变化，不过幸运的是鸟撞击的现象非常少。为了将这一理论危险因素加以考虑，有学者建议对鸟的重量和冲击速度进行假设。这一影响的结果对确定风轮叶片外形有一定作用。

（6）地形影响。地形对风速的影响必须加以考虑，在预先确定的一定影响力下，对每种情况加以验证。

（7）闪电。雷击保护系统要最大化地减小雷击的危险性，这是国家标准和要求都明确要求的。

（8）地震。如果安装在容易地震的危险地带，必须咨询当地建筑物地震保护条例。

7.4 设计工况与载荷状况

7.4.1 设计工况

风力发电机组的设计载荷与其可能经历的内外部条件密切相关。不同的工况条件对载荷有很大影响，在进行设计载荷选择时必须慎重考虑。

一般而论，风力发电机组的主要内外部工作条件应考虑的设计工况及其组合有以下方式：

（1）正常设计条件和正常外部条件。

（2）故障设计条件和正常外部条件。

（3）运行、安装和维护设计条件及正常外部条件。

如果风力发电机组可能运行的极端外部条件与故障设计条件之间存在某种联系，设计过程中还应考虑有关的载荷状况。

7.4.2 载荷状况

为方便设计工作，针对风力发电机组可能经历的内外部条件，表7-3中将设计工况分为八种，载荷状况（Design Load Case，DLC）按照设计工况给出，同时参照风况、电网和其他外部条件的规定。每种设计工况对应几个不同的载荷状况。

需要注意，为了保证风力发电机组结构设计的完整性，一般应考虑几种设计载荷情况进行必要的验证。至少应考虑表 7-3 的设计载荷状况。对于特殊的设计需要，应考虑与风力发电机组安全有关的其他设计载荷情况。

表 7-3　设计工况和载荷状况

设计工况	DLC	风　　况	其他条件	分析类型	局部安全系数
发电	1.1	$NTM(v_{in}<v_{hub}<v_{out})$	极端情况	U	N
	1.2	$NTM(v_{in}<v_{hub}<v_{out})$		F	*
	1.3	$ETM(v_{in}<v_{hub}<v_{out})$		U	N
	1.4	$ECD(v_{hub}=v_r-2m/s,v_r,v_r+2m/s)$		U	N
	1.5	$EWS(v_{in}<v_{hub}<v_{out})$		U	N
发电兼有故障	2.1	$NTM(v_{in}<v_{hub}<v_{out})$	控制系统故障或脱网	U	N
	2.2	$NTM(v_{in}<v_{hub}<v_{out})$	保护系统或内部电器故障	U	A
	2.3	$EOG(v_{hub}=v_r-2m/s,v_{out})$	内外部电器故障或脱网	U	A
	2.4	$NTM(v_{in}<v_{hub}<v_{out})$	控制、保护、电器故障机脱网	F	*
起动	3.1	$NWP(v_{in}<v_{hub}<v_{out})$		F	*
	3.2	$EOG(v_{hub}=v_r,v_r\pm2m/s,v_{out})$		U	N
	3.3	$EDC(v_{hub}=v_r,v_r\pm2m/s,v_{out})$		U	N
正常停机	4.1	$NWP(v_{in}<v_{hub}<v_{out})$		F	*
	4.2	$EOG(v_{hub}=v_r,v_r\pm2m/s,v_{out})$		U	N
紧急停机	5.1	$NTW(v_{hub}=v_r\pm2m/s,v_{out})$		U	N
停机或空转	6.1	$EWM(v_{hub}=v_{e50})$		U	N
	6.2	$EWM(v_{hub}=v_{e50})$	脱离电网连接	U	A
	6.3	$EWM(v_{hub}=v_e)$	极端偏航系统偏心	U	N
	6.4	$NTM(v_{hub}<0.7v_{ref})$		F	*
停机和故障	7.1	$EWM(v_{hub}=v_e)$		U	A
运输、安装和维护、修理	8.1	NTM		U	T
	8.2	$EWM(v_{hub}=v_e)$		U	A

注　DLC—设计载荷工况；ECD—带风向变化的极端持续阵风模型；EDC—极端风向变化模型；EOG—极端运行阵风模型；EWM—极端风速模型；EWS—极端风速切变模型；NTM—正常湍流模型；ETM—极端湍流模型；NWP—正常风速廓线模型；F—疲劳；U—极限强度；N—正常状况；A—异常状况；T—运输与安装；*—疲劳局部安全。

对每种设计工况对应的不同载荷状况，表 7-3 中分别用 F 和 U 规定适用的分析类型。F 用于疲劳载荷分析和疲劳强度设计；U 用于极限载荷分析，如最大强度分析和稳定性分析等。其中，极限载荷分析 U 对应的设计工况，还分为正常（N）、非正常（A）以及运输与安装（T）三类。预期的正常设计工况（A）通常对应于风力发电机组产生严重的故障,对于 N、A 或 T 类各种设计工况条件的极限载荷,有关标准均规定了相应的局部安全系数。

针对表 7-3 给出的风速范围,极限状态设计应考虑导致风力发电机组最不利状态的风速,通常可将风速范围分为若干段,对各段对应的风力发电机组寿命给出适当比例。

表 7-3 中的每种载荷状况,分别对应一定的风况条件。

(1) 发电状态。风力发电机组与电网连接,设计载荷要考虑风轮不平衡问题。此外,还需要考虑实际运行偏离理论最优运行条件的情况,如偏航系统的误差、控制系统故障等。

(2) 发电兼有故障。此设计状态包括在风力发电机组发电过程中出现脱离电网或由于故障触发的冲击事件。所有对风力发电机组载荷有明显影响的控制和保护系统故障以及电气故障都应考虑。

(3) 起动状态。此设计状态包括风力发电机组从静止或空转到发电整个瞬时过程发生载荷的所有事件。应根据控制系统特性对导致载荷变化的事件进行估计。

(4) 正常停机状态。此设计状态包括风力发电机组从发电状态到风力发电机组停止或空转整个瞬时过程发生载荷的所有事件。应根据控制系统特性对导致载荷变化的事件进行估计。事件数量应根据控制系统特性进行估计。

(5) 紧急停机状态。考虑由于紧急停机产生的载荷。

(6) 停机或空转状态。此设计状态针对风力发电机组处于停机或空转状态,考虑极端风速模型条件和正常湍流条件。

7.5 载荷分析基本要求

7.5.1 载荷分析影响因素

风力发电机组载荷的分析过程,针对每种设计载荷状况,除了考虑各种载荷外,还应考虑以下因素:

(1) 风力发电机组自身造成的风场扰动,如尾流、塔影等。

(2) 三维流动对叶片气动特性的影响。

(3) 非稳定空气动力学影响。

(4) 结构动力学与振动模态耦合的影响。

(5) 控制和保护系统的性能。

7.5.2 载荷分析要求

载荷计算一般采用相关的理论模型,借助工具软件进行分析。分析过程取轮毂高度的风速为计算值,计算数据的平均时间长度应不小于 60min。考虑仿真初始条件,为避免对仿真周期开始阶段载荷的统计数据产生影响,一般应删除前 5s 的数据。

针对某些载荷状况,需要考虑湍流风输入,并要求载荷数据的总周期足够长,以确保计算载荷统计数值的可靠性。

在许多情况下，风力发电机组部件一些关键部位的局部应力和应变可能处于瞬时多种载荷状态，对此情况，需要使用仿真输出的正交载荷时间序列定义设计载荷。采用这种正交载荷分量的时间序列进行疲劳和极限载荷计算时，应同时保存载荷的幅值和相位分量。

7.6　疲劳强度分析基础

7.6.1　疲劳强度设计概述

疲劳破坏是机械零件和结构件的主要失效形式之一，主要发生在循环变量载荷和随机载荷作用下。在循环载荷作用下，在零部件局部应力最大且最弱的部位出现微裂纹，并逐渐发展成宏观裂纹。

一般而言，结构强度设计的基本准则是保证静载荷产生的应力不超过材料许用应力，避免发生过载破坏。对于变载荷情况，可以通过增加许用安全系数值解决。疲劳失效与静载破坏不同。首先在零件的危险点附近产生疲劳裂纹，然后扩展直至发生断裂失效。所以应设法降低危险点的应力或提高危险点的强度，提高疲劳强度或延长寿命。

在风力发电机组运行过程中，很多机械强度要承受循环荷载，使构件的内部产生循环应力。风力发电机组使用寿命期限内的循环应力次数，一般可以简单估算，即

$$N = 60 k v_{\text{rotor}} H_{\text{op}} Y \tag{7-20}$$

式中　N——循环应力次数；

　　　k——风轮每转循环事件的次数，对于各叶片的根部应力循环而言，$k=1$，而对于三叶片风轮部件而言，$k=3$；

　　v_{rotor}——风轮转速；

　　H_{op}——风力发电机组的年运行小时数；

　　　Y——运行年数。

应该指出，鉴于风力发电机组载荷的复杂性，设计中不仅考虑多重循环荷载作用，还需要考虑随机载荷等的影响。实际上，式（7-20）只是简单的估计，设计中还应注意高频变化应力、幅值变化等循环应力对风力发电机组疲劳寿命设计的影响。

7.6.2　疲劳设计基本方法

1. 疲劳寿命（$S-N$）曲线

疲劳强度设计一般以实验为基础，通过相应的力学实验获得某种构件的疲劳强度极限数据。疲劳试验需要在疲劳试验机上进行，为了降低实验成本和简化试验过程，通常采用结构简单、造价较低的标准试样。实验过程通常对试样施加不同幅值的零均值循环应力，并记录试样在循环应力条件达到破坏的循环次数或寿命 N。通过对一组试样施加不同应力载荷的试验，可得到系列试验数据。经过数据处理后，以应力循环次数为横坐标，循环应力幅值为纵坐标，可以做出相应构件的循环应力-寿命曲线，通常称作 $S-N$ 曲线。

图 7-19 反映了疲劳强度的 $S-N$ 曲线的基本形式。$S-N$ 曲线多采用双对数坐标，曲线大致由三段折线组成。

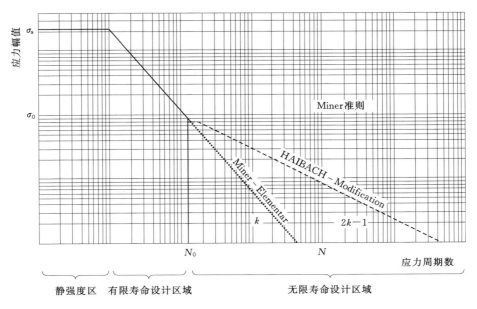

图 7-19 典型的循环应力-寿命曲线（$S-N$ 曲线）

第一段为平行于横坐标的直线，一般对应材料的静载荷强度 σ_s。

第二段为斜线，基本关系描述为

$$\sigma_i^m N_i = C \tag{7-21}$$

式中 m、C——与试件材料有关的常数；

N_i、σ_i——斜线上任意点坐标，亦即产生疲劳破坏的循环总次数 N_i 对应的循环应力 σ_i，一般也称为条件疲劳强度。

第三段与第二段线交点的横坐标 N_0 一般称为循环基数，对应的纵坐标 σ_0 称为疲劳极限。

一般而论，当循环应力幅值低于 σ_0 及试验循环次数超过 N_0 时，若试件不发生损坏，则认为在 σ_0 应力作用下，试件可以无限次循环而不出现疲劳失效。此种情况对应的第三段线呈水平线，也称为 Miner 准则。

但实际上，材料不可能承受无限次循环应力，对于风力发电机组等要求设计寿命较长的设备，特别是对于其中一些需要承受更高周次循环载荷的构件而言，仅采用 Miner 准则对应的低应力范围进行疲劳评估往往不够。

因此，为满足不同设计要求，有时需要采用其他的寿命估计方法，对 Miner 准则对应的第三段水平线进行修正。如图 7-19 所示，呈斜线的第三段疲劳特性分别对应了 HAIBACH - Modificaiton 和 Miner - Elementar 两种修正估计方法。一般认为后者更加合理。

图 7-19 中 $S-N$ 曲线的第一、二段与循环基数 N_0 所构成的区域，一般称为有限寿

命设计区域。参照区域对应的疲劳极限条件进行的疲劳强度设计，称为有限疲劳设计。而超过 N_0 区域对应的疲劳强度则被称为无限疲劳设计。

影响结构疲劳强度的因素很多，但主要涉及材料、零件状态和工作条件三个方面。

（1）材料方面：化学成分、金相组织、纤维方向、内部缺陷等。

（2）零件状态：应力集中系数、尺寸系数、表面加工状态、表面强化处理状态。

（3）工作条件：载荷特性、环境介质、使用温度等。

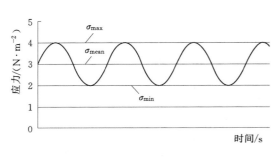

图 7-20　循环应力及其特征

2. 非零均值循环应力

如图 7-20 所示，循环应力具有周期变化的特点，其特征一般可描述为

$$\sigma_a = \frac{\sigma_{max} - \sigma_{min}}{2}$$

$$\sigma_m = \frac{\sigma_{max} + \sigma_{min}}{2}$$

$$\sigma_{max} = \sigma_m + \sigma_a \qquad (7-22)$$

$$\sigma_{min} = \sigma_m - \sigma_a$$

$$\Delta\sigma = \sigma_{max} - \sigma_{min} = 2\sigma_a$$

式中　σ_m——平均应力；

　　　σ_{max}——最大应力；

　　　σ_{min}——最小应力；

　　　σ_a——应力幅值；

　　　$\Delta\sigma$——应力范围。

以上这些参数被称为循环应力的特征参数。

定义应力比 R_T，即

$$R_T = \frac{\sigma_{min}}{\sigma_{max}} = \frac{\sigma_m - \sigma_a}{\sigma_m + \sigma_a} \qquad (7-23)$$

当循环应力为拉应力时取正值，为压应力时取负值。根据此应力比 R_T 的取值，可区分循环应力的特征：$R_T = -1$ 时，表示对称循环应力；$R_T = 0$ 时，为脉动循环应力；$R_T = 1$ 为静应力；当 $0 < R_T < 1$ 时，为波动循环应力；若应力比 $R_T \neq \pm 1$，所对应的各种循环应力统称为不对称循环应力。

在非零均值交变应力条件下，与对称应力的疲劳寿命曲线有所不同。若定义非零均值循环应力下的疲劳极限为 σ_r、对称应力下的疲劳极限 σ_{-1}，两者存在如下关系：

（1）格伯关系。

$$\sigma_r = \sigma_{-1}\left(1 - \frac{\sigma_m}{\sigma_b}\right)^2 \qquad (7-24)$$

（2）古德曼关系。

$$\sigma_r = \sigma_{-1}\left(1 - \frac{\sigma_m}{\sigma_b}\right) \qquad (7-25)$$

（3）索德贝尔格关系

$$\sigma_r = \sigma_{-1}\left(1 - \frac{\sigma_m}{\sigma_s}\right) \qquad (7-26)$$

式中　σ_b、σ_s——材料的强度极限和屈服极限。

可以利用式（7-24）～式（7-26）三种应力关系，对非零均值交变应力进行修正。但应注意，格伯关系比较复杂，通常适用于韧性材料，而索德贝尔格关系偏于保守。因此，在疲劳强度设计中较常用古德曼关系。

根据古德曼关系式，可将非零均值循环应力转换为等价的零均值循环应力，即

$$\sigma_{-1} = \frac{\sigma_r}{1 - \dfrac{\sigma_m}{\sigma_b}} \qquad (7-27)$$

这样，即可以采用对称循环应力疲劳试验的数据，对非零均值循环应力作用下的构建疲劳寿命进行估计。

3. 累积损坏与 Miner 准则

在承受小于寿命许用载荷条件下，部件也可能在连续运行一段时间后发生损坏。对于变幅值循环应力的情况，如图 7-21 所示，Palmgren 和 Miner 分别提出了结构疲劳损伤的累积式线性的简单假设。

根据 Miner 对累积损坏的定义，累积损坏 D 为各幅值循环应力引起损坏的总和。若结构经受 m 个常幅循环应力 σ_i（$i=1$、

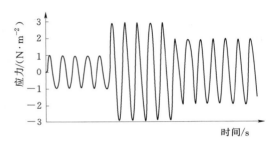

图 7-21　变幅值循环应力

2、…、m），各应力下的寿命分别为 N_i，发生 n_i 次应力循环，则 n_i 次循环造成的"相对损伤"为 n_i/N_i。当所有"相对损伤"的累积疲劳损伤总和等于 1 时，疲劳破坏发生。亦即

$$D = \sum_{i=1}^{m} \frac{n_i}{N_i} = 1 \qquad (7-28)$$

式中　n_i——在各应力 σ_i 对应的循环次数；

　　　N_i——单一应力 σ_i 作用下疲劳破坏的总循环次数；

　　　D——应力幅值变化的情况下的累积总损伤。

这就是著名的线性损伤累积假设，已被广泛应用于变载荷条件的寿命分析中。

实际上，疲劳裂纹的形成和发展过程不一定是线性的，线性疲劳损伤累积理论也只是一种近似表达。但线性损伤累积的假设方法简单，基本能够满足工程应用要求。当然，针对一些特殊的设计需要，也可采用其他的寿命估计方法，如线性疲劳累积损伤理论等。

4. 随机循环载荷

如图 7-22 所示，非周期性且与时间不具有确定函数关系的载荷称为随机载荷。随机载荷产生的疲劳现象通常称为随机载荷。随机载荷产生的疲劳现象通常称为随机疲劳。

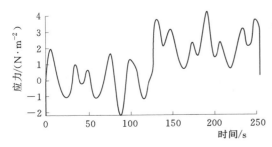

图 7-22　随机循环载荷

7.7　疲　劳　强　度　设　计

7.7.1　确定疲劳设计载荷的因素

分析风力发电机组疲劳的工作之一为确定合理的载荷谱。对风力发电机组载荷状况的详细分析和评估是确定载荷谱的基本依据。载荷谱的确定应考虑对风力发电机组结构可能造成损伤的所有疲劳载荷。在设计初始阶段，可假设风力发电机组的最低设计寿命为 20 年，采用简化计算载荷谱进行结构疲劳分析。

疲劳强度的设计载荷谱，应包括风力发电机组在设计风速范围的典型循环载荷，循环次数与各种风速下风力发电机组运行的时间成正比。同时，需要考虑风力发电机组起动和停机过程的载荷循环。

计算载荷谱时还需要考虑以下因素的影响：

（1）构件重量载荷。

（2）旋转部件偏心引起的不平衡载荷。如对于风轮部件，需考虑实际的质量偏心距。若偏心距 e_m 未知时，一般取

$$e_m = (0.005 \sim 0.05)R \tag{7-29}$$

式中　R——风轮半径。

（3）尾流效应的影响。

（4）叶片的制作与安装误差。叶片的加工和安装均可能造成风轮气动载荷的不对称。应考虑实际允差，若此数据难以获得，可设叶片的相对安装角偏差为 $\pm 0.3°$。

（5）正常风梯度。

（6）确定风向变化。

（7）偏航操作对载荷的影响。一般认为偏航操作的工作时间约占风力发电机组运行寿命的 10%。

（8）起动与停机。考虑风力发电机组起动和停机过程，当风力转速通过塔架共振区时，将产生动态载荷的放大效应。可设风力发电机组每年在切入风速下起动 1000 次，在切出风速下停机 50 次。

（9）按正常湍流模型确定的风扰动。

（10）平均风速的偏差。

7.7.2　风力发电机组气动部件的简化载荷谱

设计过程往往难以获得气动部件的载荷谱，在初步设计时可采用简化载荷谱。简化载荷谱的最大幅值通常取平均气动载荷的 1.5 倍；对于最大循环的次数，则需根据风力发电机组寿命期内在额定风速条件下连续运行的假设，并考虑具体的设计和运行参数导出。

如对于叶片及其连接件，确定载荷循环数时应考虑风轮转速、叶片通过频率（转速与叶片数乘积）等参数，同时假定风力发电机组在整个寿命期内均在额定风速条件下运行。

对于风轮叶片重力等载荷与起动载荷叠加引起的振动，可假设气动力的相位关系与垂

直风梯度（即顶部或底部最大）引起的载荷相位一致。

作为对载荷谱的进一步简化，疲劳分析过程也可采用"损伤等载荷谱"。所用的 $S-N$ 曲线中的幂指数取 $m=3\sim9$，载荷循环次数一般取上述载荷循环次数的 75%。

7.7.3 疲劳失效评估方法

对于风力发电机组构建可能产生的疲劳损伤，可根据 Miner 准则进行评估。同时应参照有关风力发电机组的设计标准，考虑适当的安全系数，使其设计寿命期内的累积损伤满足

$$D=\sum\frac{n_\mathrm{i}}{N_\mathrm{i}(\gamma_\mathrm{m}\gamma_\mathrm{n}\gamma_f\sigma_\mathrm{i})}\leqslant1.0 \tag{7-30}$$

式中　　　n_i——典型载荷谱的第 i 级载荷的计算疲劳循环次数；

　　　　　σ_i——与第 i 级载荷计算循环次数对应的应力，包括平均应力和循环顺序的影响；

　　　　　N_i——疲劳破坏对应的循环次数，是以应力为自变量的函数；

γ_m、γ_n、γ_f——相应的材料系数、失效影响系数和载荷局部安全系数。

对于采用无限寿命设计原则设计的零部件，应保证其发生疲劳破坏的概率极小；对于采用安全寿命设计原则设计的零部件，应保证其在给定的风力发电机组使用寿命期内发生疲劳破坏的概率极小；对于采用损伤容限设计原则设计的零部件，应根据零部件的失效-安全等级，同时综合考虑构件的材料、应力水平和结构形式，尽量减少由于未发现的缺陷、裂纹或损伤扩展对风力发电机组的影响。

7.8 弹 性 结 构 模 型

叶片气动弹性分析的目的是求解在任意载荷下叶片振动的特征。振动微分方程的一般形式为

$$M\ddot{x}+C\dot{x}+Kx=F \tag{7-31}$$

式中　　M——质量矩阵；

　　　　C——阻尼矩阵；

　　　　K——刚度矩阵；

　　　　F——作用在叶片上随时间变化的力向量；

　　　　x——被求解的位移向量，它包括位移和旋转；

　　　$\dot{x}$、$\ddot{x}$——位移向量 x 对时间的一阶、二阶导数。

叶片的气动弹性分析计算可以利用现有的气动弹性分析软件。

为了运用气动弹性分析软件完成一个实际的叶片振动分析，必须正确处理结构阻尼。包含在运动方程之中的结构阻尼模型是为了确保结构系统能量的耗散。通常，结构阻尼的实际测量数据还是有限的。

经验表明，按对数衰减的结构阻尼（相邻振动周期内同方向振幅衰减比值取对数，称为对数衰减率，以 δ 表示）通常在叶片中大约为 3%（主轴和塔架中约为 5%）。为了确保能量的耗散，要求运动方程中的阻尼矩阵 C 是正定的或至少是半正定的，即

$$x^{\mathrm{T}}C_x \geqslant 0 \qquad (7-32)$$

式中　T——振动周期。

结构阻尼矩阵的正定性，确保了各种速度下的能量耗散。

通常用 Rayleigh 模型计算阻尼。该模型的主要优点是能实现与运动方程的解耦。这个阻尼模型的形式如下

$$C=\alpha M+\beta K \qquad (7-33)$$

式中　α、β——模型常量，它们由不相等振动频率下的两个阻尼比确定。

因而 Rayleigh 阻尼模型仅适用于已经测定了两个阻尼比的情形，该模型的缺点是在高振动频率时阻尼的预测值很高。

在根据阻尼模型得出阻尼系数的初始值后，只有验证它们接近实际值后，才能将其用于气动弹性分析模型。阻尼系数的验证方法是限定一个阻尼模型检验的自由度，将一个外加激振力作用在结构元件上，叶片产生频率为其固有频率的振动。急振数秒后，测量振幅的衰减，则阻尼系数可从拟合振幅衰减曲线得出。

7.9　塔架静动态特性的影响因素

在静动态特征的考虑因素中，拉索结构的塔架重量较轻，而筒式塔架则重得多。图 7-23 所示为不同形式塔架自身质量和刚性的对比。钢结构塔架虽重量大，但基础结构简单，占地少，安装和基础费用不是很高。拉索式结构重量轻，运输方便，但安装和基础费用要高一些。

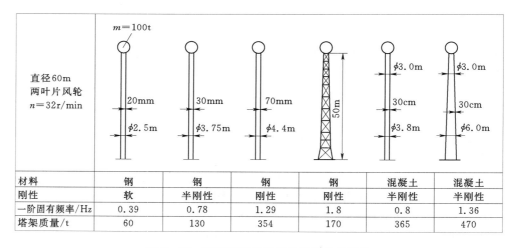

材料	钢	钢	钢	钢	混凝土	混凝土
刚性	软	半刚性	刚性	刚性	半刚性	半刚性
一阶固有频率/Hz	0.39	0.78	1.29	1.8	0.8	1.36
塔架质量/t	60	130	354	170	365	470

图 7-23　不同塔架自身质量和刚性的对比

中小型风力发电机组的塔架多采用钢材料。由于大型机塔架运输困难，混凝土结构可在安装地施工，因而大型风力机也有采用混凝土结构塔架的。

由于塔架承受的弯矩由上至下增加，因此塔架横截面积自下而上逐渐减小，以减小塔架自身的质量。

风轮转动引起塔架受迫振动的模态非常复杂。由叶轮转子残余的旋转不平衡质量造成

塔架以转速 n 为频率的振动；由于塔影、不对称空气来流、风剪切、尾流等造成频率为 zn 的振动。塔架的一阶固有频率与受迫振动频率 n、zn 值的差别必须超过这些值的 20%，以避免共振，以及高次共振。

风轮、变速箱等几种设备和塔架构成系统，并且机舱集中质量又处于塔架顶端，因而它对系统固有频率的影响很大。如果塔架—机舱系统的固有频率大于 zn，则该系统称为刚性塔；介于 n 与 zn 之间的称为半刚性塔；系统固有频率低于 n 的为柔塔。塔架的刚性越大，重量和成本也就越高。目前，大型风力机多采用半刚性塔和柔塔。

恒定转速的风力机设计必须保证塔架—机舱系统固有频率的取值在转速激励的受迫振动频率之外。变转速风轮可在较大转速变化范围内输出功率，但不容许在系统自振频率的共振区长期运行，转速应尽快穿过共振区。对于刚性塔架，在风轮发生超速现象时，转速的叶片数倍频下的冲击也不得产生对塔架的激励共振。

当叶片与轮毂之间采用非刚性连接时，对塔架振动的影响可以减小。尤其在叶片与轮毂采用铰链连接或风轮叶片能在旋转平面前后 $5°$ 范围内摆动时，取这样的结构设计能减轻由阵风或风的切变在风轮轴和塔架上引起的振动疲劳，但缺点是构造复杂。

考虑塔架自身的均布质量 $\overline{m}_l$ 和位于塔顶的风力发电机组机舱集中质量 m，此圆柱塔架系统的固有频率 f 为

$$f = \frac{1}{2\pi}\sqrt{\frac{g}{y}} \qquad (7-34)$$

式中　g——重力加速度，$9.81\mathrm{m/s^2}$；

　　　　y——假定塔架水平放置、底部固定，塔架自身均匀分布的质量 $\overline{m}_l$ 与风轮、机舱集中质量 m 在重力场作用下引起梁顶端的弯曲挠度，如图 $7-24$ 所示。

梁顶端的弯曲挠度 y 为

$$y = \frac{1}{EJ_x}\left(\frac{\overline{m}_l g l^3}{8} + \frac{mgl^3}{3}\right) \quad (7-35)$$

梁的完全变形形状也是它在一阶固有频率下的振动。圆形管横截面上的惯性矩 J_x 为

$$J_x = \frac{\pi(D^4 - d^4)}{64} \qquad (7-36)$$

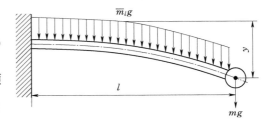

图 $7-24$　均布质量、机头质量影响下横置塔架的弯曲挠度

式中　d、D——管内、外径，m。

钢的弹性模量 $E = 2.1 \times 10^{11}\mathrm{N/m^2}$。

对于塔架刚度、分布质量沿其高度的变化的系统，其固有频率可运用有限元数值方法计算求得。

风轮、机舱、塔架组成的风力发电机组还包含了叶片的变桨距装置和对风装置等，系统可作为一个弹性体来看待。该弹性系统的动态特性问题，在设计中必须认真予以考虑。

7.10　塔架—风轮系统振动模态

首先应考虑的是风力发电机组动态稳定性问题，即在风力发电机组运行的所有转速范围和可能遇到的气象条件下，各部件振动的振幅不超过安全运行和设计要求的规定，并且在发生与系统固有频率同步的强迫振动时，振动不发散，能很快恢复到正常的稳定状态。

图 7-25 所示为叶片、机舱、塔架的时间运动情况，这些运动是在空气动力、离心力、重力和陀螺效应力作用下产生的。所有的力在风力转动过程中周期性变化，使每一个部件在给定运动方向上产生振动。对系统、各部件做振动模态分析，就是理论上确定它们在相应的交变力、交变力矩作用下的振型、振幅和频率，从而为解决风力发电机组的动态稳定性问题提供重要依据。图 7-26 所示为水平轴风力机叶片、风轮和塔架的各种理论振型。

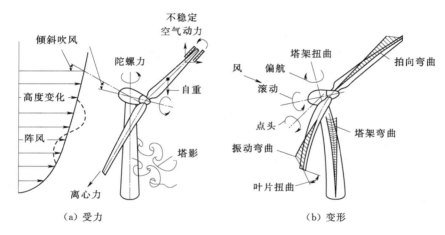

（a）受力　　　　　　　　　　　　　　　（b）变形

图 7-25　水平轴风力机的受力、运动和变形

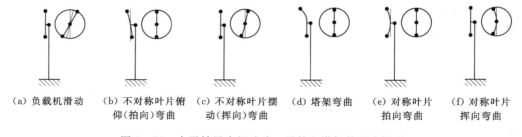

（a）负载机滑动　（b）不对称叶片俯　（c）不对称叶片摆　（d）塔架弯曲　（e）对称叶片　　（f）对称叶片
　　　　　　　　　仰（拍向）弯曲　　动（挥向）弯曲　　　　　　　　拍向弯曲　　　挥向弯曲

图 7-26　水平轴风力机叶片、风轮和塔架的理论振型

处理风力发电机组动态稳定性问题的另一重要手段是借助于塔顶、风轮叶片、风轮轴承、变速箱等零部件实际振动频率响应的测试，并做出深入的频谱分析。这有利于解决测试机组的振动问题，也为设计提供了基础支持。

图 7-27 所示为某风力机叶片频率响应测试的结果。在风轮转速频率提高的过程中，叶片的振幅增加，并在转速的某一个区段内振幅明显增加，而后减小，这是通过叶片一阶

固有频率频带时的特征。在没有空气动力干扰的条件下，通过叶片固有频率的 2 倍、3 倍乃至高倍频时，其振幅也有一定程度的增加。

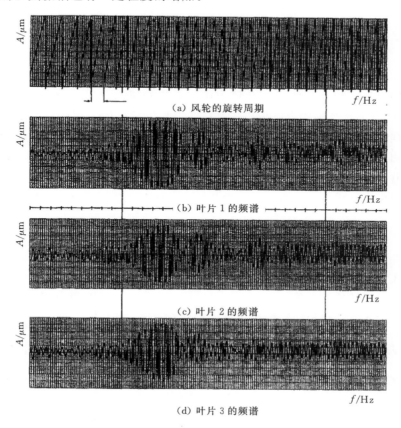

图 7 - 27　风轮叶片频率响应测试结果

对频率响应测试做频谱分析，还可以得到振动主频和它的各阶倍频下振动能量的比较等重要结果。出现风力发电机组系统或某些部件振动过大，动态稳定性差的问题时，在振动模态分析、振动测试频谱分析的基础上，有针对性地对叶片刚度、质量分布，风轮旋转质量的平衡，轴承刚度，风轮轴心与增速箱轴心的对中，塔架刚度、质量分布，塔架与基础的固定等作出改进。

第8章 垂直轴风力机

与水平轴风力机相对应的另一类风力机为垂直轴风力机（Vertical Axis Wind Turbine，VAWT）。与水平轴风力机相比，垂直轴风力机具有诸多优点。但由于垂直轴风力机发展的历程较短，在空气动力学以及结构力学等方面的技术积累较少，大型化垂直轴风力机的研究相对比较滞后。但小型垂直轴风力机，经过多年的空气动力学、结构强度和发电特性的研究，已经得到了应用。

本章将对垂直轴风力机的空气动力学和结构特性方面的内容进行探讨。

8.1 垂直轴风力机的分类

垂直轴风力机的形式多种多样。按照空气动力学工作原理可以分为阻力型和升力型两类。利用了空气对风轮叶片的阻力而推动风轮旋转的风力机称为阻力型风力机；利用了空气对风轮的升力而驱动风轮旋转的风力机称为升力型风力机。

8.1.1 阻力型垂直轴风轮

图 8-1 所示为一个最简单的阻力型垂直轴风轮应用实例，一个简单的纯平板式垂直

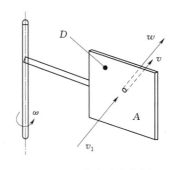

图 8-1 叶片受力分析

轴风轮。其工作原理比较简单，风以速度 v_1 流过平板时，对平板产生一个作用力 D，且方向与风速度 v_1 方向相同，作用力 D 称为阻力。如果设平板面积为 A，旋转速度为 v，此风轮的输出功率为

$$P = Dv \qquad (8-1)$$

$$D = \frac{\rho}{2} C_T A (v_1 - v)^2 \qquad (8-2)$$

式中　D——风对平板产生的阻力；

C_T——平板的阻力系数。

将式（8-2）带入式（8-1）得出风轮输出功率完整的

表达式为

$$P = \frac{\rho}{2} C_T A (v_1 - v)^2 v \qquad (8-3)$$

分析式（8-3）可以发现，在风速 v_1 和阻力系数 C_T 已知的条件下，功率 P 为平板速度 v 的函数。当 $v=0$ 时，P 为 0，表明气流对平板不做功；当 $v=v_1$ 即平板旋转线速度与风速相同时，P 为 0，表明气流依然不对平板做功。所以，在 $v/v_1 = 0 \sim 1$ 之间，必然存在一个最佳风轮转速 v_{OP}，可以使风轮的输出功最大。定义 v'/v_1 为风轮的叶尖速比 λ，

则从上述可以得出阻力型垂直轴风力的叶尖速比不大于 1。

风能利用系数 C_P 为

$$C_P = \frac{P}{P_0} = \frac{\frac{\rho}{2}C_T A(v_1-v)^2 v}{\frac{\rho}{2}v_1^3 A} = C_T\left(1-\frac{v}{v_1}\right)^2 \frac{v}{v_1} \tag{8-4}$$

当 $\dfrac{\mathrm{d}C_P}{\mathrm{d}(v/v_1)}=0$ 时，C_P 取最大值。计算可得，当 $\dfrac{v}{v_1}=\dfrac{1}{3}$，$C_P$ 值最大，为

$$C_{P,max} = \frac{4}{27}C_T \tag{8-5}$$

若平板的阻力系数 $C_T=1.3$，则平板风轮最大风能利用系数为 $C_{P,max}=0.193$，与水平轴的相比，此风能利用系数明显较低。故此类垂直轴风力机很少用于发电。

垂直轴风轮的转速决定了其输出功率的大小，只有在最佳转速时才能获得最佳风轮输出功率。图 8-2 所示为某阻力型风轮的输出功率与叶尖速比的关系性能曲线。从图 8-2 可以看出，风轮在叶尖速比 $\lambda=0.35$ 时，其输出的功率最大，在 $\lambda=0.2\sim0.5$ 为高效运行区域。

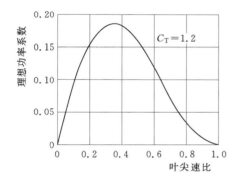

图 8-2 某风轮的性能曲线

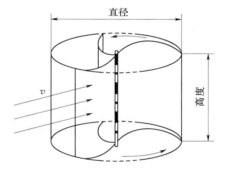

图 8-3 阻力差型风力机

8.1.2 阻力差型垂直轴风力机

在现实中，有很多采用非平板式叶片的风轮，在不需要风罩的时候也可以一定的速度旋转。例如，如图 8-3 所示为比较典型常见阻力差型风力机。这种利用叶片在顺风和逆风时受风面形状不同而产生不同的阻力系数，来驱动风轮旋转的风力机称为阻力差型垂直轴风力机。在顺风面采用凹形受风面，具有聚风作用，对风阻力较大；在逆风面，为凸形受风面，对风阻力较小。正是这种对风的阻力之差驱动了风轮旋转。

设叶片叶尖的线速度为 v，风的速度为 v_1，叶片表面积为 A，则风作用于叶片凹形面的阻力为

$$T_1 = \frac{1}{2}\rho C_{T1}A(v_1-v)^2 \tag{8-6}$$

逆风阻力为

$$T_2 = \frac{1}{2}\rho C_{T2}A(v_1+v)^2 \tag{8-7}$$

式中 C_{T1}、C_{T2}——叶片顺风凹面和逆风凸面的阻力系数。假定这两个系数为常数时,则可得到风杯式风轮的输出功率,即

$$P=\frac{1}{2}\rho A\left[C_{T1}(v_1-v)^2-C_{T2}(v_1+v)^2\right]v \tag{8-8}$$

则风能利用系数为

$$C_P=\frac{P}{P_0}=\frac{\dfrac{\rho}{2}A\left[C_{T1}(v_1-v)^2-C_{T2}(v_1+v)^2\right]v}{\dfrac{\rho}{2}v_1^3 A} \tag{8-9}$$

与平板式垂直轴风轮类似,当 $\dfrac{\mathrm{d}C_P}{\mathrm{d}(v/v_1)}=0$ 时,C_P 取最大值。通过计算求得,当

$$\frac{v}{v_1}=\frac{2(C_{T1}+C_{T2})-\sqrt{4(C_{T1}+C_{T2})-3(C_{T1}-C_{T2})}}{3(C_{T1}-C_{T2})} \tag{8-10}$$

可取得最大风能利用系数。

阻力差型风轮也属于阻力型风轮,其叶片在空气阻力的推动下旋转,且最佳叶尖速比位于 0~1 范围之内。通过分析式(8-8)可以发现,为了使阻力差型风轮获得最大功率,可以利用增大叶片的顺风阻力系数或者减少逆风阻力系数。通常典型的结构,如半球形叶片的 C_{T1} 达 1.33,而其 C_{T2} 为 0.34;半圆柱形叶片的 C_{T1} 达 2.3,而其 C_{T2} 为 1.2。

在旋转过程中,叶片在顺风和逆风所受的阻力不同,为了减少叶片在逆风时所受的阻力,可以在逆风叶片前设置可随风向调节的屏障。屏障依靠尾舵始终保持在逆风叶片的上游,从而保证逆风叶片受屏障保护而不受风的作用力。

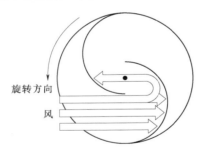

图 8-4 S 型垂直轴风轮

典型的阻力差型垂直轴风轮为 S 形结构的 Savonius 风轮,其结构由芬兰人 Sigurt Savonius 于 1924 年发明,故此风轮也被称为 Savonius 风轮,简称 S 型风轮。

S 型风轮由中心轴线错开的两个圆形叶片组成,如图 8-4 所示。两个半圆形叶片之间错开一定间距,称为叶片偏心距。叶片偏心结构使得风轮迎风叶片与顺风叶片之间形成了一个空气流通道。在叶片的引导下,经顺风凹面做功的部分气流通过该空气流通道,进入逆风叶片的背风侧,对凸面迎风叶片产生一个与风向相反的作用力,降低了逆风叶片克服空气阻力而消耗的有效功。

实践证明,有偏心距的 S 型风轮的风能利用系数比无偏心距的要高。但是偏心距的大小决定了夹道内空气流通截面的大小。偏心距过大,气流短路,在顺风凹面未做功就进入逆风凸面的背风侧,使得顺风凹面的做功能力大大减小;相反,偏心距太小,因边界层效应,气流受阻,无法有效进入逆风凸面的背风侧,风轮的风能利用系数也较小。

当 S 型风轮具有偏心距时,其风能利用系数可表示为

$$C_P=\frac{P}{\frac{1}{2}\rho A v_1^3} \tag{8-11}$$

$$A = h(2d - e) = hD \tag{8-12}$$

式中　　A——风轮的扫风面积；

　　　　h——风轮高度；

　　　　d——风轮半圆形叶片的直径；

　　　　e——S 型风轮的偏心距；

　　　　D——风轮的旋转直径。

　　加拿大学者 Newman 和 Lek Ah Chai 对 S 型风轮进行过大量实验研究，并对不同偏心距的 S 型风轮的性能进行了比较，并给出了起动时风轮的转矩系数与此时风轮叶片相对于风向位置间的关系曲线，以及风轮风能利用系数和叶尖速比的关系。试验风轮的叶片高度为 0.38m，直径为 0.15m，偏心距分别取为 0、2.54cm、3.81cm、5.08cm 和 6.35cm。偏心距与叶片半圆直径的比值为偏心系数。结果表明当偏心距为 2.54cm，即偏心系数为 0.1667 时风轮的性能最好。试验还证明，5 种风轮达到最佳风能利用系数时的叶尖速比值为 0.9～1。

　　在起动时，当叶片与风向处于不同的角度，S 型风轮有不同的起动性能。风轮叶片旋转一周与风向成不同的角度时，具有不同的静力矩。风轮起动前，叶片与风向的相对位置处于负转矩的区域时，风轮无法自行起动。为了改善此性能，可以采取如图 8-5 所示的两级 S 型风轮，或者螺旋形结构。

（a）弯叶片型　　　　　　　　（b）直叶片型

图 8-5　两级设置的 S 型风轮　　　　　图 8-6　不同形式的达里厄风轮

8.1.3　升力型垂直轴风力机

　　升力型垂直轴风力机主要利用了空气对叶片的升力来驱动风轮旋转的。最常见的升力型风力机为法国学者 Darrieus 发明的 Darrieus 风力机，也称达里厄风力机。其结构如图 8-6所示。升力型垂直轴风力机风轮的结构差别甚大，如有轴上直接固定了两片叶片，叶片外形整体成打蛋器型的达里厄风力机，如图 8-6（a）所示；也有两支叶片通过叶片支架固定在风轮轴上的 H 型达里厄风力机，如图 8-6（b）所示；也有超过两个叶片的其他结构形式的升力型风力机。

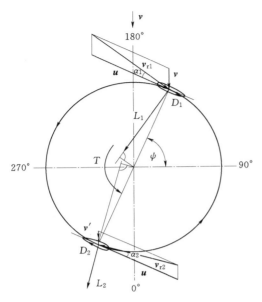

图 8-7　叶片的受力分析图

升力型垂直轴风力机的风轮采用升力型设计，其关键因素为叶片翼型采用机翼翼型或对称翼型。升力型风轮的结构虽存差异，但其工作原理相同。图 8-7 所示为升力型风轮断面的示意图，假设风轮横截面上空气流速 v 为恒定的，风轮运转中该横截面各翼型的切向速度 u 大小相等，方向与旋转半径垂直而各不相同，则它们与相对速度 v_r 构成了各翼型的速度三角形，即

$$v_r = u + v \qquad (8-13)$$

由于风速向量 v 和切向速度向量 u 已知，就可以确定相对速度 v_r 以及叶片翼型所受的空气动力。在某一截面上，各叶片翼型所受切向力与其半径乘积的叠加，即为该横截面叶片翼型对风轮驱动力矩的贡献，将每一断面产生的力矩沿风轮高度积分，则可得出风轮的推动力矩。

从图 8-7 可以看出，叶片在 360° 范围内，不同位置具有不同的速度三角形，且叶片在绝大部分区域所受的空气动力都将产生一个正的驱动转矩，只有在 90° 和 270° 附近时，翼型的弦线与风向平行或接近平行，气流相对速度很小，而阻力与升力的比值较大，产生负的驱动转矩，表现为刹车转矩，这也是降低升力型垂直轴风轮风能利用系数的一个原因。

图 8-8 是典型达里厄风轮单个叶片的力矩变化曲线。从图 8-8 可以看出叶片出现负转矩的区域，从而限制了达里厄风轮的最大出力。小叶尖速比值下，叶片产生失速现象，这种转矩特性导致达里厄风轮的起动力矩很小，需借助外力起动。

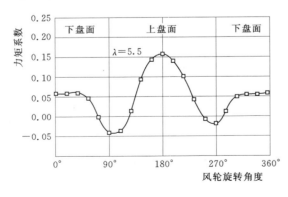

图 8-8　叶片旋转一周的力矩系数

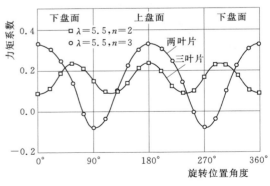

图 8-9　两叶片和三叶片的力矩系数变化

图 8-9 所示为两叶片和三叶片的达里厄风轮由各叶片力矩作用叠加而形成的风力力矩系数随转角变化的情形。从图 8-9 可以看出，在叶片力矩的叠加下，叶片的力矩系数

与单叶片产生较大区别，三叶片产生的总力矩系数很少有负力矩产生，这种现象随 λ 的增大，愈加明显。

阻力型风轮的起动力矩大，但在高叶尖速比时的风能利用系数较低。升力型风轮主要采用机翼翼型，因此作用在叶片上的升力与阻力之比，在适当的条件下可以达到 70～80，正因为如此，所以叶片主要依靠升力来工作而不是阻力，故称为升力型风轮，且升力型风轮在高叶尖速比时得到较大的输出力矩，风能利用率较高。

8.2　升力型风轮输出功率计算

由于达里厄垂直轴风力机叶片的特殊形状，以及叶片翼型在 360°转角范围内与空气流速度向量交角的变化性，使得在垂直轴风轮的设计中，其输出功率特性预测、空气动力载荷计算要比水平轴风轮的繁琐得多，准确性也较差。目前，不少文献中已经对不同参数值和不同方法进行了阐述。大部分学者认为 Darrieus 型风轮的最大风能利用系数为 0.40～0.42。这比水平轴风轮的最大风能利用系数稍低一点。

这里常用的理论有单流管理论、多流管理论。

8.2.1　均匀流理论

风流过垂直轴风轮的流场情况有多种考虑方法，最简单是认为风速均匀不变的穿过风轮，在风轮尾流风速也保持均匀不变，这种理论称为均匀流理论，如图 8-10（a）所示。但风作用在风轮上，风轮从中获取风能的同时，对风也产生反作用，从而对风轮中气流的流动也产生影响，表现为减弱。因此，通过均匀流理论研究的精度不高。

8.2.2　单一流管理论

单一流管理论将升力型风轮前后流场看作是一个流管，通过计算风轮在流管内的能量收支，来求得风轮的空气动力学特性。单一流管理论的简化示意图如图 8-10（b）所示。

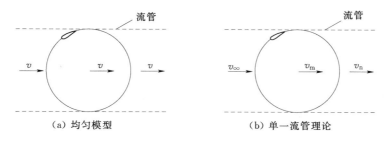

（a）均匀模型　　　　　　　　　　　（b）单一流管理论

图 8-10　流管模型理论

当风以 v_∞ 的速度吹向垂直轴风轮；在风轮的作用下，风轮内风速变为 v_m；当风穿过风轮后尾流的风速为 v_n。如果风轮旋转面内气流的诱导系数用 a 表示，则风速 v_m 可以表示如下

$$v_m = v_\infty(1-a) \tag{8-14}$$

为了求解速度诱导系数 a，将作用域风轮上的阻力 F_x 定义如下

$$F_X = \frac{1}{2} \rho v_\infty^2 A C_{FX} \tag{8-15}$$

式中　ρ——空气密度，kg/m^3；

　　　v_∞——风轮上游的空气流速，m/s；

　　　A——风轮的扫风面积，m^2；

　　C_{FX}——风轮的阻力系数。

值得注意的是，在风轮的旋转过程中，风轮的叶片受风面不同，因此阻力系数也不尽相同，这里 C_{FX} 取其平均值。可利用动量守恒方程和连续性方程，可以求出阻力 F_X 为

$$F_X = 2 \rho v_\infty^2 A a (1 - a) \tag{8-16}$$

联合上述两式，可计算出诱导系数 a 为

$$a = \frac{1}{2} \left(1 - \sqrt{1 - C_{FX}} \right) \tag{8-17}$$

为了求解阻力系数 C_{FX}，定义气流通过叶片时的相对速度 v_R，来流风速为 v_∞，旋转半径为 R，风轮旋转的角速度为 ω，来流风速与固定叶片支架角度为 θ；叶片的安装角度为 β，叶片流入角为 ϕ，叶片迎角 α。且定义无量纲参数 $\overline{v_R} = v_R / v_\infty$，即相对流入风速与来流风速的比；$\lambda^* = \lambda / (1 - a)$，为叶尖速比与修正了的气流诱导系数 a 之比。$\overline{v_R}$ 和 λ^* 可以用下式表示

$$v_R^2 = v_\infty^2 (1 - 2\lambda^* \sin\theta + \lambda^{*2}) \tag{8-18}$$

$$\overline{v_R} = (1 - a) \sqrt{1 - 2\lambda^* \sin\theta + \lambda^{*2}} \tag{8-19}$$

由相对风速产生的作用于叶片的空气动力，可以分解成沿安装叶片支架轴线方向的 C_{Fn}，和与之正交的旋转面方向的 C_{Ft}。设升力系数为 C_L，阻力系数为 C_D，叶片个数为 B，叶片长为 l_b，对叶片旋转一周积分可得各阻力系数为

$$C_{FX} = -\frac{B l_b}{4\pi} \int_0^{2\pi} \overline{v_R^2} (C_{Fn} \cos\theta + C_{Ft} \sin\theta) \, d\theta \tag{8-20}$$

$$C_{Fn} = C_L \cos\phi + C_D \sin\phi \tag{8-21}$$

$$C_{Ft} = -C_L \cos\phi + C_D \sin\phi \tag{8-22}$$

联立式（8-17）和式（8-20）则可以得出风轮的诱导系数 a 为

$$a = -\frac{B l_b}{8\pi} (1 - \sqrt{1 - C_{FX}}) \int_0^{2\pi} \overline{v_R^2} (C_{Fn} \cos\theta + C_{Ft} \sin\theta) \, d\theta \tag{8-23}$$

类似，利用式（8-23）、相对流入速度以及表征空气动力学特性的三个系数——升力系数 C_L、阻力系数 C_D 和扭矩系数 C_M，求解出作用于叶片的力矩系数 C_T 为

$$C_T = \frac{B l_b}{4\pi} \int_0^{2\pi} \overline{v_R^2} (C_L \sin\phi + C_D \cos\phi - C_M l_b) \, d\theta \tag{8-24}$$

作用于叶片的力矩系数 C_T 是由作用于叶片上的力矩来定义，其中，R 为风轮的旋转半径，则

$$T_B = \frac{1}{2} \rho v_\infty^2 A R C_T \tag{8-25}$$

$$C_T = \frac{T_B}{\frac{1}{2} \rho v_\infty^2 A R} \tag{8-26}$$

在风轮旋转时，除了叶片上作用有力矩外，支架也产生力矩，用 T_Z 表示。其定义方法与叶片力矩一样，表示如下

$$T_Z = \frac{1}{2}\rho v_\infty^2 A R C_Z \tag{8-27}$$

$$C_Z = \frac{T_Z}{\frac{1}{2}\rho v_\infty^2 A R} \tag{8-28}$$

因此，风轮组合力矩为叶片与支架力矩之和 $T = T_B + T_Z$，风轮的风能利用系数可以利用合力矩计算为

$$P = \frac{1}{2}\rho v_\infty^3 A C_P \tag{8-29}$$

$$C_P = (C_T + C_Z)\lambda \tag{8-30}$$

8.2.3　多流管理论

多流管理论的空气动力学模型以 Glauerts 叶素理论为基础。以流动方向的动量方程为基本原理。如图 8-11 所示：假设有若干个流管穿过风轮，其中每个流管中流体的速度不尽相同，它们对叶片所产生的作用力也各不相同。

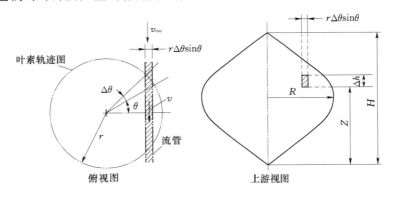

图 8-11　多流管理论模型

图 8-11 中选取穿过风轮的一个流管，由图可知，流管的横截面积为 $A_s = \Delta h r \Delta \theta \sin\theta$，其中 Δh 为流管垂直高度，$r\Delta\theta\sin\theta$ 为流管的宽度。假定流管的横截面积在其穿过风轮时恒定不变。流管在流进风轮和流出风轮时，横截面积才会发生变化。把流管中风的速度计为 U，它是角度 θ 和高度 Z 的函数。

多流管动量模型是一种比单流管动量模型更为精确的模型，在这个模型中假定有一系列的流管穿过风轮。其中每个流管的计算又是以单流管理论为基础，虽然多流管模型对于风轮附近整个流场的描述并不很精确，但是它却能够很好地描述叶片上的受力。不仅如此，还能够方便地引入风剪效应的影响。

1. 基本假定

（1）流体为正压的、不可压缩的、无旋的定常流动。

（2）各流管之间的流动互不干涉，彼此相互独立。

（3）流动是稳定的。

（4）流体的流动方向与风轮主轴方向垂直。

2. 单流管动量理论的引入

假定上游风速为 v_∞，空气的密度为 ρ，流管中风的绝对速度为 v，因风轮扰动而产生的流管中平均力为 $\overline{F_x}$，流管面积为 A_s，则由单流管动量理论可以得到

$$\overline{F_x} = 2\rho A_s v(v_\infty - v) \tag{8-31}$$

考虑作用在叶素上的力，假设风轮有 N 个叶片，则在旋转过程中，叶素通过流管时所受到的力为 F_x，注意到每个叶片每旋转一周时在流管中所花的时间份额为 $\Delta\theta/\pi$，因此，流管中的平均力可以写为

$$\overline{F_x} = N F_x \frac{\Delta\theta}{\pi} \tag{8-32}$$

联立式（8-31）和式（8-32）可以得到如下

$$\frac{N F_x}{2\pi\rho\Delta h \sin\theta v_\infty^2} = \frac{v}{v_\infty}\left(1 - \frac{v}{v_\infty}\right) \tag{8-33}$$

这里设式（8-33）左边为

$$F_x^* = \frac{N F_x}{2\pi\rho\Delta h \sin\theta v_\infty^2} \tag{8-34}$$

3. 作用在叶素上的力

通过求出流管中风速与上游风速的比，从式（8-33）求出作用在单元叶片上的力，方向与风向一致。该力可以分解为沿着风轮旋转方向的切向作用力 F_n、垂直的法向作用力 F_t 以及顺翼展方向的力，其中，叶素对风轮产生扭矩时，顺翼展方向的力对其作用很小，而且其对 F_x 的作用也很小，因此可以将其省去。其中切向作用力的方向与旋长的方向相同。通过求解 F_n 和 F_t，可以求出 F_x。

F_n 和 F_t 两个力，以及它们的合力的关系在图 8-12 中得到了体现，其中合力方向与流动的方向一致。利用图中的关系可以得出

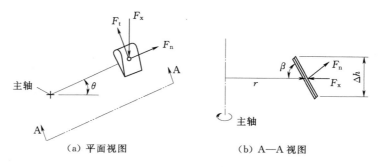

（a）平面视图　　　　　　　（b）A—A 视图

图 8-12　叶素的受力示意图

$$F_x = -(F_n \sin\beta \sin\theta + F_t \cos\theta) \tag{8-35}$$

由空气动力学基本理论，F_n 和 F_t 可表示成为如下的形式

$$F_t = \frac{1}{2} C_t \rho \frac{\Delta h t}{\sin\beta} v_R^2, \quad F_n = \frac{1}{2} C_n \rho \frac{\Delta h t}{\sin\beta} v_R^2 \tag{8-36}$$

式中　ρ——空气的密度；

$\dfrac{\Delta ht}{\sin\beta}$——翼弦的平面面积；

t——翼型的弦长；

v_R——空气流向翼向的相对速度；

C_t——切向力系数；

C_n——法向力系数。

将式（8-36）的 F_n 和 F_t 写成无量纲形式得到

$$F_t^* = \frac{F_t\sin\beta}{1/2\rho\Delta htv_T^2} = C_t\left(\frac{v_R}{v_T}\right)^2 \quad F_n^* = \frac{-F_n\sin\beta}{1/2\rho\Delta htv_T^2} = C_t\left(\frac{v_R}{v_T}\right)^2 \tag{8-37}$$

式中　v_T——风轮赤道处的最大的尖端速度。

又因为 F_L 和 F_D 的表达式为

$$\begin{cases} F_L = \dfrac{1}{2}C_L\rho\,\dfrac{\Delta ht}{\sin\beta}v_R^2 \\[2mm] F_D = \dfrac{1}{2}C_D\rho\,\dfrac{\Delta ht}{\sin\beta}v_R^2 \end{cases} \tag{8-38}$$

由图 8-13 所示，可以得到

$$\begin{cases} C_T = C_L\sin\alpha - C_D\cos\alpha \\ C_N = C_L\sin\alpha + C_D\cos\alpha \end{cases} \tag{8-39}$$

式中　α——翼型弦长和相对速度 v_R 之间的夹角，即为攻角。

联立式（8-37）～式（8-39）可以得到无量纲的力为

$$F_x^* = \frac{Nt}{4\pi r}\left(\frac{v_R}{v_T}\right)^2\left(v_N - v_T\,\frac{\cos\theta}{\sin\theta\sin\beta}\right) \tag{8-40}$$

4. 速度向量

攻角和翼型横截面上的相对速度关系可以通过图 8-14 的关系得到，可以写出攻角表达式为

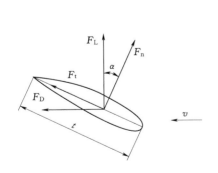

图 8-13　叶素的气动力分解图

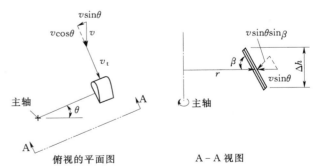

图 8-14　叶素的速度关系图

$$\tan\alpha = \frac{v\sin\theta\sin\beta}{v\cos\theta + v_t} \tag{8-41}$$

式中　v_t——翼型叶素的切向速度。

翼型横截面上的相对速度 v_R 为

$$v_R \sin\alpha = v \sin\theta \sin\beta \qquad (8-42)$$

5. 用迭代方法解动量方程

定义诱导系数为

$$a = 1 - \frac{v}{v_\infty} \qquad (8-43)$$

将式（8-43）与式（8-33）和式（8-34）联立，便可以得到流动方向的动量方程为

$$a = F_x^* + a^2 \qquad (8-44)$$

以式（8-44）为基础，用迭代的方法来求流管的动量方程。函数 F_x^* 为 a 的函数，通过它可以求得近似的 a，求解过程遵循如下程序，通过这种方式可以求出对于某流管的近似流动情况。

（1）首先假设 a 为零，即此时 $v = v_\infty$。

（2）通过式（8-41）可以求出攻角 α。

（3）通过翼型的升、阻系数 C_L 和 C_D 可以求出系数 C_N 和 C_T，其中升、阻系数在翼型的数据资料中可以找到。

（4）通过式（8-42）可以求得相对速度 v_R。

（5）通过式（8-40）可以计算出 F_x^*。

（6）将求得的 a 和 F_x^* 代入式（8-44），这样可以求得 F_x^*。

然后用新的 a 重复上面的过程。当迭代到 $a_{N+1} - a_N < \varepsilon$ 时，停止迭代，只要通过改变 ε 的大小便可以改变方程的解的精度。事实证明，用迭代法求这个方程时，收敛很快。

6. 风轮的风能利用系数

解出动量方程，当风轮的叶素穿过流管时所产生的扭矩便可以得到，即

$$T_S = \frac{1}{2} \rho r C_T \frac{c \Delta h}{\sin\beta} v_R^2 \qquad (8-45)$$

为了求得对于给定 θ 的叶片扭矩，必须把每个叶片划分的叶素 T_S 求和或积分。假设把每个叶片划分了 N_S 个叶素。每个叶素的长度可通过前边所讲的 $\Delta h / \sin\beta$ 来确定，同时算出 T_S 作用在这个叶素的中心，便能够求得此时整个叶片上的扭矩

$$T_B = \sum_1^{N_S} T_S \qquad (8-46)$$

为了求得整个风轮 N 个叶片作用在风轮上的扭矩，可以将 T_B 的值乘以 N，把叶素旋转一周划分为 N_t 份，这样如果在角 θ 上作用在叶素上的扭矩 T_S 已经求得，$\Delta\theta$ 为 π/N_t，便可以求出作用在整个风轮上的平均扭矩为

$$\overline{T} = \frac{N}{N_t} \sum_1^{N_t} \sum_1^{N_S} T_S \qquad (8-47)$$

当每旋转一周时作用在风轮上的平均功率已经求出，便可以求出风轮的风能利用系数为

$$C_P = \frac{\overline{T}\omega}{\frac{1}{2}\rho \sum_1^{N_S} 2r\Delta h v_\infty^3} \qquad (8-48)$$

$$C_P = \frac{\sum\limits_1^{N_S} \sum\limits_1^{N_t} C_{P1}}{N_t \sum\limits_1^{N_S} \dfrac{r}{R}} \tag{8-49}$$

8.2.4 双多流管理论

双多流管气动模型与单多流管的区别在于每个流管分为上盘面和下盘面两个部分，不同于单流管的一个盘面，如图 8-15 所示，对应于单流管理论，由动量定理，流管中的平均力就可以写为

$$\overline{F}_x = N F_x \frac{\Delta\theta}{2\pi} \tag{8-50}$$

建立横向诱导系数 a 与单流管相同，但求解过程不同。对于下盘面，由 Betz 定律得出：$v_e = 2v - v_\infty$，在同一个流管内，可以先求得上盘面的风速 v，然后通过式 (8-50)，可以求得下盘面的上游风速 v_e，将下盘面的 v_e 代替原来的 v_∞，这样重复以上过程，就可以求得下盘面的横向诱导系数，从而求得通过下盘面的风速 v_d，这样可求下盘面的相对风速 v_R。值得注意的是，这里可以把横向诱导系数 a 的初值取为在同一流管中上盘面所求得的近似值。

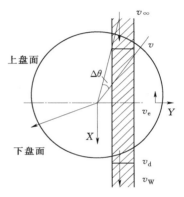

图 8-15 双多流管气动模型图

8.2.5 动态失速

对于垂直轴风力机，由于在风轮旋转过程中，攻角随着时间不断变化，相当于翼型在做俯仰运动，因此必然存在动态失速的影响，动态失速会引起升力和阻力的变化，其中描述动态失速的模型有多种，这里主要阐述 Gormont 模型 (1973)。Gormont 动态失速模型主要应用在低叶尖速比的情况下，这种模型是在描述直升机叶片的动态失速下发展起来的，在 VAWT 的应用当中，已经被多名学者所发展。这里主要讲述 Massé 修正方案。

1. Gormont 动态失速模型

为了模拟动态失速过程中翼型的滞后响应，定义一个参考攻角 α_{ref} 为

$$(\alpha_{ref})_{L,D} = \alpha_g - K_1 \gamma_{L,D} \sqrt{\left| \frac{t \dot{\alpha}_g}{2 v_R} \text{sgn}\, \dot{\alpha}_g \right|} \tag{8-51}$$

求解式
$$\tan\alpha = \frac{v\sin\theta\sin\beta}{v\cos\theta + v_t}$$

式中　α_g——不考虑动态失速下得到的攻角；

　　　v_R——相对速度；

　　　$\dot{\alpha}_g$——攻角对时间的导数，即

$$\dot{\alpha}_g = \frac{[\alpha(\theta+\Delta\theta) - \alpha(\theta-\Delta\theta)] \Omega N_T}{2\times60} \tag{8-52}$$

$$\alpha(\theta \pm \Delta\theta) = a\tan\left(\frac{v\sin(\theta \pm \Delta\theta)\sin\beta}{v\cos(\theta \pm \Delta\theta) + v_{\mathrm{t}}}\right) \tag{8-53}$$

式中　Ω——风轮的转速，r/min；

$\quad N_{\mathrm{T}}$——风轮旋转一周所划分的等份数；当 $\dot{\alpha}_{\mathrm{g}}$ 大于零时，$K_1 = 1$，当 $\dot{\alpha}_{\mathrm{g}}$ 小于零时，$K_1 = -0.5$。

设 $\gamma_{\mathrm{L,D}}$ 为动态失速下求升力和阻力的参考攻角，是与马赫数 Ma 的有关的经验函数，则

$$(Ma_1)_{\mathrm{L}} = 0.4 + 5\left(0.06 - \frac{\delta}{t}\right), \quad (Ma_2)_{\mathrm{L}} = 0.9 + 2.5\left(0.06 - \frac{\delta}{t}\right)$$

$$(\gamma_{\max})_{\mathrm{L}} = 1.4 - 6\left(0.06 - \frac{\delta}{t}\right)$$

$$(Ma_1)_{\mathrm{D}} = 0.2, \quad (Ma_2)_{\mathrm{D}} = 0.7 + 2.5\left(0.06 - \frac{\delta}{t}\right), \quad (\gamma_{\max})_{\mathrm{D}} = 1.0 - 2.5\left(0.06 - \frac{\delta}{t}\right)$$

$$\gamma_{\mathrm{L,D}} = (\gamma_{\max})_{\mathrm{L,D}} - \left[\frac{Ma - (Ma_1)_{\mathrm{L,D}}}{(Ma_2)_{\mathrm{L,D}} - (Ma_1)_{\mathrm{L,D}}}\right](\gamma_{\max})_{\mathrm{L,D}}$$

式中　δ、t——翼型的厚度和弦长，对于 NACA0018 与 S824，$\dfrac{\delta}{t}$ 的值为 0.18；

$\quad Ma$——马赫数，$Ma = \dfrac{v}{C_{\mathrm{R}}}$；

$\quad v$——当地风速；

$\quad C_{\mathrm{R}}$——当地声速。

求出参考攻角之后可以求出动态失速状态下的升力系数和阻力系数为

$$\begin{cases} C_{\mathrm{D}}^{G} = \left(\dfrac{C_{\mathrm{D}}^{S}\alpha_{\mathrm{refD}}}{\alpha_{\mathrm{refD}} - \alpha_{\mathrm{D}=0}}\right)\alpha_{\mathrm{g}} \\[2mm] C_{\mathrm{L}}^{G} = \left(\dfrac{C_{\mathrm{L}}^{S}\alpha_{\mathrm{refL}}}{\alpha_{\mathrm{refL}} - \alpha_{\mathrm{L}=0}}\right)\alpha_{\mathrm{g}} \end{cases} \tag{8-54}$$

式中　C_{L}^{G}、C_{D}^{G}——动态失速下的升力系数和阻力系数；

$\quad C_{\mathrm{L}}^{S}$、C_{D}^{S}——静态测得的升力系数和阻力系数；

$\quad \alpha_{\mathrm{L}=0}$——升力为 0 时的攻角，对于对称翼型，它的值为零。

2. Massé 修正

Gormont 模型是为了估计直升机上的动态失速发展起来的，直升机的叶片很薄，而且它的攻角变化范围比较小，但是对于 VAWT 叶片相对直升机叶片却明显厚得多，而且其在工作过程中，翼型攻角的变化范围也很大，这就会使得用 Gormont 动态失速模型估计 VAWT 动态失速时的影响会过大，Massé 修正方案能够降低在攻角较大时的动态失速的影响。

$$\begin{cases} C_{\mathrm{D}}^{M} = C_{\mathrm{D}}^{S} + \left(\dfrac{A_{\mathrm{M}}\alpha_{\mathrm{ss}} - \alpha_{\mathrm{g}}}{A_{\mathrm{M}}\alpha_{\mathrm{ss}} - \alpha_{\mathrm{ss}}} \right)(C_{\mathrm{D}}^{G} - C_{\mathrm{D}}^{S}) \\[3mm] C_{\mathrm{L}}^{M} = C_{\mathrm{L}}^{S} \end{cases}$$

$$\begin{cases} C_{\mathrm{L}}^{M} = C_{\mathrm{L}}^{S} + \left(\dfrac{A_{\mathrm{M}}\alpha_{\mathrm{ss}} - \alpha_{\mathrm{g}}}{A_{\mathrm{M}}\alpha_{\mathrm{ss}} - \alpha_{\mathrm{ss}}} \right)(C_{\mathrm{L}}^{G} - C_{\mathrm{L}}^{S}) \\[3mm] C_{\mathrm{L}}^{M} = C_{\mathrm{L}}^{S} \end{cases}$$

$$(8-55)$$

式中　C_{L}^{M}，C_{D}^{M}——经 Massé 修正方案修正过的升力系数和阻力系数；

A_{M}——经验系数，对于不同的 VAWT 它的值是不相同的，计算过程中取值为 6.0。

8.3　垂直轴风轮的关键参数

影响垂直轴风轮性能的要素有许多，除了叶片动力特性外，实度 σ 也是影响风轮性能的主要参数之一。

垂直轴风轮叶片实度 σ 定义为叶片弦长之和与风轮旋转半径 R 的圆周长之比，即

$$\sigma = \frac{Bt}{2\pi R} \tag{8-56}$$

图 8-16 所示为叶片实度对风能利用系数的影响曲线。从图 8-16 可以发现，当实度增大时，风轮获得的最大功率对应的叶尖速比变小；相反实度减小时，风轮获得最大风能利用系数的叶尖速比系数增加。该结论与水平轴风轮的情形一致。从图中还可以看出，叶片实度减小，在最佳叶尖速比附近，风轮风能利用系数 C_{P} 值也较高；相反，叶片实度增加后，叶尖速比附近的高 C_{P} 值范围变窄。这是因为，当实度增大时，风轮叶片对风的阻力增大，吹到叶片上的风速减弱，叶片产生高的旋转力矩的攻角向低尖速比方向移动。根据此规律，为了改善升力性垂直轴风轮的起动性能，可以适当增大实度。但这样改善所带来的缺点是，为了获得较高的风轮风能利用系数 C_{P}，必须对风轮旋转进行更精确地控制和调节。

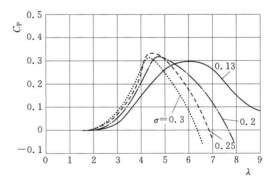

图 8-16　叶片实度对风轮性能的影响

实度增大，风轮的阻力增大，流入风轮内部的风速减弱。更多的空气流由于风轮阻力增大，而在风轮形成的旋转平面的外部绕流而过。因此，实度对风轮的影响体现在叶片表面风速的变化。叶片表面的风速是由来流风速与叶片旋转产生的线速度合成的相对速度，由于吹向风轮内部的风速减弱，使得叶片 0°～90° 和 270°～360° 范围内叶片的攻角变小，导

致气流产生的力矩变小，风轮的功率降低。

8.4　垂直轴风轮翼型

对于垂直轴风力机而言，在风轮的旋转过程中，叶片工作在一个很宽的攻角范围内，在低叶尖速比为 ±180° 左右，高叶尖速比在 ±10° 左右变化。在不同叶片旋转角处，由于来流风速、旋转角速度，以及穿过风轮内部风速的变化引起叶片表面动压的周期性变化。风轮旋转一周，叶片攻角随着旋转方位角和风速的改变而变化，气动问题具有非稳态性和非线性，针对复杂的空气动力学问题，很难获取最优化的叶片翼型，这样翼型不仅能提高叶片的升力，还在高风速情况下能产生合适的失速效应。由于气流速度变化的复杂性，很难精确推算叶片翼型空气动力特性对风力机整体性能的影响。

日本东海大学关和市教授提出了垂直轴风力机采用的叶片翼型必须所具有以下特性：

（1）较大的升力系数。

（2）较小的阻力系数。

（3）阻力系数要对称于零升力角。

（4）负的纵向摇动力矩系数大。

其中，升力系数的影响特别大，也就是说升阻比很重要。四位数系列 NACA 对称翼型是垂直轴风力机发电机组经常使用的翼型，如 NACA0012，但其负的纵向摇动力矩系数性能不太理想。

到目前为止，应用于 VAWT 上的翼型主要有 NACA 系列翼型（美国 NASA）、SNLA 系列翼型（美国 SANDIA 国家实验室）和 S 系列翼型（Dan Somers）。对于 NACA 系列翼型，如 NACA0018、NACA0015 和 NACA0012，对翼型表面灰尘和残留物非常敏感。并且随着 VAWT 的发展，提高 VAWT 的高径比成为必然的发展方向，但对于大高径比的 VAWT，其叶片结构要求与叶片密实度之间将产生矛盾，NACA 系列翼型的这些缺陷将限制其将来在 VAWT 系统上的使用。对于 SNLA 系列翼型和 S 系列翼型，以 S824 翼型为例，其设计基于对高风情况下失速效应的考虑，能较好地控制风轮功率的增长，这对于有效提高 VAWT 的风能利用率和减轻结构和电机负荷起着相当大的推进作用。无论如何对于寻求最优的气动翼型还有很多的工作要做。

8.5　垂直轴风力机实例

早期的 VAWT 叶片采用铝合金、玻璃纤维和人造泡沫材料，这几种材料需要很小心地配合在一起，这使叶片的造价昂贵。Alcoa 公司致力于降低叶片造价，它于 20 世纪 70 年代中期发展了一种铝合金的拉模技术，极大地降低了 VAWT 叶片的加工成本，并沿用至今。1979 年，Alcoa 公司赢得了美国 DOE 一项制造四台低造价 VAWT 的合同，每台 VAWT 风轮直径 17m，额定功率为 100kW，到 1981 年结项。然而，由于美国 DOE 方面财政预算的缩减，只有三台 VAWT 被安装，分别选点在 Bushland、Martha's Vineyard 和 Rocky Flats，分别验证其农业应用，结构、性能测试和并网应用的可靠性。由于 Bushland 处样机超过 10000h 的成功运行，使 VAWT 商业化的过程更加顺利，随后脱颖而出的美国著名 VAWT 生产厂家 FloWind 和 VAWTPOWER 截至 20 世纪 80 年代末在美国加利福尼亚州安装了至少 500 台 VAWT。

图 8 - 17 所示为加拿大 Domining 制铝公司（DAF）建造的商用双叶片打蛋器形垂直轴风力机，风轮赤道直径为 6.0m，最大输出功率为 6.1kW，在 8m/s 风速下为 2.58kW。主要由叶片、主轴、增速器、联轴器、制动器、发电机、塔架、拉索、控制盘和蓄电池等组成。风力机起动时，发电机转为电动机运行，靠蓄电池传输能量；当风速超过 3.6m/s 时，风力机起动输出电力，向电网供电或向蓄电池充电。该风力机能够承受 45m/s 的大风和 60m/s 阵风下的载荷。

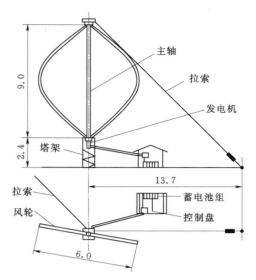

图 8 - 17 加拿大 Domining 制铝公司（DAF）制造的达里厄风力机（单位：m）

8.6 与水平轴风力机比较

垂直轴风轮的空气动力学特性与水平轴风轮相比有本质区别。前者最佳风能利用系数在相对较低的叶尖速比下获得。两叶片 Darrieus 风轮的最佳叶尖比仅为 5，是水平轴风轮的一半。垂直轴风轮在低转速运行，其功率产生必然伴随高的力矩。

VAWT 在其他几方面也表现出了优势：

（1）噪声。VAWT 的 EHD 所记录的噪音水平低于附近 HAWT 的 75%，以 HAWT 将近一半的转速运行似乎是主要原因。

（2）鸟类。没有鸟类因与 VAWT 叶片相撞而毙命。FloWind 公司确有因不当的接地线以及与分站超级结构物冲撞而使鸟毙命，但没有发生旋转叶片导致碰撞死亡的情况。垂直轴风力机运转的峰值风速为 111m/h，比较而言，典型的 HAWT 为 200m/h。较低的尖速和视觉上更加温和的运行模式实际上排除了对鸟类的伤害。

（3）工人安全性。由于大多数构件置于地面上，工人可安全接近设备而无需爬到塔架上去操作。同时，规定 HAWT 的维修人员限制一天两次到三次攀爬塔架，而 VAWT 的维修人员在一天之内可检查和维护 12 台风力机。

（4）维护成本。因为接近发电机、齿轮箱、刹车系统和控制器更加方便，所以，VAWT 的维护成本实质上更低。

（5）审美。虽然这是个人观念问题，但许多建筑师来到 FloWind 公司建议将 VAWT 结合到建筑设计中，他们主要是出于美学上的考虑。

（6）容易安装。大型 HAWT 需要大型起重机来安装。简单起重设备对 VAWT 就已足够，当机器更大时，尤其在遥远的地区，安装是决定因素。

8.7　垂直轴风力机存在的问题

尽管垂直轴风力机具有许多水平轴风力机不具备的优点，但是也存在一些难以解决的技术难题。具体列举如下：

（1）达里厄垂直轴风力机不能变桨，因而起动较为困难。虽然，目前有旋翼式垂直轴风力机叶片可以在风向不同时变化叶片攻角，但现在仅能通过翼片制动器变换叶片以实现是否迎风，不能随风速变化叶片攻角。

（2）达里厄垂直轴风力机的风能效率仍然低于水平轴风力机效率，因此，如何提高垂直轴风力机的效率是需要解决的问题之一。

（3）打蛋器型达里厄叶片的各部位距转动中心的半径不同，难以做到按不同风速变换叶片攻角和叶片弦长。

（4）垂直轴风力机的轴较长，在加工和制造上较为困难。

（5）垂直轴风力机转速和功率的控制较水平轴的难以实现。

（6）垂直轴风力机叶轮靠地面较近，因而受剪切风影响较重。

第9章 风力发电机组运行

风力机将风的动能转化为机械能，再由机械能转化为电能，完成了风力发电的全过程。在此过程中，除了要求风轮设计最佳之外，对发电机也提出了同样高的要求。在风力机转速随风速变化的同时，需要考虑风轮、发电机功率（转矩）-转速特性及其调节匹配；在保证机组可靠安全运行、成本适当的前提下，以期获得最大发电量，以达到最佳经济利益。

为此，本章介绍了发电机额定工况设计，风力机的主要电器设备、风力机的供电方式。

9.1　风力机的额定工况设计

9.1.1　风轮与发电机的功率-转速特性

图 9-1 所示为风力机特性曲线（功率与转速曲线），以及发电机经齿轮箱速比转化后的功率特性曲线。图中的垂直线代表恒速发电机特性曲线，功率随风速增加而增大。发电机自身的转速很高，处于齿轮箱低速端风轮的转速则比较低。异步发电机以略高于电网频率所对应的转速运行，因而其特性曲线与同步机的略有差异。直流发电机的功率则随着转速的增加而增加，并且其形状非常接近风力机的最佳风能利用系数曲线。

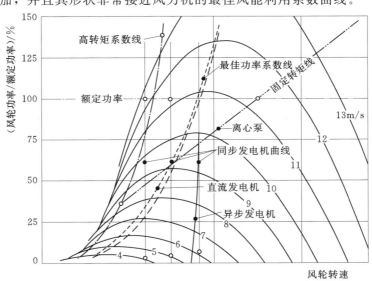

图 9-1　风力机的功率-转速特性与发电机经齿轮箱速比转化后的功率特性曲线

风力发电机组的额定功率和额定转速要尽可能地靠近风轮功率特性的顶点。在非额定工况下，也要在当地最常出现的工作风速范围内力争达到此要求。若额定功率点在最佳功率曲线的左边，风能利用率较低，这时在确定的发电机转速下，应减小齿轮箱速比来提高风轮的额定转速，而如果齿轮箱增速比减小到使风轮的额定转速过高时，相应地发电机的垂直功率特性向右移动过头，此时不但风轮的风能利用系数下降，而且低风速风能已不能被利用，风力机总的运行时间也将减少。

9.1.2　年度发电量计算

风力机设计以尽可能多地发出最廉价的电能为目标。为此，一方面要降低风力机的制造成本和运行维护费用；另一方面也要考虑当地风能资源，尽可能地使风力机的运行工况与风能资源匹配，以获得最大的年度发电量。

已知风力机功率随风速变化的特性曲线及其安装所在地的年风速分布规律，就可方便地计算出该风力机的年度发电量。

如图 9-2 所示为风力机输出功率特性。第一象限曲线 $P(v)$ 代表风力机输出功率与风速变化的规律。第四象限代表风速的年累计出现天数；第二象限中的曲线代表风力机实际发出的不同功率值，其横坐标值是产出对应功率的年统计天数。

在第二象限内，两坐标轴与功率曲线之间的面积就是该风力机的年度发电量。

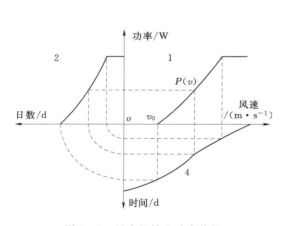

图 9-2　风力机输出功率特性

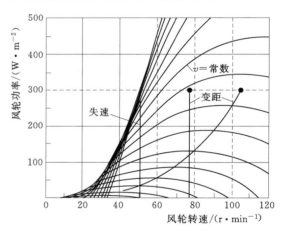

图 9-3　风轮功率与转速的关系曲线

9.1.3　功率调节方式对发电量的影响

风力发电功率有失速调节、变桨距调节和变转速三种调节方式。

风力机失速调节运行时，当功率超过额定值后，叶片周围气流产生失速现象，风力机与同步发电机组合的功率特性曲线相应于图 9-3 上最左边某一特定转速。因为，如果设计单位风轮扫风面功率值为 300W/m^2，风轮在设计最高风速下失速，只能对应于这一较低的设定转速值。

变桨距风力机在达到与失速风力机同样的额定功率 300W/m^2 后，随着风速的继续增大，其功率仍将保持不变。所以，变桨距风力机的设计工作转速应高于失速型风力机的转速。

变转速调节是使风力机在不同风速下都能具有最佳风能利用系数值的调节方式，使风力机的输出功率随风速的加大而持续增加，也使风轮、发电机的额定转速提高。但需要注意的是，转速过高，会使叶片气流相对速度达到 $70\sim80\mathrm{m/s}$，这会产生很强的噪声。

高风速下，失速调节风力机的输出功率将减小，变桨距风力机的功率保持不变，而变转速调节风力机的输出功率特性最好。所以，相同条件下，变转速保持最佳风能利用系数的风力机的年发电量最大，变桨距风力机的次之，失速调节风力机的最小。

9.2 主 要 电 气 设 备

9.2.1 同步发电机

转速和交流电网的频率成恒定比例的发电机称为同步发电机，其工作转速为

$$n=\frac{60f}{p} \tag{9-1}$$

式中　p——电机的磁极对数；

　　　f——电网的频率。

从式（9-1）可以看出，在额定转速下，同步发电机的电压和频率也达到额定值；在变转速运行时，电压和频率随转速变化而变化。同步发电机的电枢绕组装在定子上，而励磁绕组装在转子上，如图9-4所示。通常，转子激磁的直流电由与转子装在同一轴上的直流发电机供给；或者采用由交流电网经硅整流器馈给的激磁回路提供。自激式同步发电机功转子激磁用的直流电是利用接到发电机定子绕组的硅整流器得到的，在转子刚起动时，旋转转子微弱剩磁的磁场，在定子绕组中感应出少许交流电动势，而硅整流器会发出直流电来加强转子磁场，因而发电机电压升高。

当同步发电机并网运行时，其电动势的瞬时值在任何时刻都应该和电网对应电压的瞬时值在数值上相等，而方向上相反。根据这一要求，得出下列并网条件：被接入发电机的电动势与电网电压应具有相同的有效值，频率等于电网频率，相位和电网相位恰巧相反，而相位的轮换应该和电网的相位轮换相符合。

要完成并网接入条件，被接入发电机需要预先进行整步，其方式为：先使电机大致达到同步转速，然后调整电机的励磁，使得在电机线端上电压表所指示的数值等于电网电压，此时电机的相序应该和电网的相序一致；然后对发电机的频率尤其是电动势的相位作更精确地调整，直至完全达到并网条件。

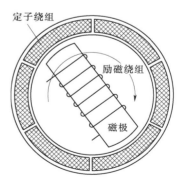

图9-4　三相同步发电机
结构原理

同步发电机的优点为所需励磁功率小，约为额定功率的1%，故发电机效率高；通过

调节它的励磁不但可调节电压，还可调节无功功率，从而在并网运行时，无需电网提供无功功率；可采用整流—逆变的方法来实现变速运行。

同步发电机的缺点：①需要严格的调速及并网时的相序、频率与电网同步的装置；②直接并网时，阵风引起的风力发电机组转矩波动无阻尼地输入给发电机，强烈的转矩冲击产生失步力矩，将使发电机与电网解裂，通常需要风力发电机组采用变桨距控制，来将瞬态转矩限制在同步发电机的失步力矩之内；③价格高于异步发电机。

9.2.2 异步发电机

异步发电机也称为异步感应发电机，可分为笼型和绕线型两种。

在定桨距并网型风力发电系统中，一般采用笼型异步发电机。笼型异步发电机定子由铁芯和定子绕组组成。转子采用笼型结构，转子铁芯由硅钢片叠成，呈圆筒形，槽中嵌入金属导条。在铁芯两端用铝或铜端环将导条短接。转子不需要外加励磁，没有集电环和电刷。

感应电机既可作为电动机运行，也可作为发电机运行。当作电动机运行时，其转速 n_2 总是低于同步转速 n_1，这时电机中产生的电磁转矩与转向相同。若感应电机由某原动机（如风力机）驱动至高于同步速的转速（$n_1 > n_2$）时，则电磁转矩的方向与旋转方向相反，电机作为发电机运行，其作用是把机械功率转变为电功率。把 $s = (n_1 - n_2)/n_1$ 称为转差率，则作电动机运行时 $s > 0$，而作发电机运行时 $s < 0$。

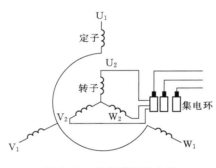

图 9-5 异步感应发电机

异步感应发电机原理如图 9-5 所示，用外加机械力使接在三相电网中的发电机以高于定子旋转磁场的转速旋转，这时转子中的电势和电流变到与电动机相反的方向，其后果是旋转磁场和转子电流间的相互作用力也改变方向而反抗旋转，电动机功率为负，即转而向外输出电能。此时转差率 $s = (n_1 - n_2)/n_1$ 为负，这里 n_1、n_2 分别为定子旋转磁场和转子的转速，异步发电机的功率随负转差率绝对值的增大而提高。额定转差率在 $-0.5\% \sim -0.8\%$ 之间，特殊装配的转子可以提高转差率，但使发电机的效率下降。异步发电机向电网输送有功电流，但也从电网吸收落后的反抗电流，因此需要感性电源来得到这样的电流，而与它并联工作的同步发电机可以作为电源，所以异步发电机不能单独工作，但它所需反抗电流也可以由和异步发电机并联的静电电容器供给。在此情况下，异步发电机在起动时依靠本身的剩磁而得到自励磁。异步发电机吸收反抗电流的这一特点使其在并网工作时，将使电网的功率因数恶化。

异步发电机的优点为结构简单，价格便宜，维护少；运行期转速在一定限度内变化，可吸收瞬态阵风能量，功率波动小；并网容易，不需要同步设备和整步操作。

9.2.3 双馈异步发电机系统

双馈发电机定子结构与异步发电机相同，转子结构带有集电环和电刷。与绕线转子异步电机和同步电机不同的是，转子侧可以加入交流励磁，既可以输入电能也可以输出电

能，具有异步机的某些特点，又有同步机的某些
特点。

双馈异步发电机发电系统是由一台带集电环的
绕线转子异步发电机和变流器组成，变流器有 AC/
AC 变流器、AC/DC/AC 变流器及正弦波脉宽调制
双向变流器三种。AC/DC/AC 变流器中的整流器
通过集电环与转子电路相连接，将转子电路中的交
流电整流成直流电，经平波电抗器滤波后再由逆变
器逆变成交流电回馈电网。发电机向电网输出的功
率由直接从定子输出的功率，和通过逆变器从转子
输出的功率两部分组成。其外形和发电系统的结构
如图 9-6 所示。

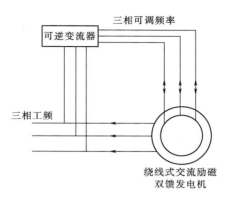

图 9-6 双馈异步发电机

异步发电机中定、转子电流产生的旋转磁场始终是相对静止的，当发电机转速变化而
频率不变时，发电机转子的转速和定、转子电流的频率关系可表示为

$$f_1 = \frac{p}{60}n \pm f_2 \tag{9-2}$$

式中　f_1——定子电流的频率，Hz，$f_1 = pn_1/60$；

　　　n_1——同步转速；

　　　f_2——转子电流的频率，Hz，$f_2 = |s|f_1$，故 f_2 又称为转差频率。

由式（9-2）可见，当发电机的转速 n 变化时，可通过调节 f_2 来维持 f_1 不变，以保
证与电网频率相同，实现变速恒频控制。

根据转子转速的不同，双馈异步发电机可以有以下三种运行状态：

（1）亚同步运行状态。此时 $n<n_1$，转差率 $s>0$，式（9-2）取正号，频率为 f_2 的
转子电流产生的旋转磁场转速与转子转速同方向，功率流向如图 9-7（a）所示。

（2）超同步运行状态。此时 $n>n_1$，转差率 $s<0$，式（9-2）取负号，转子中的电流
相序发生了改变，频率 f_2 转子电流产生的旋转磁场转速与转子转速反方向，功率流向如
图 9-7（b）所示。

（3）同步运行状态。此时 $n=n_1$，$f_2=0$，转子中的电流为直流，与同步发电机相同。

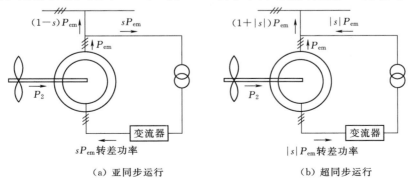

（a）亚同步运行　　　　　　　　　　（b）超同步运行

图 9-7 双馈异步发电机运行时的功率流向

9.2.4 永磁同步发电机

永磁式交流同步发电机定子与普通交流电机相同，由定子铁芯和定子绕组组成，在定子铁芯槽内安放有三相绕组。转子采用永磁材料励磁。当风力带动发电机转子旋转时，旋转的磁场切割定子绕组，在定子绕组中产生感应电动势，由此产生交流电流输出。定子绕组中的交流电流建立的旋转磁场转速与转子的转速同步。

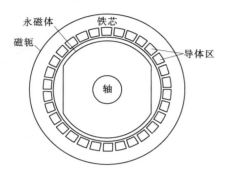

图9-8 永磁电机的横截面

永磁发电机的横截面如图9-8所示。永磁发电机的转子上没有励磁绕组，因此无励磁绕组的铜损耗，发电机的效率高；转子上无集电环，运行更为可靠；永磁材料一般有铁氧体和钕铁硼两类，其中采用钕铁硼制造的发电机提价较小，重量较轻，被广泛应用。

永磁发电机的转子极对数可以做得很多。从式（9-1）可知，其同步转速较低。轴向尺寸较小，径向尺寸较大，可以直接与风力发电机相连接，省去了齿轮箱，减小了机械噪声和机组体积，从而提高系统的整体效率和运行可靠性。但其功率变换器的容量较大，成本较高。

永磁发电机在运行中必须保持转子温度在永磁体最高允许工作温度之下，因此，风力机中永磁发电机常做成外转子型，以利于永磁体散热。外转子永磁发电机的定子固定在发电机中心，而外转子绕着定子旋转。永磁体沿圆周径向均匀安放在转子内侧，外转子直接暴露在空气中。相对于内转子具有更好的通风散热条件。

由低速永磁发电机组成的风力发电系统如图9-9所示。定子通过全功率变流器与交流电网连接，发电机变速运行，通过变流器保持输出电流的频率与电网频率一致。

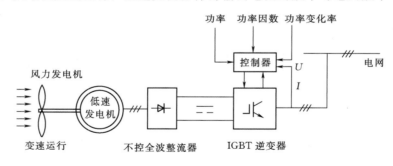

图9-9 低速永磁发电机风力发电系统

低速发电机组除应用永磁发电机外，也可采用电励磁式同步发电机，同样可以实现直接驱动的整体结构。

9.2.5 变频器

为了使风力机适应风速的特点变转速运行，始终输出用户要求的工频交流电，就需要变频器把不同频率电力系统连接起来。变频器包含了绝缘栅双极管（Insulated Gate Bipolar Transistors，IGBT），其特点是具有高达 10kHz 的开关频率。

图 9-10 所示为两种典型结构的变频器，分别为电流源变频器与电压源变频器，目前常用的为电压源变频器。

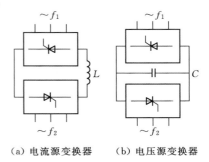

变频器的存在使位于其上游发电机的频率可以和下游电网、用户需求的交流电的频率不一致，发电机可变速运行，直至发电机可以低转速工作，与风力机直连，不再需要增速齿轮箱。变频器还可代替起动器和电容组，以利于异步发电机的并网，并有效控制有功功率和无功功率，提高电网的稳定性。

（a）电流源变换器　　（b）电压源变换器

图 9-10 两种结构变频器

9.2.6 逆变器

实现将直流电转变为交流电的设备称为逆变器。其逆变技术建立在电力电子、半导体材料、现代控制、脉宽调制等技术科学之上。用于风力发电的逆变器输出交流电的频率为 50Hz。

1. 逆变器分类

按逆变器主电路形式可分为单端式（含正激式和反激式）逆变器、推挽式逆变器、半桥式逆变器和全桥式逆变器。

按逆变器主开关器件的类型可分为晶闸管逆变器、大功率晶体管逆变器、可关断晶闸管逆变器、功率长效应逆变器、绝缘栅双极晶体管逆变器和 MOS 控制晶体管逆变器等。

按逆变器稳定输出的参量可分为电压型逆变器和电流型逆变器。

按逆变器输出交流电的波形可分为正弦波逆变器和非正弦波逆变器。

按逆变器相数分类可分为单相逆变器、三相逆变器和多相逆变器。

按控制方式可分为调制式逆变器和脉宽调制式逆变器。

2. 工作原理

典型的 DC/AC 逆变器主要由主开关半导体功率集成器件和逆变电路两大部分组成。其中，半导体功率集成器件从普通晶闸管到可关断晶闸管、大功率晶体管、功率场效应晶体管等，直到 MOS 控制晶闸管以及智能型功率模块等大功率器件的出现，使可供逆变器使用的电力电子开关器件形成一个趋向高频化、节能化、全控化、集成化和多功能化的发展轨迹。

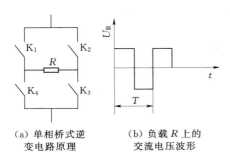

（a）单相桥式逆变电路原理　　（b）负载 R 上的交流电压波形

图 9-11 DC/AC 逆变器原理

逆变开关电路是逆变器的核心，简称为逆变电路。它通过半导体开关器件的导通与关断完成逆变的功能。

以最简单的逆变电路——单相桥式逆变电路为例来具体说明逆变器的"逆变"过程。单相桥式逆变电路的原理如图 9-11 所示。输入直流电压为 E，

R 代表逆变器的纯电阻性负载。当开关 K_1、K_3 接通后，电流流过 K_1、R 和 K_3 时，负载 R 上的电压极性是左正右负；当开关 K_1、K_3 断开，K_2、K_4 接通后，电流流过 K_2、R 和 K_4，负载 R 上的电压极性与前次反向。若两组开关 K_1—K_3、K_2—K_4 以频率 f 交替切换工作，负载 R 上即可得到波形为方波、频率为 f 的交变电压 U_R。

如图 9-12 所示，完整的逆变电路由主逆变电路、输入电路、输出电路、控制电路、辅助电路和保护电路等组成。以下对每一部分进行说明。

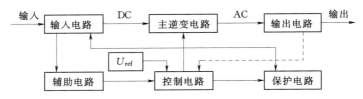

图 9-12 逆变电路的基本构成

主逆变电路：由半导体开关器件组成，分为隔离式和非隔离式两类。变频器、能量回馈等都是非隔离式逆变器，而 UPS、通信基础开关电流等则是隔离式逆变电路。无论是隔离式还是非隔离式主逆变电路，基本上都是由升压和降压两种电路不同拓扑形式组合而成。这些电路既可以组成单相逆变器，也可以组成三相逆变器。

输入电路：为主逆变电路提供可确保其正常工作的直流电压。

输出电路：对主逆变电路输出的交流电的质量和参数（包括波形、频率、电压、电流幅值以及相位等）进行调节，使之满足用户需求。

控制电路：为主逆变电路提供一系列控制脉冲，用以控制逆变开关管的导通和关断，配合主逆变电路完成逆变功能。

辅助电路：将输入电压转化成适合控制电路工作的直流电压。

保护电路：提供输入电压过高过低保护、输出电压超限保护、过载保护、短路保护及过热保护等。

逆变器用于风力发电，使风力机可变速运行，减小了风力机整体结构的载荷；避免了功率的波动；可使风力机即使在部分负荷范围内，也总是在最佳的风能利用系数值下运行。

其缺点是有谐波出现，需滤波；需消耗功率，引起电力系统的效率损失，特别是当系统处于部分负荷情形下更为显著；逆变器价格较贵。

9.3 发 电 系 统

9.3.1 恒速/恒频发电系统

恒速/恒频发电系统是指发电机在风力发电过程中转速保持不变，得到和电网频率一致的恒频电能。恒速/恒频系统简单，采用的发电机主要是同步发电机和鼠笼型异步发电机。同步发电机转速为由电机对数和频率所决定的同步转速。鼠笼型异步发电机以稍高于同步转速的转速运行。

目前，单机容量为 $600\sim750\text{kW}$ 的风力发电机组多采用恒速运行方式。这种机组控制简单，可靠性好，大多采用制造简单、并网容易、励磁功率可直接从电网中获得的鼠笼型异步发电机。

恒速风力发电机组主要有两种功率调节类型：定桨距失速型和变桨距型风力机。定桨距失速型风力机利用风轮叶片翼型的气动特性来限制叶片吸收过大的风能。功率调节由风轮叶片来完成，对发电机的控制要求比较简单。这种风力机的叶片结构复杂，成型工艺难度很大。变桨距型风力机则是通过风轮叶片的变桨距调节机构控制风力机的输出功率。由于采用的是鼠笼型异步发电机，无论是定桨距失速型还是变桨距型风力机，并网后发电机磁场旋转速度都被电网频率所固定不变。异步发电机转子的转速变化范围很小，转差率一般为 3%～5%，属于恒速/恒频风力发电机。

9.3.2 变速/恒频发电系统

变速/恒频发电系统是 20 世纪 70 年代中期以后逐渐发展起来的一种新型风力发电系统，其主要优点在于风轮以变速运行，可以在很宽的风速范围内保持近乎恒定的最佳叶尖速比，从而提高了风力机的运行效率，从风中获取的能量比恒速风力机高得多。此外，这种风力机在结构上和实用中还有很多的优越性。利用电力电子学是实现变速运行最佳化的最好方法之一，虽然与恒速/恒频系统相比，也可能使风电转换装置的电气部分变得较为复杂和昂贵，但电气部分的成本在中、大型风力发电机组中所占比例不大，因而发展中、大型变速/恒频风力发电机组受到很多国家的重视。

9.3.2.1 控制方案

风力机变速/恒频控制方案一般有四种：鼠笼型异步发电机变速/恒频风力发电系统；交流励磁双馈发电机变速/恒频风力发电系统；无刷双馈发电机变速/恒频风力发电系统和永磁发电机变速/恒频风力发电系统。

（1）鼠笼型异步发电机变速/恒频风力发电系统。采用的发电机为鼠笼型转子，其变速/恒频控制策略是在定子电路实现的。由于风速的不断变化，导致风力机以及发电机的转速也在变化，所以实际运行中鼠笼型风力发电机发出频率变化的电流，即为变频的电能。通过定子绕组与电网之间的变频器，把变频的电能转化为与电网频率相同的恒频电能。尽管实现了变速恒频控制，具有变速恒频的一系列优点，但由于变频器在定子侧，变频器的容量需要与发电机的容量相同。使得整个系统的成本、体积和种类显著增加，尤其对于大型风力发电机组，增加幅度更大。

（2）交流励磁双馈发电机变速/恒频风力发电系统。双馈发电机变速/恒频风力发电系统常采用的发电机为转子交流励磁双馈发电机，结构与绕线式异步电机类似。由于这种变速/恒频控制方案是在转子电路中实现的，流过转子电路的功率是由交流励磁发电机的转速运行范围所决定的转差功率。该转差功率仅为定子额定功率的一小部分，故所需的双向变频器容量仅为发电机容量的一小部分，这样变频器的成本以及控制难度大大降低。

这种采用交流励磁双馈发电机的控制方案除了变速/恒频控制、减少变频器的容量外，还可实现对有功、无功功率的灵活控制，对电网可起到无功补偿的作用。缺点是交流励磁发电机仍需要滑环和电刷。

（3）无刷双馈发电机变速/恒频风力发电系统。目前，商用的有齿轮箱的变速/恒频系统大部分采用绕线型异步电机作为发电机。由于绕线型异步发电机有滑环和电刷，这种摩擦接触式在风力发电恶劣的运行环境中较易出现故障。而无刷双馈电机定子有两套极数不同的绕组，转子为笼型结构，无须滑环和电刷，可靠性高。这些优点都使得无刷双馈电机成为当前研究的热点，但目前此类电机在设计和制造上仍然存在着一些难题。

（4）永磁发电机变速/恒频风力发电系统。近几年来，直驱发电技术在风电领域得到了重视。这种风力发电系统采用多级发电机，与叶轮直接连接进行驱动，从而免去了齿轮箱。由于有很多技术方面的优点，特别是采用永磁发电机技术，可靠性和效率更高，在今后风力发电机组发展中将有很大的发展空间，德国安装的风力机中有40.9％采用无齿轮箱直驱型系统。直驱型变速恒频风力发电系统的发电机多采用永磁同步发电机，转子为永磁式结构，无须外部提供励磁电源，提高了效率。变速/恒频控制是在定子电路实现的，把永磁发电机发出的变频交流电，通过变频器转变为电网同频的交流电，因此变频器的容量与系统的额定容量相同。

采用永磁发电机系统风力机与发电机直接耦合，省去了齿轮箱结构，可大大减少系统运行噪声，提高机组可靠性。由于是直接耦合，永磁发电机的转速与风力机转速相同，发电机转速很低，发电机体积就很大，发电机成本较高。由于省去了价格更高的齿轮箱，所以整个风力发电系统的成本大大降低。

电励磁式径向磁场发电机也可视为一种直驱风力发电机的选择方案。在大功率发电机组中，它直径大，轴向长度小。为了能放置励磁绕组和极靴，极距必须足够大。它输出的交流电频率通常低于50Hz，必须配备整流逆变器。

直驱式永磁发电机的效率高、极距小，且随着永磁材料的性价比正在不断提升，应用前景十分广阔。

还有一种为混合式变速/恒频风力发电系统。直驱式风力发电系统不仅需要低速、大转矩发电机，而且需要全功率变频器。为了降低电机设计难度，带有低变速比齿轮箱的混合式变速/恒频风力发电系统得到实际应用。这种系统可以看成是全直驱传动系统和传统传动系统方案的一个折中方案，发电机是多级的，和直驱设计本质上一样，但更紧凑，有相对较高的转速和更小的转矩。

9.3.2.2 变速运行的风力机

变速运行的风力机分为不连续变速和连续变速两大类，下面分别作概要介绍。

1. 不连续变速系统

一般说来，利用不连续变速发电机可以获得连续变速运行的某些益处，但不是全部益处。主要效果是与以单一转速运行的风力发电机组相比有较高的年发电量，因为它能在一定的风速范围内运行于最佳叶尖速比附近。但它面对风速的快速变化（湍流）实际上只是一台单速风力机，因此不能期望它像连续变速系统那样有效地获取变化的风能。更重要的是，不能利用转子惯性来吸收峰值转矩，所以这种方法不能改善风力机的疲劳寿命。下面介绍不连续变速运行方式常用的几种方法。

（1）采用多台不同转速的发电机。通常是采用两台转速、功率不同的感应发电机，在某一时间内只有一台被连接到电网，传动机构的设计使发电机在两种风轮转速下运行在稍高于各自的同步转速。

（2）双绕组双速感应发电机。这种电机有两个定子绕组，嵌在相同的定子铁芯槽内，在某一时间内仅有一个绕组在工作，转子仍是通常的鼠笼型。电机有两种转速，分别决定于两个绕组的极数。比起单速机来，这种发电机要重一些，效率也稍低一些，因为总有一个绕组未被利用，导致损耗相对增大。价格当然也比通常的单速电机贵。

（3）双速极幅调制感应发电机这种感应发电机只有一个定子绕组，转子同前，但可以有两种不同的运行速度，只是绕组的设计不同于普通单速发电机。它的每相绕组由匝数相同的两部分组成，对于一种转速是并联，另一种转速是串联，从而使磁场在两种情况下有不同的极数，导致两种不同的运行速度。这种电机定子绕组有六个接线端子，通过开关控制不同的接法，即可得到不同的转速。双速单绕组极幅调制感应发电机可以得到与双绕组双速发电机基本相同的性能，但重量轻、体积小，因而造价也较低，它的效率与单速发电机大致相同。缺点是电机的旋转磁场不是理想的正弦形，因此产生的电流中有不需要的谐波分量。

2. 连续变速系统

连续变速系统可以通过多种方法来得到，包括机械方法、电/机械方法、电气方法及电力电子学方法等。机械方法如采用变速比液压传动或可变传动比机械传动，电/机械方法如采用定子可旋转的感应发电机，电气式变速系统如采用高滑差感应发电机或双定子感应发电机等。这些方法虽然可以得到连续的变速运行，但都存在一些不足，在实际应用中难以推广。目前，最有前景的为电力电子学方法，这种变速发电系统主要由两部分组成，即发电机和电力电子变换装置。发电机可以是通常的电机如同步发电机、鼠笼型感应发电机、绕线型感应发电机等，也有近来研制的新型发电机如磁场调制发电机、无刷双馈发电机等；电力电子变换装置有 AC/DC/AC 变换器和 AC/AC 变换器等。下面结合发电机和电力电子变换装置介绍三种连续变速的发电系统。

（1）同步发电机 AC/DC/AC 系统其中同步发电机可随风轮变速旋转，产生频率变化的电功率，电压可通过调节电机的励磁电流来进行控制。发电机发出频率变化的交流电首先通过三相桥式整流器整流成直流电，再通过线路换向的逆变器变换为频率恒定的交流电输入电网。

变换器中所用的电力电子器件可以是二极管、晶闸管（Silicon Controlled Rectifier，SCR）、功率晶体管（Giant Transistor，GTR）、可关断晶闸管（Gate Turn - off Thyristor，GTO）和绝缘栅双极型晶体管（Insulated Gate Bipolar Transistor，IGBT）等。除二极管只能用于整流电路外，其他器件都能用于双向变换，即由交流变换成直流时，它们起整流器作用；而由直流变换成交流时，它们起逆变器作用。在设计变换器时，最重要的考虑是换向，换向是一组功率半导体器件从导通状态关断，而另一组器件从关断状态导通。

在变速系统中，可以有两种换向：自然换向和强迫换向。自然换向又称线路换向。当变换器与交流电网相连，在换向时刻，利用电网电压反向加在导通的半导体器件两端使其关断，这种换向称为自然换向或线路换向。而强迫换向则需要附加换向器件，如电容器等，利用电容器上的充电电荷按极性反向加在半导体器件上强迫其关断。这种强迫换向逆变器常用于独立运行系统，而线路换向逆变器则用于与电网或其他发电设备并联运行的系统。一般说来，采用线路换向的逆变器比较简单、便宜。

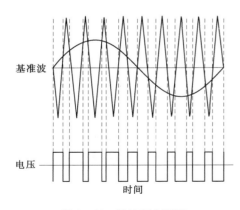

图 9 - 13　脉宽调制原理

开关这些变换器中的半导体器件，通常有两种方式：矩形波方式和脉宽调制（Pulse - Width Modulation，PWM）方式。在矩形波变换器中，开关器件的导通时间为所需频率的半个周期或不到半个周期，由此产生的交流电压波形呈阶梯形而不是正弦形，含有较大的谐波分量，必须滤掉。脉宽调制法是利用高频三角波和基准正弦波的交点来控制半导体器件的开关时刻，如图 9 - 13 所示。这种开关方法的优点是得到的输出波形中谐波含量小且处于较高的频率，比较容易滤掉，因而能使谐波的影响降到很小。已成为越来越常见的半导体器件开关控制方法。

这种由同步发电机和 AC/DC/AC 变换器组成的变速恒频发电系统的缺点是电力电子变换器处于系统的主回路，因此容量较大，价格也较贵。

（2）磁场调制发电机系统。这种变速/恒频发电系统由一台专门设计的高频交流发电机和一套电力电子变换电路组成，图 9 - 14 所示为磁场调制发电机单相输出系统的原理方框图及各部分的输出电压波形。

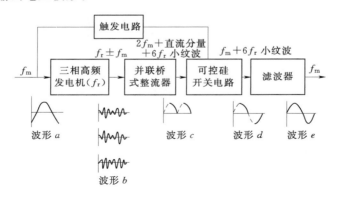

图 9 - 14　磁场调制发电机单相输出系统方框图
及各部分输出电压波形

发电机本身具有较高的旋转频率 f_r，与普通同步电机不同的是，它不用直流电励磁，而是用频率为 f_m 的低频交流电励磁，f_m 即为所要求的输出频率一般为 50Hz。当频率 f_m 远低于频率 f_r 时，发电机三个相绕组的输出电压波形将是由频率为 (f_r+f_m) 和 (f_r-f_m) 的两个分量组成的调幅波（图中波形 b，这个调幅波的包络线的频率是 f_m，包络线所包含的高频波的频率是 f_r）。

将三个相绕组接到一组并联桥式整流器，得到如图 9 - 14 中波形 c 所示的基本频率为 f_m（带有频率为 $6f_r$ 的若干纹波）的全波整流正弦脉动波。再通过晶闸管开关电路使这个正弦脉动波的一半反向，得到图中的波形 d。最后经滤波器滤去纹波，即可得到与发电机转速无关、频率为 f_m 的恒频正弦波输出（波形 e）。

与前面的交流/直流/交流系统相比，磁场调制发电机系统的优点是：①由于经桥式整流器后得到的是正弦脉动波，输入晶闸管开关电路后基本上是在波形过零点时开关换向，因而换向简单容易，换向损耗小，系统效率较高；②晶闸管开关电路输出波形中谐波分量很小，且谐波频率很高，很易滤去，可以得到相当好的正弦输出波形；③磁场调制发电机系统的输出频率在原理上与励磁电流频率相同，因而这种变速恒频风力发电机组与电网或柴油发电机组并联运行十分简单可靠。这种发电机系统的主要缺点与 AC/DC/AC 系统类似，即电力电子变换装置处在主电路中，因而容量较大。比较适合用于容量从数十千瓦到数百千瓦的中小型风电系统。

（3）双馈发电机系统。双馈发电机的结构类似绕线型感应电机，其定子绕组直接接入电网，转子绕组由一台频率、电压可调的低频电源（一般采用交/交循环变流器供给三相低频励磁电流），图 9-15 所示为这种系统的原理方框图。

当转子绕组通过三相低频电流时，在转子中形成一个低速旋转磁场，这个磁场的旋转速度（n_2）与转子的机械转速（n_r）相叠加，使其等于定子的同步转速（n_1），即

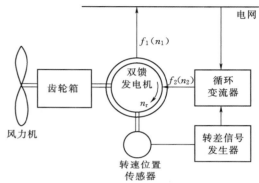

图 9-15　双馈发电机系统

$$n_r \pm n_2 = n_1 \qquad\qquad (9-3)$$

从而在发电机定子绕组中感应出相应于同步转速的工频电压。当风速变化时，转速 n_r 随之而变化。在 n_r 变化的同时，相应改变转子电流的频率和旋转磁场的速度 n_2，以补偿电机转速的变化，保持输出频率恒定不变。

系统中所采用的循环变流器是将一种频率变换成另一种较低频率的电力变换装置，半导体开关器件采用线路换向，为了获得较好的输出电压和电流波形，输出频率一般不超过输入频率的 1/3。由于电力变换装置处在发电机的转子回路（励磁回路），其容量一般不超过发电机额定功率的 1/3，这种系统中的发电机可以超同步运行（转子旋转磁场方向与机械旋转方向相反，n_2 为负），也可以次同步速运行（转子旋转磁场方向与机械旋转方向相同，n_2 为正）。在前一种情况下，除定子向电网馈送电力外，转子也向电网馈送一部分电力；在后一种情况下，则在定子向电网馈送电力的同时，需要向转子馈入部分电力。

上述系统由于其发电机与传统的绕线式感应电机类似，一般具有电刷和滑环，需要一定的维护和检修。目前正在研究一种新型的无刷双馈发电机，它采用双极定子和嵌套耦合的笼型转子。这种电机转子类似鼠笼型转子，定子类似单绕组双速感应电机的定子，有 6 个出线端，其中 3 个直接与三相电网相连，其余 3 个则通过电力变换装置与电网相联。前 3 个端子输出的电力，其频率与电网频率一样，后 3 个端子输入或输出的电力其频率相当于转差频率，必须通过电力变换装置（交/交循环变流器）变换成与电网相同的频率和电压后再联入电网。这种发电机系统除具有普通双馈发电机系统的优点外，还有一个很大的优点就是电机结构简单可靠，由于没有电刷和滑环，基本上不需要维护。双馈发电机系统

由于电力电子变换装置容量较小，很适合用于大型变速恒频风电系统。

9.3.3　小型直流发电系统

9.3.3.1　离网型风力发电系统

通常离网型风力发电机组容量较小，发电容量从几百瓦到几十千瓦的均属于小型风力发电机组。离网型小型风力机的推广应用，为远离电网的农牧民解决了基本的生活用电，改善了农牧民的生活质量。

小型风力机按照发电类型的不同，可分为直流发电机型、交流发电机型。较早时期的小容量风力发电机组一般采用小型直流发电机，在结构上有永磁和励磁两种类型。永磁直流发电机利用永磁铁提供发电机所需的励磁磁通，电励磁直流发电机则是借助在励磁线圈内流过的电流产生磁通来提供发电机所需的励磁磁通。接励磁绕组与电枢绕组连接方式的不同，又可分为他励磁式和并励磁式两种形式。

随着小型风力发电机组的发展，发电机类型逐渐由直流发电机转变为交流发电机。主要包括永磁发电机、硅整流自励交流发电机。永磁发电机转子没有滑环，运转时更安全可靠，电机重量轻、体积小、工艺简便，因此在离网型风力机中被广泛应用，缺点是电压调节性能差。硅整流自励交流发电机通过与滑环接触的电刷与硅整流器的直流输出端相连，从而获得直流励磁电流。

由于风力的随机波动，会导致发电机转速的变化，从而引起发电机出口电压波动。发电机出口电压波动将导致硅整流器输出直流电压及发电机励磁的变化，并造成励磁场的变化，进而又会造成发电机出口电压的波动。因此，为抑制这种的电压波动，稳定输出，保护用电设备及蓄电池，该类型的发电机需要配备相应的励磁调节器。

9.3.3.2　直流发电系统

直流发电系统大都用于 10kW 以下的微、小型风力发电装置，与蓄电池储能配合使用。虽然直流发电机可直接产生直流电，但由于直流电机结构复杂、价格贵，而且由于带有整流子和电刷，需要的维护也多，不适于风力机的运行环境。所以，在这种系统中所用的电机主要是交流永磁发电机和无刷自励发电机，经整流器整流后输出直流电。

1. 交流永磁发电机

交流永磁电机的定子结构与一般同步电机相同，转子采用永磁结构。由于没有励磁绕组，不消耗励磁功率，因而有较高的效率。永磁电机转子结构的具体形式很多，按磁路结构的磁化方向，基本上可分为径向式、切向式和轴向式三种类型。采用永磁发电机的微、小型风力发电机组，常省去增速齿轮箱，发电机直接与风力机相连。在这种低速永磁电机中，定子铁耗和机械损耗相对较小，而定子绕组铜耗所占比例较大。为了提高电机效率，主要应降低定子铜耗，因此采用较大的定子槽面积和较大的绕组导体截面，额定电流密度取得较低。

起动阻力矩是用于微、小型风电装置的低速永磁发电机的重要指标之一，它直接影响风力机的起动性能和低速运行性能。为了降低切向式永磁发电机的起动阻力矩，必须选择合适的齿数、极数配合，采用每极分数槽设计，分数槽的分母值越大，气隙磁导随转子位置越趋均匀，起动阻力矩也就越小。

永磁发电机的运行性能是不能通过其本身来进行调节的，为了调节其输出功率，必须另加输出控制电路。但这往往与对微、小型风电装置的简单和经济性要求相矛盾，实际使用时应综合考虑。

2. 无刷爪极自励发电机

无刷爪极自励发电机与一般同步电机的区别仅在于它的励磁系统部分。其定子铁芯及电枢绕组与一般同步电机基本相同。

由于爪极发电机的磁路系统是一种并联磁路结构，所有各对极的磁势均来自一套共同的励磁绕组，因此与一般同步发电机相比，励磁绕组所用的材料较省，所需的励磁功率也较小。对于一台爪极电机，在每极磁通及磁路磁密相同的条件下，爪极电机励磁绕组所需的铜线及其所消耗的励磁功率将不到一般同步电机的一半，故具有较高的效率。另外无刷爪极电机与永磁电机一样均系无刷结构，基本上不需要维护。与永磁发电机相比，无刷爪极发电机除机械摩擦力矩外基本上无起动阻力矩。另一个优点是具有很好的调节性能，通过调节励磁可以很方便地控制它的输出特性，并有可能使风力机实现最佳叶尖速比运行，得到最好的运行效率。这种发电机非常适合用于千瓦级的风力发电装置中。

电容自励异步发电机室根据异步发电机在并网运行时电网供给异步发电机励磁电流，对异步感应电机的感应电动势能产生容性电流的特性设计的。在风力驱动异步发电机独立运行时，未得到此容性电流，需在发电机输出端并接电容，从而产生磁场，建立电压。为维持发电机端电压，必须根据负载及风速的变化，调整并接电容的大小。

9.4 供 电 方 式

中大型或大型风力机主要采用并网运行方式，在这种运行方式中主要解决的问题是并网控制和功率调节问题。而大型风力机大多采用直接或渐渐联入电网的方式向外输出电能。下面根据风电系统所采用的并网形式和发电机分别进行介绍。

9.4.1 直接并网

直接并网风力机系统如图 9 - 16 所示，以定桨距失速或变桨距调节使风力机的风轮以

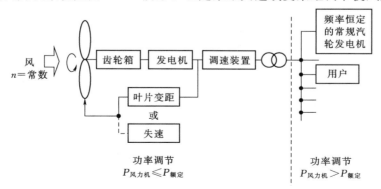

图 9 - 16 直接并入大电网的风力机系统

（与同步发电机组合）恒速或接近恒速（与异步发电机组合）运行，发电机发出的电压经变压器升压后直接与电网并联。

采用同步发电机直接并网，发电机既能输出有功功率，又能提供无功功率，且交流频率稳定，电能质量高。但面对风速时大时小的随机变化，发电机对风力机的调速性能要求极为严格。否则，并网时风力机转速稳定性难以达到同步发电机所要求的精度。且联网后若转速控制超标，就会发生无功振荡和失去同步等问题。

异步发电机投入运行时，转子以高于定子旋转磁场的转速旋转。由于存在转差率，因此对机组启调速精度要求不高，不需要同步设备和整步操作，只要转速接近同步速度（即达到 100%～102% 同步转速）时，即可并网，使风力发电机组的运行控制变得简单，并网容易。而且并网后在不超过临界转差率的范围内不会产生振荡和失步。但是，异步发电机并网也存在一些特殊问题，如在并网瞬间存在三相短路现象，外部电网将受到 4～5 倍发电机额定电流的冲击，所以，这种并网方式只有在与大电网并网时，其冲击电流的影响才可以不予考虑。

9.4.2　间接并网

9.4.2.1　同步发电机的并网运行

风力驱动的同步发电机与电网并联运行的电路如图 9-17 所示。除风力机、齿轮箱外，电气系统还包括同步发电机、励磁调节器、断路器等，发电机通过断路器与电网相连。

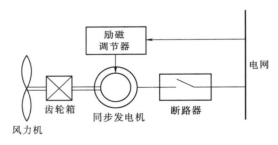

图 9-17　同步发电机与电网并联运行的电路

1. 并网条件

同步发电机与电网并联合闸前，为了避免电流冲击和转轴受到突然的扭矩，需要满足一定的并联条件。风力机输出的各相端电压瞬时值要与电网端对应相电压瞬时值完全一致，具体条件为：①波形相同；②频率相同；③幅值相同；④相序相同；⑤相位相同。

由于风力机有固定的旋转方向，只要使发电机的输出端与电网各相互相对应，即可保证条件④得到满足。所以在并网过程中主要应检查和满足另外四个条件。而条件①可有发电机设计、制造和安装保证；因此并网时，主要是其他三条的检测和控制，这其中条件②频率相同是必须满足的。

风力发电机组的起动和并网过程为：由风向传感器测出风向并使偏航控制器动作，使风力机对准风向；当风速超过切入风速时，桨距控制器调节叶片桨距角使风力机起动；当发电机被风力机带到接近同步速时，励磁调节器动作，向发电机供给励磁，并调节励磁电流使发电机的端电压接近于电网电压；在风力发电机被加速几乎达到同步速时，发电机的电势或端电压的幅值将大致与电网电压相同；它们的频率之间的很小差别将使发电机的端电压和电网电压之间的相位差在 0°～360° 的范围内缓慢变化，检测出断路器两侧的电位差，当其为零或非常小时使断路器合闸并网；合闸后由于自整步作用，只要转子转速接近同步转速就可以使发电机牵入同步，即使发电机与电网保持频率完全相同。以上过程可以通过微机自动检测和操作。

这种同步并网方式可使并网时的瞬态电流减至最小，因而风力发电机组和电网受到的冲击也最小。但是要求风力机调速器调节转速使发电机频率与电网频率的偏差达到容许值时方可并网，所以对调速器的要求较高，如果并网时刻控制不当，则有可能产生较大的冲击电流，甚至并网失败。另外，实现上述同步并网所需要的控制系统，一般成本较高，对于小型风力发电机组来说，将会占其全部成本的相当大部分，由于这个原因，同步发电机一般用于较大型的风电机组。

2. 有功功率调节

风力发电机并入电网后，从风力机传入发电机的机械功率 P_{m} 除一小部分补偿发电机的机械损耗 q_{mec}、铁耗 q_{Fe} 和附加损耗 q_{ad} 外，大部分转化为电磁功率 P_{me}，即

$$P_{me} = P_{m} - (q_{mec} + q_{Fe} + q_{ad}) \qquad (9-4)$$

电磁功率减去定子绕组的铜损耗 p_{cul} 后就得到发电机输出的有功功率 P，即

$$P = P_{me} - p_{cul} \qquad (9-5)$$

对于一个并联在无穷大电网上的由风力驱动的同步发电机，要增加它的输出电功率，就必须增加来自风力机的输入机械功率。而随着输出功率的增大，当励磁不作调节时，电机的功率角 δ 就必然增大，图 9-18 所示为同步发电机的攻角特性，可以看出，当 $\delta = 90°$ 时，输出功率达到最大值，这个发生在 $\sin\delta = 1$ 时的最大功率叫做失步功率。达到这个功率后，如果风力机输入的机械功率继续增加，则 $\delta > 90°$，电机输出功率下降，无法建立新的平衡，

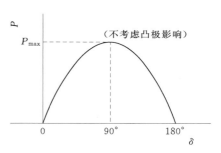

图 9-18　同步发电机的攻角特性

电机转速将连续上升而失去同步，同步发电机不再能稳定运行，所以这个最大功率又称为发电机的极限功率。如果一台风力发电机运行于额定功率状况，突然一阵剧烈的阵风，有可能导致输出功率超过发电机的极限功率而失步。为避免出现这种情况，一是要很好地设计风轮转子及控制系统使其具有快速桨距调节功能，能对风速的急剧变化迅速作出反应；二是短时间增加励磁电流，这样功率极限也跟着增大了，静态稳定度有所提高；三是选择具有较大过载倍数的电机，即发电机的最大功率与它的额定功率相比有一个较大的裕度。

从攻角特性曲线看到的另一个情况是当功率角 δ 成负值时，发电机的输出功率也变成负值。这意味着发电机现在作为电动机运行，功率取自电网，风力机变成了一个巨大的风扇，这种运行情况是应极力避免的。所以当风速降到一个临界值以下时，应使发电机与电网脱开，防止电动运行。

3. 无功功率调节

电网所带的负载大部分为感性的异步电动机和变压器，这些负载需要从电网吸收有功功率和无功功率，如果整个电网提供的无功功率不够，电网的电压将会下降；同时，同步发电机带感性负载时，由于定子电流建立的磁场对电机中的励磁磁场有去磁作用，发电机的输出电压也会下降，因此为了维持发电机的端电压稳定和补偿电网的无功功率，需增大

同步发电机的转子励磁电流。同步发电机的无功功率补偿可用其定子电流 I 和励磁电流 I_f 之间的关系曲线来解释。在输出功率 P_3 一定的条件下，同步发电机的定子电流 I 和励磁电流 I_f 之间的曲线也称为 V 形曲线，如图 9-19 所示。

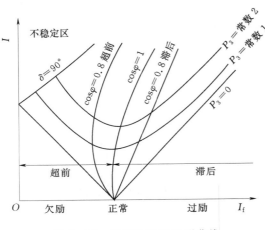

图 9-19 同步发电机 V 形曲线

从图 9-19 可以看出，当发电机功率因数为 1 时，发电机励磁电流为额定值，此时定子电流为最小；当发电机励磁大于额定励磁电流时，发电机的功率因数滞后，发电机向电网输出滞后的无功功率，改善电网的功率因数；而当发电机励磁小于额定励磁电流时，发电机的功率因数超前，发电机从电网吸引滞后的无功功率，使电网的功率因数更低。另外，这时发电机对应的功率角大于 90°，还存在一个不稳定区，因此，同步发电机一般工作在过励状态下，以补偿电网的无功功率和确保机组稳定运行。

9.4.2.2 感应发电机的并网运行

感应发电机的并网方式主要有三种：直接并网、降压并网和通过晶闸管软并网。

感应发电机的并网条件是：

（1）转子转向应与定子旋转磁场转向一致，即感应发电机的相序应和电网相序相同。

（2）发电机转速应尽可能接近同步速时并网。

1. 直接并网

并网的条件（1）必须满足，否则电机并网后将处于电磁制动状态，在接线时应调整好相序。条件（2）不是非常严格，但愈是接近同步速并网，冲击电流衰减的时间愈快。当风速达到起动条件时风力机起动，感应发电机被带到同步速附近（一般为 98%～100% 同步转速）时合闸并网。由于发电机并网时本身无电压，故并网必将伴随一个过渡过程，流过 5～6 倍额定电流的冲击电流，一般零点几秒后即可转入稳态。感应发电机并网时的转速虽然对过渡过程时间有一定影响，但一般来说问题不大，所以对风力发电机并网合闸时的转速要求不是非常严格，并网比较简单。风力发电机组与大电网并联时，合闸瞬间的冲击电流对发电机及大电网系统的安全运行不会有太大的影响。但对小容量的电网系统，并联瞬间会引起电网电压大幅度下跌，从而影响接在同一电网上的其他电气设备的正常运行，甚至会影响到小电网系统的稳定与安全。为了抑制并网时的冲击电流，可以在感应发电机与三相电网之间串接电抗器，使系统电压不致下跌太大，待并网过渡过程结束后，再将其短接。

2. 降压并网

降压并网时在发电机与电网之间串联电阻或电抗器，或者接入自耦变压器，以降低并网时的冲击电流和电网电压下降的幅度。发电机稳定运行时，将接入的电阻等元件迅速地从电路中切出，以免消耗功率。这种并网方式经济性较差，适用于百千瓦级以上，容量较大的机组。

3. 晶闸管软并网

对于较大型的风力发电机组，目前比较先进的并网方法是采用双向晶闸管控制的软投入法，如图 9-20 所示。当风力机将发电机带到同步速附近时，发电机输出端的断路器闭合，使发电机经一组双向晶闸管与电网连接，双向晶闸管触发角由 180°至 0°逐渐打开，双向晶闸管的导通角由 0°～180°逐渐增大。通过电流反馈对双向晶闸管导通角的控制，将并网时的冲击电流限制在 1.5～2 倍额定电流以内，从而得到一个比较平滑的并网过程。瞬态过程结束后，微处理机发出信号，利用一组开关将双向晶闸管短接，从而结束了风力发电机的并网过程，进入正常的发电运行。

晶闸管软并网对晶闸管器件和相应的触发电路提出了严格的要求，即要求器件本身的特性要一致稳定；触发电路工作可靠，控制极触发电压和触发电流一致；开通后晶闸管压降相同。只有这样才能保证每相晶闸管按控制要求逐渐开通，发电机的三相电流才能保证平衡。

在晶闸管软并网的方式中，目前触发电路有移相触发和过零触发两种。其中移相触发的缺点是发电机中每相电流为正负半波的非正弦波，含有较多的奇次谐波分量，对电网造成谐波污染，因此必须加以限制和消除；过零触发是在设定的周期内，逐步改变晶闸管导通的周波数，最后实现全部导通，因此不会产生谐波污染，但电流波动较大。

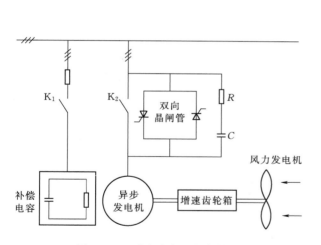

图 9-20　感应发电机的软并网

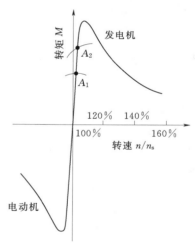

图 9-21　感应发电机的转矩-
转速特性曲线

4. 并网运行时的功率输出

感应发电机并网运行时，向电网送出的电流的大小及功率因数，取决于转差率 s 及电机的参数，前者与感应发电机负载的大小有关，后者对于设计好的电机是给定数值，因此这些量都不能加以控制或调节。并网后电机运行在其转矩—转速曲线的稳定区，如图 9-21 所示。当风力机传给发电机的机械功率及转矩随风速而增加时，发电机的输出功率及其反转矩也相应增大，原先的转矩平衡点 A_1 沿其运行特性曲线移至转速较前稍高的一个

新的平衡点 A_2，继续稳定运行。但当发电机的输出功率超过其最大转矩所对应的功率时，其反转矩减小，从而导致转速迅速升高，在电网上引起飞车，这是十分危险的。为此必须具有合理可靠的失速桨叶或限速机构，保证风速超过额定风速或阵风时，从风力机输入的机械功率被限制在一个最大值范围内，保证发电机的输出电功率不超过其最大转矩所对应的功率值。

需要指出的是，感应发电机的最大转矩与电网电压的平方成正比，电网电压下降会导致发电机的最大转矩成平方关系下降，因此如电网电压严重下降也会引起转子飞车；相反如电网电压上升过高，会导致发电机励磁电流增加，功率因数下降，并有可能造成电机过载运行。所以对于小容量电网应该配备可靠的过压和欠压保护装置，另一方面要求选用过载能力强（最大转矩为额定转矩 1.8 倍以上）的发电机。

5. 无功功率及其补偿

感应发电机需要落后的无功功率主要是为了励磁的需要，另外也为了供应定子和转子漏磁所消耗的无功功率。单就前一项来说，一般中、大型感应电机，励磁电流约为额定电流的 $20\% \sim 25\%$，因而励磁所需的无功功率就达到发电机容量的 $20\% \sim 25\%$，再加上第二项，这样感应发电机总共所需的无功功率为发电机容量的 $25\% \sim 30\%$。接在电网上的负载，一般来说，其功率因数都是落后的，亦即需要落后的无功功率，而接在电网上的感应发电机也需从电网吸取落后的无功功率，这无疑加重了电网上其他同步发电机提供无功功率的负担，造成不利的影响。所以对配置感应电机的风力发电机，通常要采用电容器进行适当的无功补偿。

9.4.3 变速恒频风力发电机的并网运行

变速恒频风电系统的一个重要优点是可以使风力机在很大风速范围内按最佳效率运行。从风力机的运行原理可知，这就要求风力机的转速正比于风速变化并保持一个恒定的最佳叶尖速比，从而使风力机的风能利用系数 C_P 保持最大值不变，风力发电机组输出最大的功率。因此，对变速恒频风力发电系统的要求，除了能够稳定可靠地并网运行之外，最重要的一点就是实现最大功率输出控制。

9.4.3.1 同步发电机 AC/DC/AC 系统的并网运行

这种系统与电网并联运行的特点是：

（1）由于采用频率变换装置进行输出控制，所以并网时没有电流冲击，对系统几乎没有影响。

（2）因为采用 AC/DC/AC 转换方式，同步发电机的工作频率与电网频率彼此独立，风轮及发电机的转速可以变化，不必担心发生同步发电机直接并网运行时可能出现的失步问题。

（3）由于频率变换装置采用静态自励式逆变器，虽然可以调节无功功率，但有高频电流流向电网。

（4）在风电系统中采用阻抗匹配和功率跟踪反馈来调节输出负荷可使风电机组按最佳效率运行，向电网输送最多的电能。

图 9-22 所示为具有最大功率跟踪的 AC/DC/AC 风电转换系统联网运行方框图，采

用系统输出功率作为控制信号，改变晶闸管的触发角，以调整逆变器的工作特性。该系统的反馈控制电路包括如下环节：

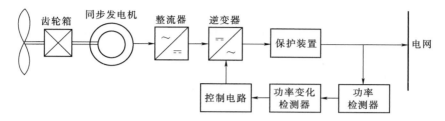

图 9 - 22　具有最大功率跟踪的 AC/DC/AC 风电系统方框图

（1）功率检测器。在系统输出端连续测出功率，并提供正比于实际功率的输出信号。

（2）功率变化检测器。对功率检测器的输出进行采样和储存，以便和下一个采样相比较。在这个检测器中有一个比较器，它与逻辑电路共同测定后一个功率信号电平并与前一个信号电平比较大小，若新的采样小于先前的数值，逻辑电路就改变状态；如果新的采样大于先前的数值，逻辑电路就保持原来的状态。

（3）控制电路。接受来自逻辑电路的信号并提供一个经常变化的输出信号，当逻辑电路为某一状态时输出增加，而为另一状态时减少。这个控制信号被用来触发逆变器的晶闸管，从而控制输送到电网的功率。上述控制方案的特点是：它不仅要求风力机功率输出最大，而且要求整个串联系统（包括风力机、增速箱、发电机、整流器和逆变器）的总功率输出达到最大。

9.4.3.2　磁场调制发电机系统的并网运行

磁场调制发电机系统输出电压的频率和相位取决于励磁电流的频率和相位，而与发电机轴的转速及位置无关，这种特点非常适合用于与电网并联运行的风力发电系统。图 9 - 23 所示为采用磁场调制发电机的风力发电系统的一种控制方案。它的中心思想是测出风速并用它来控制电功率输出，从而使风力机叶尖速度相对于风速保持一个恒定的最佳速比。当风力机转子速度与风速的关系偏离了原先设定的最佳比值时则产生误差信号，这个信号使磁场调制发电机励磁电压产生必要的变化，以调整功率输出，直至符合上述比值为止。图中风速传感器测得的风速信号通过一个滤波电路，目的是使控制系统仅对一段时间

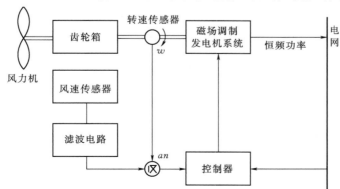

图 9 - 23　以风速为控制信号的磁场调制发电机系统控制原理方框图

的平均风速变化作出响应而不反应短时阵风。

图 9-24 所示为另一种控制方案，其设计思想是以发电机的转速信号代替风速信号（因为风力机在最佳运行状态时，其转速与风速成正比关系，故两种信号具有等价性），并以转速信号的三次方作为系统的控制信号，而以电功率信号作为反馈信号，构成闭环控制系统，实现功率的自动调节。

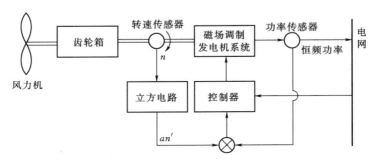

图 9-24 以转速为控制信号的磁场调制发电机系统控制原理方框图

由于磁场调制发电机系统的输出功率随转速而变化，从简化控制系统和提高可靠性的角度出发，也可以采用励磁电压固定不变的开环系统。如果对发电机进行针对性设计，也能得到接近最佳运行状态的结果。

9.4.3.3 双馈发电机系统的并网运行

双馈发电机定子三相绕组直接与电网相联，转子绕组经 AC/AC 循环变流器联入电网。这种系统并网运行的特点是：

（1）风力机起动后带动发电机至接近同步转速时，由循环变流器控制进行电压匹配、同步和相位控制，以便迅速地并入电网，并网时基本上无电流冲击。对于无初始起动转矩的风力机（如达里厄型风力机），风力发电机组在静止状态下的起动可由双馈电机运行于电动机工况来实现。

（2）风力发电机的转速可随风速及负荷的变化及时作出相应的调整，使风力机以最佳叶尖速比运行，产生最大的电能输出。

（3）双馈发电机转子可调量有三个，即转子电流的频率、幅值和相位。调节转子电流的频率，保证风力发电机在变速运行的情况下发出恒定频率的电力；通过改变转子电流的幅值和相位，可达到调节输出有功功率和无功功率的目的。当转子电流相位改变时，由转子电流产生的转子磁场在电机气隙空间的位置有一个位移，从而改变了双馈电机定子电势与电网电压向量的相对位置，也即改变了电机的功率角，所以调节转子不仅可以调节无功功率，也可以调节有功功率。

9.5 风能与其他能源联合发电系统

9.5.1 风力/柴油联合发电系统

目前，在大电网难以覆盖的边远或孤立地区，通常采用柴油发电机组来提供必要的生活和生产用电。由于柴油价格高，加之运输困难，造成发电成本相当高，并且由于交通不便和燃料供应紧张，往往不能保证电力的可靠供应。而边远地区，特别是海岛，大部分拥有较丰富的风能资源，随着风电技术的日趋成熟，其电能的生产成本已经低于柴油发电的成本。因此，采用风力发电机组和柴油发电机组联合运行，为电网达不到的地区提供稳定可靠的、符合电能质量（电压、频率等）标准的电力，最大限度地节约柴油并减少对环境的污染，是世界各国在风能利用与开发研究中颇受瞩目的方向之一。特别是对于电网尚不够普及的发展中国家，更具有广阔的应用前景。

现在世界上正在研究和运行的风力/柴油发电系统的类型很多，但一般说来，整个系统一般包括风力发电机组、柴油发电机组、蓄能装置、控制系统、用户负载及耗能负载等，其基本结构框图如图 9-25 所示。下面重点介绍几种主要型式。

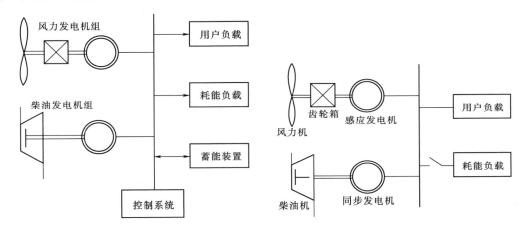

图 9-25　风力/柴油发电机系统的基本结构图　　图 9-26　基本型风力/柴油发电系统

1. 基本型风力/柴油发电系统及其改进型式

最简单的风力发电和柴油发电结合方法之一是让风力发电机组和柴油发电机组并联运行，以降低柴油机的平均负载，从而节省燃料。图 9-26 所示为系统的结构示意图，风力驱动的感应发电机和柴油驱动的同步发电机并联运行。该系统中，柴油发电机组不停地工作，即使在负荷较小、风力较强时也在运转，以便为风力发电机提供所需的无功功率。

这种系统的优点为结构简单，可以向负载连续供电。缺点为节油率低，而且为了保证系统的稳定性，通常柴油发电机组的容量要比风电机组大很多，使得节油效果更差。故此系统仅适用于相当稳定的负载。

改进方案是在柴油机和同步发电机之间加一个飞轮和一个电磁离合器。当风力所产生的电能不能满足负荷需求时，风力发电机和柴油发电机并联向负载供电；当风力足够大时，电磁离合器将柴油机与其驱动的同步发电机断开，柴油机停止运行，而同步电机将作为同步调相机运行向风力驱动的感应发电机提供无功功率，其本身的有功损耗则由风力发电机供给。这时系统的频率由控制耗能负载来保持基本恒定。系统中的飞轮有助于柴油机断开后维持同步电机继续运转，另外也有助于柴油机的重新起动。改进后的系统由于柴油机可以停转，因此节油效果较前者为好。

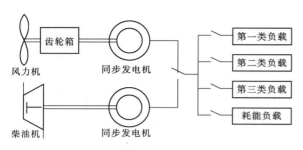

图 9-27 交替运行的风力/柴油发电系统

2. 交替运行的风力/柴油发电系统

图 9-27 所示为风力发电机组与柴油发电机组交替运行的一种系统型式，其中风力发电机一般为同步发电机，在风力较大和风电机组单独运行的情况下，通过励磁调节和负荷调节来保持输出电压和频率基本稳定。由于风能的不稳定性，可以将负载按其重要程度分类，随着风力的大小，通过频率或速度传感元件给出的信号，依次接通或断开各类负载。在风速很低第一类负载也不能保证供电时，风电机组退出运行，柴油发电机组同时自动起动并投入运行。可以发现，该系统中风力发电机和柴油发电机在电路上无联系，无需解决两者并联运行的一些技术问题，所以总体结构比较简单，但风能可以得到充分利用，柴油发电机组的运转时间也大大减少，因而节油率较高。缺点是在风力发电机和柴油发电机切换过程中会导致短时间供电中断，另外随着风力和负载的双重波动，可能造成柴油机频繁启停。

为了减少柴油机的起动次数，措施之一是在图 9-27 所示系统中的风力发电机轴上装一个飞轮，飞轮装在齿轮箱与同步发电机之间，利用飞轮的惯性和短时蓄能作用，减少各类负载的开关次数。

3. 具有蓄电池储能的风力/柴油发电系统

图 9-28 所示为一台或多台风力发电机组与柴油发电机组联合运行的方案。在并联运行时，风力驱动的感应发电机由柴油机驱动的同步发电机提供励磁所需的无功功率，风力发电机和柴油发电机共同向负载供电。当风况很好或负载较小，风力发电机组足以提供负载所需的电能时，柴油机通过电磁离合器

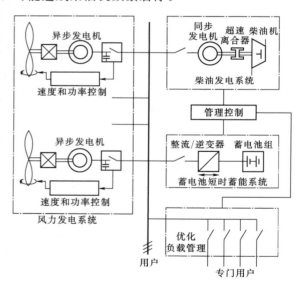

图 9-28 具有蓄电池储能的风力/柴油发电系统

或超速离合器与同步发电机脱开停转，同步发电机作调相机运行，向风力发电机提供无功功率并进行电压控制，风力机的转速和功率控制采用快速变桨距方式，在风速很小或无风期时，则由柴油发电机组单独供电。

为了避免由于风力和负载的变化导致柴油机频繁起动，该联合系统中配备了小容量蓄电池组，其容量取决于当地风能资源条件和用户要求，一般相当于可按额定功率供电（0.5～1h），同时配置一个可逆的线路整流/逆变器，以便给蓄电池充电或蓄电池向独立电网补充输电。此外，蓄电池还可以减少柴油机的轻载运行，使其绝大部分时间运行在比

较合适的功率范围内。

对于容量较大的风力/柴油发电系统，可采用多台风电机组的方案，这样可以减小风电机组总功率输出的波动幅度，同时蓄电池的容量也可以减小。

4. AC/DC/AC 型变速风力发电机组与柴油发电机组联合发电系统

图 9-29 所示为这种风力/柴油发电系统的结构框图。系统中风力机驱动的发电机可以是同步发电机，也可以是感应发电机，经整流和逆变装置与柴油发电机并联运行，实现向负载连续供电。根据风力情况和负载大小，这种系统也可以有三种不同供电方式，即风力发电机单独供电、风力发电机和柴油发电机并联供电、柴油发电机单独供电。

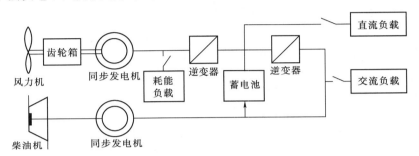

图 9-29　AC/DC/AC 型变速风力发电机组与柴油发电机组联合发电系统

该系统的优点是风力机可以在变速工况下运行，从而可最大限度地利用风能，以节约更多的柴油。系统中的整流、逆变装置和蓄电池储能设备可以起到维持恒频输出和平衡功率的作用。

这种系统的缺点是由于配置了容量与风力发电机组容量相当的整流、逆变设备，造价较高，在电能转换过程中也有一定的能量损失。

5. 磁场调制型变速风力发电机组与柴油发电机组联合发电系统

图 9-30 所示为磁场调制型变速/恒频风力发电机与柴油发电机联合运行的系统框图。风力驱动的磁场调制发电机的励磁可以取自柴油发电机的输出，与前面所述的该发电机系统的并网运行相类似，通过励磁变压器将柴油发电机各相输出电压进行适当的相位相加，即可得到一组领先系统输出电压 90°的三相励磁电压。在这种情况下，风力发电机的输出总是自动与柴油发电机输出同步，不需要专门的控制，不存在失步问题，整个系统控制简单。

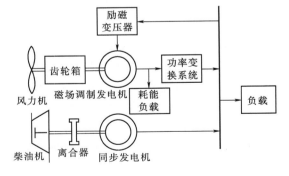

图 9-30　磁场调制型变速风力发电机组与柴油发电机组联合发电系统

当风况很好，风力机发电量足可提供负载所需的电能时，柴油机通过电磁离合器与其驱动的同步发电机脱开停车，同步机作调相机运行供给磁场调制发电机励磁所需的无功功率，同时控制它的输出电压和频率。

这种系统除了可以获得风力机变速运行增加能量输出外，由于磁场调制发电机从工作原理上保证了其输出与供给其励磁的柴油发电机输出同步，所以并联运行时基本上无需控制，且并联系统非常可靠，即使在风速大幅度变化或柴油发电机转速、电压波动的情况下，仍可以稳定、安全地并联运行。

6. 风力/柴油联合发电系统的实用性评价

上面介绍了一些风力/柴油发电系统，最佳设计在很大程度上取决于用户的需要和当地的风力资源，一种系统对某种用户可能是最合适的，但不可能对所有地方都是最佳的。一般根据具体的资源及负载情况从以下三方面来考虑和评价系统的实用性。

（1）节油效果。建立风力、柴油发电系统的一个目的就是节约柴油，所以节油率是衡量一个风力/柴油发电系统是否先进的重要指标之一。20 世纪 80 年代初的风力/柴油发电系统，特别是柴油机必须不停地连续运行的系统，节油率很低。从 80 年代中期起，由于系统中增加了蓄能设施，风能的利用率有了很大的提高，系统的节油率上升，到 90 年代初已达到 40%～55%，目前系统最高节油率达到 70% 以上。

（2）可靠性。对一个节油效果较好的风力/柴油发电系统来说，风电容量一般占总系统容量约 50% 以上，风速变化的随机性很大，风电功率变化相当频繁，且幅度很大。在并联运行中，系统能否承受这种频繁的大幅度冲击，达到稳定运行，以提供可靠的电能，是风力/柴油联合发电系统是否成功的技术关键。

（3）系统的经济性。经济性是人们极为关注的问题之一，不同的系统模式不能用同一的节油率指标来衡量系统经济性的优劣。除与选择的系统模式有很大关系外，还与风能资源、负载性质与大小、风电机组与柴油机组和蓄电池组的容量比例等有很密切的关系。例如，蓄电池容量过大，虽然提高了风能利用率，减少了柴油机启停次数，但设备费用和运行维护费用增加；反之则风能利用率降低，柴油机常处于低负荷、高耗油率运行工况，同样加大了供电成本。因此，对不同的风力/柴油发电系统，应以系统的综合供电成本来评价它的经济性。供电成本低的系统显然是良好的系统。

9.5.2　风/光联合发电系统

1. 风/光互补联合发电的优点

风能、太阳能都是取之不尽用之不竭的清洁能源，但又都是不稳定、不连续的能源，单独用于无电网地区，需要配备相当大的储能设备，或者采取多能互补的办法，以保证基本稳定的供电。风/光联合发电即是一种多能互补的发电方式，特别是我国属于季风气候区，一般冬季风大，太阳辐射强度小；夏季风小，太阳辐射强度大，正好可以相互补充利用。

风/光联合发电比起单独的风电或光电来有以下优点：

（1）利用风能、太阳能的互补特性，可以获得比较稳定的总输出，系统有较高的供电稳定性和可靠性。

（2）在保证同样供电的情况下，可大大减少储能蓄电池的容量。

（3）对混合发电系统进行合理的设计和匹配，可以基本上由风/光系统供电，很少或基本不用起动备用电源如柴油发电机等，并可获得较好的社会效益和经济效益。

所以综合开发利用风能、太阳能，发展风/光互补联合发电有很好的应用前景，受到很多国家的重视。下面介绍一种比较先进的风/光联合发电系统。

2. AC/DC/AC 型变速风力发电机组与太阳光电

图 9-31 所示为我国建造的 30kW 风/光互补联合发电系统的组成。整个系统包括五台 5kW 风力发电机组，5040kWP 太阳电池阵列，220kW·h 固定型铅酸蓄电池，30kW 三相正弦波逆变器，30kW 备用柴油发电机以及风电、光电控制系统，配电柜和数据采集与处理系统等。

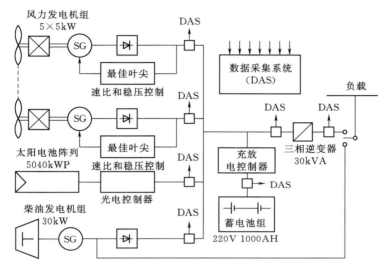

图 9-31　我国 30kW 风/光互补联合发电系统

五台风电机组中的发电机均为无刷自励爪极发电机，机组采取变速运行方式，通过各自的整流器及公用的逆变器向负载供电，在直流环节将多余的电能向蓄电池充电。当蓄电池没有充满且风速在额定风速以下时，风力发电机组采用最佳叶尖速比控制，使风力机在很大的风速范围内以最佳效率运行，从而可最大限度地利用风能；当蓄电池接近充满，电压达到设定的最高充电电压时，风力发电机自动转为稳压控制运行，这样既可使蓄电池继续充电，又保护了蓄电池不致过充。

太阳电池阵列由 5040kWP 单晶硅电池组件组成，分为五个子阵列并联向蓄电池充电，各子阵列的通断采用无触点固态器件控制。在蓄电池接近充满时，通过依次关断部分子阵列保证蓄电池端电压不超过最高设定值，风、光系统在直流环节并联后，通过三相逆变器转换成恒频恒压交流电供给负载。逆变器采用大功率晶体管脉宽调制方案，在蓄电池电压降到设定的过放值时自动关断，保护蓄电池不致过放。在风、光不能满足负载要求且蓄电池已接近过放值时，由备用的柴油发电机组向负载供电，同时向蓄电池补充充电，数据采集和处理系统可实时显示系统各部分的运行状态，并可储存三个月的运行数据。

9.6　风力发电机组的独立运行

风力发电机组独立运行是比较简单的运行方式，但由于风能的不稳定性，为了保证基本的供电需求，必须根据负载的要求采取相应的措施，达到供需平衡。下面介绍风力发电机几种独立运行供电方式。

9.6.1 配以蓄电池储能的独立运行方式

这是一种最简单的独立运行方式，如图 9-32 所示。对于 10kW 以下的小型风电机组，特别是 1kW 以下的微型风电机组普遍采用这种方式向用户供电。

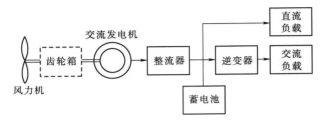

图 9-32 风电机组配以蓄电池储能的独立运行系统

对于 1kW 以下的微型机组一般不加增速器，直接由风力机带动发电机运转，后者一般采用低速交流永磁发电机；1kW 以上的机组大多装有增速器，发电机则有交流永磁发电机、同步或异步自励发电机等。经整流后直接供电给直流负载，并将多余的电能向蓄电池充电。在需要交流供电的情况下，通过逆变器将直流电转换为交流电供给交流负载。风力机在额定风速以下变速运行，超过额定风速后限速运行。

对于容量较大的机组（如 20kW 以上），由于所需的蓄电池容量大，投资高，经济上不是很理想，所以较少采用这种运行方式。

9.6.2 采用负载自动调节法的独立运行方式

由于输入风力机的风能与风速的三次方成比例，其输出功率也将随风速的变化而大幅度变化。因此独立运行的关键问题是如何使风力发电机的输出功率与负载吸收的功率相匹配。为了更多地获取风能，同时也为了使风力发电机组能在安全的转速下运行，需要在不同风速下接入数量不同的负载，这就是本方案基本的控制思想。图 9-33 所示为这种方案的系统框图，系统中风力机驱动同步发电机，其输出电压可通过调节发电机的励磁进行控制，使风力发电机在达到某一最低运行转速后维持输出电压基本不变。风力机的转

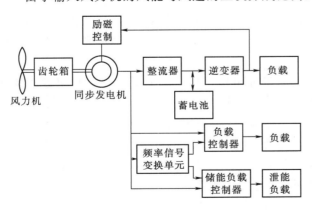

图 9-33 采用负载自动调节法的独立运行系统

速可以通过同步发电机的输出频率来反映，因此可以用频率的高低来决定可调负载的投入和切除。

转速控制可以采取最佳叶尖速比控制和恒速控制两种方案。在采用最佳叶尖速比控制方案时，通过调节负载使风力机的转速随风速成线性关系变化，并使风轮的叶尖速度与风速之比保持一个基本恒定的最佳值。在此情况下，风力机的输出功率与转速的三次方成比例，风能得到最大程度的利用。为了保证主要负载的用电及供电频率的恒定，在发电机的输出端增加了整流、逆变装置，并配备少量蓄电池。该蓄电池的存在不仅可以在低风速或无风时提供一定量的用电需求，而且还在一定程度上起缓冲器的作用，以调节和平衡负载的有级切换造成的不尽合理负载匹配。从发电机端直接输出的电能，其频率随转速变化，可用于电热器一类的负载，如电供暖、电加热水等，同时这类负载和泄能负载一起均可作为负载调节之用。在采用恒速控制方案时，可以不需要整流、逆变环节，通过负载控制和风力机的桨距调节维持转速及发电机频率的基本恒定。采用这种方案整个系统投资较少，但风能的利用率及对主要负载的供电质量和供电稳定性不如前者。显然，采用负载调节的运行方式时，负载档次分得越细，风轮运行越平稳，频率稳定度也越高。但由于受经济条件和使用情况这两个因素的制约，不可能完全做到这一点。折中的办法是根据当地的风力资源和负载对供电的需求情况，确定负载档数、每档功率大小及优先投入或切除的顺序。

　　此外，还有多台风力发电机组并联运行的独立供电系统。

　　较大的用户供电，应尽可能采用快速变速和控制功率的变桨距风电机组。这种联合系统除可增加风能利用率外，另一个最大的优点是能在几秒钟内更好地平衡因风力波动而引起的输出功率变化。

第 10 章 风力机运行与维护

风电场的规模日益扩大，风力机单机容量也日益增大，目前逐步向 2.5MW 甚至是 5MW 发展。伴随着风力机种类和数量的增加，风力机的运行维护显得非常重要。

无论陆上风力发电机组还是海上风力发电机组，风力机的运行和维护技术是不可缺少的。

10.1 风力机运行技术

风力发电机组运行首先需要做到的是安全可靠，在故障发生时能及时进行保护，并确定故障产生的原因；其次，按设计要求高效输出电能；再次对小型风力机要求运行的自动化程度高，对大型机则完全自动控制。

10.1.1 安全性方针

风力机的安全运行要满足以下五点要求：

（1）设计无缺陷。风力机负载要考虑周全而准确；预测的风力机特性符合实际特性；结构合理，强度符合要求；安全和保护系统完善，设计无缺陷。

（2）制造、安装和维护时无缺陷。组装和安装质量良好，维修时能完全排除呈现的问题和隐患。

（3）运行人员严格按照操作规范操作，避免发生可能发生的人为误操作。

（4）传感器等测量设备灵敏度高，精度高，故障率少。

（5）对突发灾难性气象、环境变故有预报，应对措施得当。

10.1.2 安检遵循的原则

在安全系统设计中和运行前安检遵循的原则有：

（1）风力发电机组必须有两套以上的刹车系统，每套系统必须保证机组在安全运行范围内工作。

（2）必须使两套系统具有不同的工作方式，其动力源也应各自不同。

（3）故障发生时，至少一套系统有效动作，使风轮及时停车。

（4）安全系统执行使风轮停车或减速动作时，不允许手动操作，不允许影响安全系统正常工作。

（5）用于对无空气动力刹车的失速型风力机超速时制动的机械刹车，转速测量传感器应设置在风轮轴上。

（6）在空气动力刹车出现故障时，安全系统应有使风轮偏离风向的动作设置。

（7）机舱偏航对风的速度应有一定限制，以避免出现较大陀螺效应力矩。

（8）风力发电机组出现故障停机后，安全系统应确保机组处于静止状态，不再运行并网，待确认故障排除后，方可投入再运行。

（9）对由于电网原因引起的故障停机，控制系统在电网回归正常后，允许风力机自动恢复并网运行。

（10）应有检测电缆缠绕情况的传感器，风力发电机组有自动解除电缆缠绕的功能。

（11）发生故障时，电器、液压、气动系统的动力源仍应得到保证，以保障安全系统工作的正常投入。

10.1.3 制动方式与安全保护项目

风力发电机组的安全保护最终由风力机制动系统这一重要环节来实现。

10.1.3.1 制动方式

以采用定桨距风轮、叶尖扰流器气动刹车以及两部盘式机械刹车的机组为例，说明制动过程的三种不同情况。

1. 正常停机的制动程序

控制气动刹车的电磁阀失电，释放气动刹车液压缸液压油，叶尖扰流器在离心力作用下滑出。

若机组正处于并网发电状态，须待发电机转速降低至同步转速，发电机主接触器动作使发电机与电网脱离后，第一部机械刹车投入；若发电机未并网，则待风轮转速低于设定值时，及时将第一部机械刹车投入动作。

以上两步动作执行后若转速继续上升，则第二部机械刹车立即投入运行。停机后叶尖扰流器收回。

2. 安全停机程序

从机组的满负荷工作状态刹车时，若叶尖扰流器释放 2s 后发电机转速超速 5%，或 15s 后风轮转速仍未降至设计额定值，视为情况反常，执行安全停机。在叶尖扰流器已释放的基础上第一部、第二部刹车相继投入，停机后叶尖扰流器不收回。

3. 紧急停机

紧急停机指令由控制系统计算机发出。另一条发出指令的通道是独立于控制系统的紧急安全链，是风力发电机组的最后一级保护措施，采用反逻辑设计，将可能对风力发电机组造成致命伤害的故障节点串联成一个回路，一旦其中一个动作，将引起紧急停机反应。一般将如下传感器的信号串联在紧急安全链中：手动紧急停机按钮、控制器看门狗、叶尖扰流器液压缸液压油压力传感器、机械刹车液压缸油压传感器、电缆缠绕传感器、风轮转速传感器、风轮轴振动传感器、控制器 24V 直流电源失电传感器。

紧急停机步骤如下：所有的继电器、接触器失电；叶尖扰流器和两部机械刹车同时投入，发电机同时与电网脱离。

10.1.3.2 安全保护项目

1. 超速和振动超标保护

当转速传感器检测到风轮或发电机转速超过其额定转速值的 110% 时，控制器将给出正常停机指令。位于风轮轴上的振动测量传感器，不但能测出风轮转子的振幅，也以测得的振动主频用作转速传感器测量结果的校验值。振动值超标，风力机发电机将按指令正常停机。

2. 风轮超速紧急停机保护

依据重要保护必须有两套不同系统保全执行的原则，风力发电机组另设有一个完全独立于控制系统、直接作用于液压油路、在风轮超速时引起叶尖扰流器动作的紧急停机系统。其主要执行机构是在叶尖扰流器液压缸与油箱之间并联的一个受压力控制可突然开启的突开阀。由于作用于叶尖扰流器上的离心力与风轮转速的平方成正比，风轮超转速时，叶尖扰流器液压缸中的油压迅速升高，达到设定值时，突开阀打开，压力油短路泄回油箱，叶尖扰流器迅速脱离叶片主体，旋转 90°成为气动阻尼板，使机组在控制、转速检测系统或叶尖扰流器油路电池阀失效的情况下得以安全停机。

3. 电网失电保护

一旦风力发电机失去电网来电，控制叶尖扰流器和机械刹车的电磁阀就会立即打开，其各自的液压系统失去压力，使制动系统全部动作，这与执行紧急停机的程序相当。停电后，机舱内和塔架内的照明可以维持 15～20min 时间。对由于电网停电引起的停机，控制系统将在电网恢复正常供电数分钟后，自动恢复正常运行。

4. 电器保护

首先是系统的雷击保护功能，必须使机组所有部件保持电位平衡，并提供便捷的接地通道以释放雷电，避免高能雷电的积累。由于机舱底座是钢结构，机舱底座通过电缆与塔架连接，塔架与地面控制柜通过电缆与埋入基础内的接地系统相联，这就为机舱内机械提供了基本的接地保护，机舱壳体后部若安装避雷针，高度应在风速风向仪之上；叶片的雷击保护是通过安装在叶尖上的雷电接收器并借助于叶尖气动刹车机构的传导系统实现电荷传输；而从风轮到机舱底座，则是通过电刷和集电环来连接。

其次是发电机的过热、过载以及单相保护；控制器等电器设备的过电压保护；晶闸管和计算机的瞬时过电压屏蔽以及所有传感器输入信号线和通信电缆的屏蔽隔离。

5. 电缆与润滑、液压系统保护

超过容许的电缆缠绕、润滑油温超标及润滑油箱液位过低、液压油温超标及液压油箱液位过低等故障产生时，控制系统执行安全停机。

10.2　风力发电机组的运行状态

风力发电机组总是工作在如下四种状态之一，四种状态的主要特征如下。

1. 运行状态

（1）机械刹车松开。

（2）允许机组并网发电。

（3）机组自动调向。

（4）液压系统保持工作压力。

（5）叶尖阻尼板回收或变桨距系统选择最佳工作状态。

2. 暂停状态

（1）机械刹车松开。

（2）液压泵保持工作压力。

（3）自动调向保持工作状态。

（4）叶尖阻尼板回收或变距系统调整桨叶节距角 90°方向。

（5）风力发电机组空转。

3. 停机状态

（1）机械刹车松开。

（2）液压系统打开电磁阀使叶尖阻尼板弹出，或变距系统失去压力而实现机械旁路。

（3）液压系统保持工作压力。

（4）调向系统停止工作。

4. 紧急停机状态

（1）机械刹车与气动刹车同时动作。

（2）紧急电路开启，即安全链开启。

（3）计算机所有输出信号无效。

（4）计算机仍在运行和测量所有输入信号。

当紧急停机电路动作时，所有接触器断开，计算机输出信号被旁路，计算机没有能力激活任何机构。

10.3 风力发电机组的基本运行过程

以一台由变桨距风轮—双速异步发电机构成的风电机组的并网运行为例，说明风力发电机组的基本运行过程。

图 10-1 所示为风力发电机的基本运行过程，过程如下。

1. 系统检测与起动准备

运行前控制系统将对风速风向状况、电网和风力发电机组的状态作自动测试，状态测试结果满足以下标准时方能达到运行必备条件。

（1）风速与风向。连续 10min 时间，风速在风力发电机组运行风速范围内（3.0m/s＜v＜25m/s），风向无突变。

（2）电网。电网频率在设定范围内；三相完全达到平衡；连续 10min 内，电网无过电压；在 0.1s 内跌落值小于设定值。

（3）风电机组与控制系统。风力叶片处于顺桨位置；发电机温度、增速器润滑油温在规定值范围以内；液压系统所有部位各自的压力都达到设定值；液压油箱油位和增速器齿轮润滑油油位正常；机械刹车摩擦片正常；电缆缠绕开关复位；控制系统 DC24V、AC24V、DC5V、DC±15V 电源供电正常；非正常停机后，控制屏显示的所有故障均排除；手动开关处于运行位置。

（4）起动准备。上述条件完全满足时，控制程序开始执行"风轮对风"与"制动解除"指令。

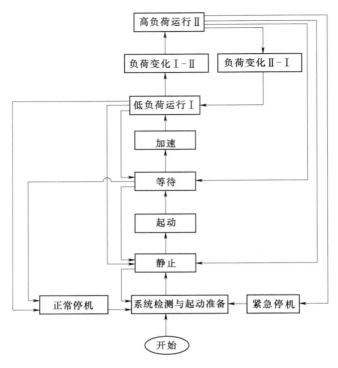

图 10 - 1　风力机的基本运行过程

1）风轮对风。偏航角度通过风向仪测定。角度确定后延迟 10s，才执行向左向右的偏航调整，以避免风向扰动情况下的频繁动作。调整前先释放偏航刹车，1s 后偏航执行机构根据指令执行左右偏航。偏航停止时，偏航刹车投入。

2）制动解除。当起动条件全部满足时，控制机械盘式制动器，压力油进入液压缸，松开盘式制动器。

2. 静止状态

风轮处于顺桨位置，机械刹车未投入，风轮缓慢转动，便于排出叶片中的积水，可消除额外的离心载荷，避免冬季结冰，胀裂叶片。此时，由操作台手动可使风轮停止。

3. 起动

按动正常运行按钮后，叶片达到叶尖 70°攻角的起动位置，风轮转动速度加快。

4. 等待状态

当风力转速超过 3r/min，但此时风速尚不足以将风力发电机组拖动到切入的转速，或者风力发电机从小功率发电状态切出，还未重新并入电网时，机组自由转动，称为等待状态。这时控制系统做好切入电网的一切准备；机械刹车已松开；液压系统的压力保持在设定值上；风况、电网和机组的所有状态参数均在控制系统连续监测之中。

5. 空载高速运行加速状态

控制桨距角使风轮加速到额定转速以下，在风轮超过某转速时，发电机转速和电网频率同步。

6. 低负荷 I 运行

在转速接近小功率发电机同步转速的时刻，连接在发电机与电网之间的开关元件——晶闸管被触发导通（这时旁路接触器处于断开状态），晶闸管导通角随发电机转速与同步转速的接近而增大。当达到小功率发电机 1000r/min 的同步转速时，晶闸管导通角完全打开，经 1s 时间，旁路接触器吸合，发出吸合命令 1s 内应收到旁路反馈信号，否则旁路投入失败，正常停机；在旁路接触器吸合、晶闸管导通角继续完全导通的短暂时间内，绝大部分电流通过旁路接触器输送给电网，因为旁路接触器比晶闸管电路的电阻小得多；此后，在旁路反馈信号作用下，晶闸管停止触发，风力发电机组进入低负荷正常发电状态。

小功率发电机并网过程中，电流一般被限制在大发电机额定电流以下，如超出额定电流时间持续 3s，可以断定晶闸管故障，需要安全停机，由于并网过程是在转速达到同步转速附近进行的，这时转差率较小，冲击电流不大。

这一阶段的运行中，叶片叶尖攻角取最佳运行角（2°）。若 5min 内测量所得发电机功率值全部大于低负荷运行额定值，说明风速已足够使机组升到第 II 级的高负荷段运行。

7. 负荷 I-II 和负荷 II-I 的切换

执行从低负荷 I 向高负荷 II 的切换时，首先断开小发电机接触器，再断开旁路接触器；此时，小发电机脱网，风力机带动发电机转速迅速上升，达到大发电机 1500r/min 同步转速附近时，执行大发电机的软并网程序。

当 10min 内大发电机功率持续低于设定值时，控制系统将执行负荷 II-I 的切换，大发电机接触器和旁路接触器一次先后断开；脱网后，发电机转速将在原来高于 1500r/min 基础上进一步上升。由于转速连续检测和超速保护，只要转速低于超速保护的设定值，系统就开始执行小发电的软并网，并有电网负荷将发电机转速拖到略高于小发电机的同步转速。

8. 高负荷 II 运行

大发电机输出功率。部分负荷时，依据风速大小，调整发电机转差率使风力机尽量运行在最佳叶尖速比上。大风时变桨距功率调节系统有风速的低频风量和发电机转速控制，而风速高频风量产生的机械能波动则以发电机转速的迅速改变加以平衡，即通过发电机转子电流控制器以发电机转差率的变化吸收或释放风轮获得的瞬间风能，使风力机的输出功率特性达到理想状态。风速超过 30m/s，叶片叶尖攻角超过 30°时，风力发电机回到等待状态直到低风速为止。

9. 正常停机

如风况仍无改善，机组将由等待状态返回到静止状态，甚至返回到停机状态。

上述运行步骤是自动进行的；故障发生时刻自动停机，也允许手动停机，这取决于这一时刻的故障情况是稳定、渐变的还是不稳定、突发的。

10. 紧急停机

发电机与电网脱离，两部机械刹车同时投入，叶片顺桨起到空气动力刹车的作用，使机组很快停止下来。

10.4　风 电 场 的 监 控 系 统

为了确保风电场各台风力机的安全运行，风电场设置有先进的计算机监控系统，该系统一般由就地监控和中央监控两部分组成。通过就地监控可以了解到各台风力机的运行状况，如该风力机处风速、发电机电压、电流、功率因数、主轴转速、齿轮箱及轴承温度等。

中央控制系统设置在控制室内，通过监视器可以了解整个风场各台风力机的运行状况。中央控制系统除主机外，还有一套备用设备，可供主机故障时投入，可随时向工作人员提供所需的报告。

10.4.1　运行中主要监测的参数

风力发电机组需要持续监测电力参数包括电网电压、发电机输出电流、电网频率、发电机功率因数等。无论风力发电机组是处于并网状态还是脱网状态这些参数都被监测，用于判断风力发电机组的起动条件，工作状态及故障情况，还用于统计风力发电机组的有功功率、无功功率和总发电量。此外，还根据电力参数，主要是发电机有功功率和功率因素来确定补偿电容的投入和切出。

1. 电压测量

电压测量主要检测以下故障：

（1）电网冲击：相电压超过 450V，0.2s。

（2）过电压：相电压超过 433V，50s。

（3）低电压：相电压超过 329V，50s。

（4）电网电压跌落：相电压低于 260V，0.1s。

（5）相序故障：对电压故障要求反应较快。在主电路中设有过电压保护，其动作设置值可参考冲击电压征订保护值。发生电压故障时风力发电机组必须退出电网，一般采用正常停机，而后视情况处理。

2. 电流测定

关于电流的故障有以下几方面：

（1）电流跌落。0.1s内一相电流跌落 80%。

（2）三相不对称。三相中有一相电流与其他两相相差甚远，相电流相差 25%，或在平均电流低于 50A 时，相电流相差 50%。

（3）晶闸管故障。软起动期间，某相电流大于额定电流或者触发脉冲发出后电流连续 0.1s 为 0。

对电流故障同样要求反应迅速。通常控制系统带有两个电流保护，即电流短路保护和过电流保护。电流短路保护采用断路器，动作电流按照发电机内部相间短路电流整定，动作时间为 0～0.05s。过电流保护由软件控制，动作电流按照额定电流的 2 倍整定，动作时间为 1～3s。

电流是风力发电机组并网时需要持续监视的参量，如果切入电流不小于允许极限，则晶体管导通角不再增大，当电流开始下降后，导通角逐渐打开直至完全开启。并网期间，通过电流测量可检测发电机或晶闸管的短路及三相电流不平衡信号。如果三相电流不平衡超出允许范围，控制系统将发出故障停机指令，风力发电机组退出电网。

3. 频率

电网频率被持续测量，测量值经平均值算法处理与电网上、下限频率进行比较，超出时风力发电机组退出电网。

4. 功率因数

通过分别测量电压相角和电流相角获得，经过移相补偿算法和平均值算法处理后，用于统计发电机有功功率和无功功率。

由于无功功率导致电网的电流增加，线损增大，且占用系统容量，因而送入电网的功率感性无功分量越少越好，一般要求功率因数保持在 0.95 以上。为此，风力发电机组使用了电容器补偿无功功率。考虑到风力发电机组的输出功率常在大范围内变化，补偿电容器一般按不同容量分成若干组，根据发电机输出功率的大小来投入与切出。这种方式投入补偿电容时，可能造成过补偿，此时会向电网输入容性无功。电容补偿并未改变发电机运行状况。补偿后，发电机接触器上电流应大于主接触器电流。

5. 功率

可通过测得的电压、电流、功率因数计算得出，用于统计风力发电机组的发电量。风力发电机组的功率与风速有固定函数关系，如测得功率与风速不符，可作为风力发电机组故障判断的依据。风力发电机组功率过高或过低，可以作为风力发电机组故障判断的依据。风力发电机组功率过高或过低，可以作为风力发电机组退出电网的依据。

10.4.2 风力参数检测

1. 风速

风速通过机舱外的数字式风速仪测得。计算机每秒采集一次来自于风速仪的风速数据；每 10min 计算一次平均值，用于判别起动风速（风速 $v > 3 \text{m/s}$ 时，起动小发电机，$v > 8 \text{m/s}$ 时，起动大发电机）和停机风速（$v > 25 \text{m/s}$）。安装在机舱顶上的风速仪处于风力的下风向，本身并不精确，一般不用来产生功率曲线。

2. 风向

风向标安装在机舱顶部两侧，主要测量风向与机舱中心线的偏差角。一般采用两个风向标，以便互相校验，排除可能产生的误信号。控制器根据风向信号起动偏航系统。当两个风向标不一致时，偏航会自动中断。当风速低于 3m/s 时，偏航系统不会起动。

10.4.3 机组状态参数检测

1. 转速

风力发电机组转速的测量点有两个，即发电机转速和风轮转速。转速测量信号用于控制风力发电机组并网和脱网，还可用于起动保护系统，当风轮转速超过设定值 n_1 或发电机转速超过设置值 n_2 时，超速保护动作，风力发电机组停机。

2.温度

有八个点的温度被测量,用于反映风力发电机组系统的工作状况。这八各点包括增速器油温、高速轴承温度、大发电机温度、小发电机温度、前主轴承温度、后主轴承温度、控制盘温度(主要是晶闸管的温度)、控制器环境温度。

由于温度过高引起风力发电机组退出运行,在温度降至允许值时,仍可自动起动风力发电机组运行。

3.机舱振动

为了检测机组的异常振动,在机舱上应安装振动传感器。传感器由一个与微动开关相连的钢球及其支撑组成。异常振动时,钢球从支撑它的圆环上落下,拉动微动开关,引起安全停机。重新起动时,必须重新安装好钢球。

4.电缆扭转

由于发电机电缆及所有电气、通信电缆均从机舱直接引入塔筒,直到地面控制柜。如果机舱经常向一个方向偏航,会引起电缆严重扭转。因此偏航系统还应具备扭缆保护功能。偏航齿轮上安有一个独立的记数传感器,以记录相对初始方位所转过的齿数。当风力机向一个方向持续偏航达到设定值时,表示电缆已被扭转到危险的程度,控制器将发出停机指令并显示故障,风力发电机组停机并执行顺或逆时针解缆操作。为了提高可靠性,在电缆引入塔筒处还安装了行程开关,行程开关触点与电缆相连,当电缆扭转到一定程度时直接拉动行程开关,引起安全停机。

为了便于了解偏航系统的当前状态,控制器可根据偏航记数传感器的报告以记录相对初始方位所转过的齿数,显示机舱当前方位与初始方位的偏转角度及正在偏航的方向。

5.机械刹车

在机械刹车系统中,装有刹车片磨损指示器,如果刹车片磨损到一定程度,控制器将显示故障信号,这时必须更换刹车片后才能起动风力发电机组。

在连续两次动作之间有一个预置的时间间隔,使刹车装置有足够的冷却时间。以免重复使用刹车盘过热。根据不同型号的风力发电机组,可用温度传感器来设置延时程序。这时刹车盘的温度必须低于预置的温度才能起动风力发电机组。

10.5　陆上风电场运行维护措施

国内已建成陆上风电场,其设备维护、日常检查及经常性维护的具体内容,风力发电机组易损部件、风电场运行中的主要问题与采取的措施具体有如下内容。

10.5.1　风力机的定期检修维护

定期的维护保养可以让设备保持最佳状态,延长风力机的使用寿命。定期检修维护工作的主要内容有:风力机连接件之间的螺栓例行检查(包括电气连接),各传动部件之间的润滑和各项功能测试。

风力机在正常运行时,各连接部件的螺栓长期运行在各种振动的合力中,极易松动,为避免松动后局部螺栓受力不均被剪切,必须定期对其进行螺栓力矩的检查。在环境温度低于−5℃时，应使其力矩下降到额定力矩的80%进行紧固，并在温度高于−5℃后进行复查。对螺栓的紧固检查一般安排在无风或风小的夏季，以避开风力机的高出力季节。

风力机的润滑系统主要有稀油润滑（或称矿物油润滑）和干油润滑（或称润滑脂润滑）两种方式。风力机的齿轮箱和偏航减速齿轮箱采用的是稀油润滑方式，其维护方法是补加和采样化验，若化验结果表明该润滑油已无法再使用，则进行更换。干油润滑部件有发电机轴承、偏航轴承、偏航齿等。这些部件由于运行温度较高，极易变质，导致轴承磨损，定期维护时，必须每次都对其进行补加。另外，发电机轴承的补加剂量一定要按要求数量加入，不可过多，防止太多后挤入电机绕组，使电机烧坏。

定期维护的功能测试主要有过速测试、紧急停机测试、液压系统各元件定值测试、振动开关测试、扭缆开关测试。还可以对控制器的极限定值进行一些常规测试。

定期维护除以上三大项以外，还要检查液压油位，各传感器有无损坏，传感器的电源是否可靠工作等方面。

推荐定期维护的主要项目有：风力机转动部的轴承每隔3个月应注一次润滑油或脂，最长不能超过6个月，机场内的发电机等最长时间不能超过1年，视风力机运行情况而定；增速器内的润滑、冷却油每月都应检查一次是否漏油、缺油，一年应更换一次，至多不能超过两年；有刷励磁的发电机每周都应检查一次炭刷、滑环是否打火烧出坑，应检查、维修或更换；制动器的刹车片每月都应检查一次，调整间隙，确保制动刹车；液压系统每月应检查一次是否漏油；所有坚固件每月应检查一次是否松动，坚固件的松动往往会造成大的事故和损失；发电机输出用集电环和炭刷每月应检查一次是否接触良好，用电缆直接输出的也应检查是否打结，以防止解绕失灵而机械停机开关未起动，而造成电缆过缠绕。

单机使用的风力机整流给蓄电池充电，再经蓄电池DC/AC逆变器逆变或AC/AC逆变，应每天都检查一次蓄电池的充、放电情况及联锁开关是否正常，以防蓄电池过充、放电而报废，并对逆变器也进行检查，以防交流频率发生变化，可能对用电器造成损害。每天都应检查电控系统是否正常。

对微机控制的风力机应按上述各条进行日常维护，应尽量减少故障停机修理，以提高风力机的利用率。风力机也要靠日常维护保护良好状态才能正常运行，达到20～30年以上的使用寿命。

10.5.2 日常排故维护

风力机在运行当中，也会出现一些工作人员必须到现场去处理的故障，这样可同时进行以下常规维护。

首先要仔细观察。风力机内的安全平台和梯子是否牢固，有无连接螺栓松动，控制柜内有无烟味，电缆线有无位移，夹板是否松动，扭矩传感器拉环是否磨损破裂，偏航齿轮的润滑是否干枯变质，偏航齿轮箱、液压油及齿轮箱油位是否正常，液压站的表计压力是否正常，转动部件与旋转部件之间有无磨损，看各油管接头有无渗漏，齿轮油及液压油的滤清器的指示是否在正常位置等。

其次是听，听控制柜里是否有放电的声音，有声音就可能是有接线端子松动，或接触不良，须仔细检查，听偏航时的声音是否正常，有无干磨的声响，听发电机轴承有无异响，听齿轮箱有无异响，听闸盘与闸垫之间有无异响，听叶片的切风声音是否正常。

最后清理干净工作现场，并将液压站各元件及管接头擦净，以便于今后观察有无泄漏情况。

10.6　风力机易损部件

风电场的易损部件主要包括叶片、齿轮箱、发电机、控制系统、电器及液压系统等。

1. 叶片

当前海上风电场风力机一般都是三叶片结构，也是风力机制造商目前的主流选择。与可替换轮毂结合在一起的两叶片风力机，由于其转子运行速度比较高的优势，也将会流行起来。从可靠性来看，两叶片风力机的主要优势是减少了零部件的数量，降低了轮毂结构的复杂性，并且转子速度更容易被提升起来。

2. 齿轮箱

陆地风力机制造商，著名的 Enercon 和 Lagerwey 公司，专长生产直驱式风力发电机，不使用齿轮箱。目前主流风力机制造商生产的海上风力机主要是齿轮驱动。齿轮箱被普遍认为是风力机故障以及维修监控的主要设备，因而直驱式风力发电机将是未来发展的方向。

3. 发电机

异步发电机比同步发电机需要的维护要少。为了保护异步发电机免受海洋环境的破坏，用整体绝缘套对发电机进行包裹，使其内部免受海洋高盐分和高湿度环境的腐蚀。陆地风力发电机利用空气冷却，海洋用风力发电机则不建议使用空冷，封闭系统的水冷或气—气热交换可以保护风力机免遭海洋恶劣环境的侵蚀。

4. 控制系统

据统计，控制系统故障占总故障的 50%。尽量不要在偏航阻尼、叶片控制以及制动系统中使用多问题的液压系统。电路控制是首选，利用电路控制可以避免液压系统由于漏油可能带来的其他部件故障，以及潜在的火灾。

10.6.1　叶轮故障原理

1. 风力机叶片表面粗糙度

风力机叶片的长期旋转导致叶片表面会产生积灰和粘有昆虫尸体，从而造成风力机叶片表面变得粗糙；油漆破裂、坏洞以及结冰均会造成叶片表面损坏，表面粗糙度增加。粗糙度增加破坏了叶片表面有利的空气动力场，从而降低风力机的电力输出。特别从长远效应观察，此影响是不可忽视的。因此，必须对风力机的电力输出特性进行在线监测。

2. 转子的不平衡

旋转叶片若产生转子不平衡，则会导致叶轮的振动，增加了风力机损坏的几率。图 10-2 所示为三叶片风力机的简化示意图。当转子存在不平衡时，可以用叶素质量 m 来描述其特性。假设旋转速度为 ω，距离转子中心 r 处叶素质量为 m，产生的离心力的绝对

值为

$$F_C = ma_C \tag{10-1}$$

$$a_C = \frac{(2\pi f r)^2}{r} = \omega^2 r \tag{10-2}$$

对于叶片而言，三个叶片的转速相等，因此在平衡条件下，其质量平衡满足如下关系式

$$m_1 r_1 = m_2 r_2 = m_3 r_3 \Rightarrow F_{C1} = F_{C2} = F_{C3} \Rightarrow \boldsymbol{F}_{C1} + \boldsymbol{F}_{C2} + \boldsymbol{F}_{C3} = 0 \tag{10-3}$$

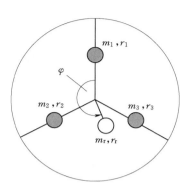

图 10-2 质量不平衡的简化示意图

从式（10-3）可以看出，质量平衡时，各叶片离心力的绝对值相等。三力的向量和为零，如过参数 m_i 和 r_i 发生改变，这里 $i=1，2，3$，那么风力机叶轮就会产生质量不平衡。引起质量改变的原因多种多样，如叶片腐蚀穿洞、结冰会引起叶片质量的不平衡；某叶片内部结构松动，在转动条件下就会向叶尖移动，也造成质量不平衡。

转子 r_r 处不平衡质量用 m_r 来表示，对转子轴产生一个 $F_{CR} = m_r r_r \omega^2$ 的离心力。由于质量不平衡，周期性旋转导致产生振动，其振动频率等于旋转速度，即为一倍频。

3. 空气动力场不对称

对于变桨距风力机，组装误差会导致叶片攻角不一致，造成空气动力场不对称。制造误差以及运行中造成的永久变形，也会导致空气动力场的不平衡。空气动力场的不对称导致叶轮产生振动，增加了风力机故障概率。

叶片空气动力决定于攻角和叶型，空气动力场的不平衡造成每个叶片的推力严重失调。如图 10-3 所示，在设计攻角 θ_1 下的推力 F_{T1} 要比故障攻角 θ_2 下的 F_{T2} 大。这样在设计攻角下，产生振动激励力更小，产生的轴和机舱的振动也更小。

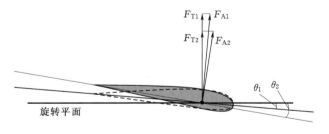

图 10-3 叶片受力分析图

叶轮每旋转一周，产生两种振动：一种是沿着风轮轴向的轴向振动；另一种为围绕塔柱的扭转振动。在叶片的推力下导致机舱和塔柱的弯曲，从而导致产生振动。当某一叶片处于垂直向上方向时，其产生轴向振动最大；当叶片处于水平方向时，其产生的扭转振动最大。对于三叶片风力机而言，每旋转一周叶片有三次处于垂直向上的方向，因此轴向振动的频率为三倍频。对于扭转振动而言，每旋转一周同样有三次处于水平方向，因而其振动频率也为三倍频。从机舱顶部观察，逆时针旋转时，叶片对塔架产生最大扭矩时位于左侧水平方向时。而在右侧时，则会产生最大的反作用扭矩。

10.6.2 传动机构

引起轴产生故障的主要原因为：在超设计负荷下工作；扭矩超负荷；材料、加工问题；在输送和组装的过程中损坏；由于转子的不对称导致弯曲现象；连接部件的轴偏心轴承和支撑部件组装有误。

上述因素都会导致传动机构损坏或者不平衡。可通过两个垂直布置的电涡流传感器对轴振动进行监测，提供轴心轨迹和位移的信息，此故障的特征频率为 2 倍频。对轴承进行 2 倍频信息状态监测，也可用来评估轴振动中 2 倍频谱的频幅和相角。采用上述方法来对 1 倍频信号进行分析，可发现轴质量不平衡故障。

10.6.3 滚动轴承

在风力机齿轮箱和发动机里有滚动轴承，属于常发生故障部件，为了使风力机能长期稳定运行，必须对滚动轴承进行状态监测。表 10 - 1 给出了轴承常见故障及其产生原因和结果。

表 10 - 1 轴承的常见故障及其产生原因和结果

种类	损坏	原因	结果
磨损	磨损	在设计负荷下表面摩擦，润滑不好导致磨损	轴承间隙增加
	疲劳	高负荷，最后超过设计负荷	破裂以及产生破碎
超负荷	变形	超负荷的磨损	滚动原件或环形原件塑性表面变形
	破裂		滚动原件或环破裂
超温	热应力损坏	超温运行或者冷却时间较短	轴承部件损坏
	超高温运行	超速，因生热而发生变形	
腐蚀	表面腐蚀	润滑剂含水或者环境污染，如近海风电场的海水	磨损增加，润滑剂污染
导电	表面损坏	由于雷击而传递高压电流	高度磨损，表面黏附，由于电力和表面黏结

1. 统计算法

采用统计算法来分析振动传感器的时间信号，从轴承上采集的往往是离散的信号。若轴承发生损坏，在振动信号中则可发现一个高能声频脉冲（峰值信号）。可采用统计分析算法来确定该峰值信号。统计算法的优点是可实现轴承的在线监测；缺点是无法根据峰值的大小准确判断出是属于哪一种故障。

2. 时间序列分析

时间序列分析方法仅需从振动传感器采集的时间信号，就可计算诊断值 D_V，表达式如下

$$D_V(t) = \frac{a_{RMS}(0)\hat{a}(0)}{a_{RMS}(t)\hat{a}(t)}$$

D_V 值与轴承工作状态的对应关系见表 10 - 2。信号分析的频率范围通常为 0～20kHz。

表 10-2　D_V 值与轴承工作状态的关系

$D_V(t)$	轴承的工作条件	$D_V(t)$	轴承的工作条件
>1	在性能良好的条件下工作	0.2~0.02	损坏加剧
1~0.5	正常	<0.02	已损坏
0.5~0.2	开始损坏		

3. 频谱分析

所有的轴承都会有一定频率的振动，这就是所谓的故障频率。其取决于轴承和滚动部件的形状以及旋转频率。可采用快速傅里叶转化方法（Fast Fourier Transformation，FFT）对周期信号进行分析。标准快速傅里叶函数来分析固定频率的振动信号；进行变速条件下振动信号的阶次分析以及轴承状态以及包络线频谱分析。

10.6.4　齿轮故障

表 10-3 详细列出了齿轮箱中齿轮常见故障及其产生原因和结果。

表 10-3　齿轮常见故障及其产生原因和结果

种类	损坏	原因	结果
裂缝，破裂	齿牙破裂	极限扭矩负荷，齿轮箱内碎片	破裂或者断齿
	齿面破裂		表面脱落
齿面	破裂，坑，灰色标记，表面脱落，磨损，腐蚀	不合格的几何尺寸，扭矩超负荷，振动	
超温	热应力损坏	超温运行或者冷却时间较短	轴承部件损坏
	超高温运行	超速，温度过高引起变形	
腐蚀	表面腐蚀	润滑剂含水或者环境污染，如近海风电场的海水	磨损增加，润滑剂污染
导电	表面损坏	由于雷击所以轴承必须传递高压电流	高度磨损，表面黏结

注　齿轮故障频率的计算方法与前面提出的相似，不同的是齿轮的频率为 f_T，对于每一个齿轮，f_T 都与旋转频率 f_R 以及齿轮牙数 t 相关，表达式为

$$f_T = f_R t$$

大部分的概率统计算法中，上述轴承的时间序列分析和频谱分析也可以用于齿轮的振动分析。此外，边频带分析也是分析齿轮故障的有利工具。若是变速风力机，则采用阶次分析可准确地获得频谱峰值。若齿牙发生故障，每旋转一周，都会产生一个更强的脉动信号。因此在时间序列会产生一个齿轮咬合频率的脉冲，其频幅与轴或齿轮旋转频率频幅不同。从信号分析角度看，这是齿轮的载波频率和旋转频率的频幅。应用傅里叶函数处理信号，可以看到在载波频率出现峰值的频谱。

10.7　风力机故障分析

10.7.1　叶片故障分析

风力机叶片的故障可从运行年限、运转声音、装机地点等方面着手分析和诊断。

10.7.1.1　风力机叶片逐年受损情况

风力机正常运行情况下，叶片会在不同年限出现下列相应受损状况。

两年，胶衣出现磨损、脱落现象，甚至很出现小砂眼和裂纹。

三年，叶片出现大量砂眼，叶脊迎风面尤为严重，风力机运行时产生阻力，事故隐患开始显示。

四年，胶衣脱落至极限，叶脊可能出现通腔砂眼，横向细纹及裂纹出现，运行阻力增加，叶片防雷指数降低。

五年，是叶片损坏事故高发年限，叶片外固定材料已被风砂磨损至极限，叶片粘合缝已露出。叶片如同在无外衣的状态下运转，横向裂纹加深延长。这种状态下，风力机的每次停车子振所发生的弯扭力都可能使叶片内粘合处开裂，并在横向裂纹处折断。通腔砂眼在雨季造成叶片内进水，湿度加大，防雷指数降低，雷击事故增加。

六年，某些沿海风力机叶片已磨损至极限，叶片迎风面完全是深浅不均匀的砂眼，阻力增加，发电量下降。此时叶片外固合材料已完全磨尽，只是依靠自身的内固合在险象中运转，随时都可能产生事故。

10.7.1.2　声音辨别叶片受损技巧

一般柔性叶片运行两年后，刚性叶片运行三年后，如果叶片叶尖处出现砂眼、软胎、开裂、叶尖磨平现象，三叶片运转时声音是一致的。叶片转动至地面角度时，所发出的是刷刷声音。如果出现呼呼之声和哨声，证明有单支叶片已经出现受损现象，需要停车检查叶尖部位和整体叶片的迎风角面，观察叶刃自上而下是否有横纹现象。总之，三个叶片同时出现隐患的概率极低，从运转声音上最易判断是否存在事故隐患。

10.7.1.3　沿海和干旱地区叶片

沙漠地区的风力机叶片比沿海地区的清洁，原因是叶片迎风面形成马面和砂眼后，沿海地区的叶片麻面砂眼内存留的是空气中的污物和蚊虫，所以沿海地区的叶片迎风面容易污染。而沙漠地区由于无污染，蚊虫较少，砂眼内的污物很难形成，所以视觉中要比沿海地区清洁。其次，沿海地区的叶片砂眼污物是靠湿度和雨水自身清洗，而沙漠中的砂眼内污物是吹沙打磨，视觉上截然不同，叶片迎风面的洁净并非表明叶片完好无损。

实践证明，沙漠中叶片胶衣脱落、麻面、砂眼的形成比沿海地区至少提早一到两年。隐患形成后的加重速度是沿海地区的几倍。叶片、叶尖开裂的年限比沿海地区提前两年。在沙漠地区判断风力机叶片是否有隐患，可以通过运行时的杂音大小判别，若有呼哨声应引起注意。

10.7.2　齿轮箱故障分析

齿轮箱常见故障有齿轮损伤、轴承损坏、断轴、油温高和油渗漏等。

10.7.2.1　齿轮损伤

齿轮损伤的影响因素很多，包括选材、设计计算、加工、热处理、安装调试、润滑和使用维修等。常见的齿轮损伤有断齿和齿面损伤两类。

（1）断齿。断齿常由细微裂纹逐步扩展而成。根据裂纹扩展的情况和断齿原因，断齿可分为过载折断、疲劳折断以及随机断裂等。

过载折断总是由于作用在轮齿上的应力超过其极限应力，导致裂纹迅速扩展，常见的原因有突然冲击超载、轴承损坏、轴弯曲或较大硬物挤入啮合区等。断齿断口有呈放射状花样的裂纹扩展区，有时断口处有平整塑性变形，断口处常可拼合。仔细检查可看到材质的缺陷，齿面精度太差，轮齿根未作精细处理等。在设计中应采取必要的措施，充分考虑预防过载因素。安装时防止箱体变形，防止硬质异物进入箱体内等。

疲劳折断发生的根本原因是轮齿在过高的交变应力重复作用下，从危险截面的疲劳源起始的疲劳裂纹不断扩展，使轮齿剩余截面上的应力超过其极限应力，造成瞬时折断。产生的原因是设计载荷估计不足、材料选用不当、齿轮精度过低、热处理裂纹、磨削烧伤、齿根应力集中等。故在设计时，要充分考虑传动的动载荷谱，优选齿轮参数，正确选用材料和齿轮精度，充分保证加工精度，消除应力集中因素等。

随机断裂的原因通常是材料缺陷，点蚀、剥落或其他应力集中造成的距离应力过大，或较大的硬质异物落入啮合区。

（2）齿面疲劳。齿面疲劳是在过大的接触剪应力和应力循环次数作用下，轮齿表面或其表层下面产生疲劳裂纹并进一步扩展而造成的齿面损伤。其表现形式有早期点蚀、破坏性点蚀、齿面剥落和表面压碎等。特别是破坏性点蚀，常在齿轮啮合线部位出现，并不断扩展，使齿面严重损伤，磨损加大，最终导致断齿失效。正确进行齿轮强度设计，选择好材质，保证热处理质量，选择合适的精度配合，提高安装精度，改善润滑条件等，是解决齿面疲劳的根本措施。

（3）胶合。胶合是相啮合齿面在啮合处的边界膜受到破坏，导致接触齿面金属熔焊而撕落齿面上金属的现象。很可能是由于润滑条件不好或有干涉引起。适当改善润滑条件和及时排除干涉起因，调整传动件的参数，清除局部载荷集中，可减轻或消除胶合现象。

10.7.2.2 轴承损坏

轴承是齿轮箱中最重要的零部件，它的失效会引起齿轮箱灾难性的破坏。轴承在运转过程中，套圈与滚动体表面之间经受交变负荷的反复作用。由于安装、润滑、维护等方面的原因而产生点蚀、裂纹、表面剥落等缺陷，使轴承失效，从而使齿轮箱体产生损坏。

据统计，在影响轴承失效的众多因素中，属于安装方面的因数占16%，属于污染方面的原因也占16%，而属于润滑和疲劳方面的因素占34%。使用中70%以上的轴承达不到预定寿命。因而，重视轴承的设计选型，充分保证润滑条件，按照规范进行安装调试，加强对轴承运转的监控是非常必要的。通常在齿轮箱体设置了轴承温控报警点，对轴承异常高温进行监控。同一箱体上不同轴承之间的温差一般也不超过15℃，要随时随地检查润滑油的变化，发现异常立即停机处理。

10.7.2.3 断轴

断轴也是齿轮箱常见的重大故障之一。原因为轴在制造中没有消除应力集中因素，在过载或交变应力的作用下，超出了材料的疲劳极限所致。对轴上易产生的应力集中因素要给予高度重视，特别是在不同轴径过渡区要有圆滑的圆弧连接。此处的光洁度要求较高，也不允许有切削刀具刃尖的痕迹。设计时，轴的强度应足够，轴上的键槽、花键等结构也不能过分降低轴的强度。保证相关零件的刚度，防止轴的变形，也是提高轴的可靠性的相应措施。

10.7.2.4　油温高

齿轮箱油温最高不应超过 80℃，不同轴承之间的温差不得超过 15℃。一般的齿轮箱都设置有油冷却器和加热器，当油温低于 10℃时，加热器会自动投入，对油池进行加热；当油温高于 65℃时，油路会自动进入冷却器，经冷却降温后再进入润滑油路。如齿轮箱出现异常高温现象，则要仔细观察，判断发生故障的原因。首先要检查润滑油供应是否充分，特别是在各主要润滑点处，必须要有足够的油液润滑和冷却。再次要检查各传动零部件有无卡滞现象。还要检查机组的振动情况，前后连接是否有松动等。

10.7.3　发电机故障分析

发电机故障原因和排除方法有如下几种：

（1）风轮转速明显降低或不转。主要原因及排除方法有：发电机轴承润滑不良或卡滞，应加注润滑油或更换轴承；风轮叶片变形，应校正或更换风轮叶片；制动带与制动盘之间间隙过小，应调整；发电机轴断裂或磁块脱落，应更换发电机转子，嵌入新磁块，消除碎磁块；风轮调向复位失灵，应排除异物，消除卡滞，拧紧尾翼松动处。

（2）剧烈振动或异响。主要原因及排除方法有：塔架地脚螺栓或拉线松动、松脱，应予紧固，调整塔架保持竖直位置；风轮静不平衡，可用涂漆法使其静平衡。

（3）电压偏低或不稳。主要原因及排除方法有：整流二极管断路，应更换；发电机与控制器之间线路中断，应接通；发电机线圈断路，应重新接线或更换线圈；连接蓄电池的线路中断，应清除氧化物，拧紧接线卡，接通其他断路处。

10.7.4　风力机偏航系统故障分析

1. 偏航误差

当转子不垂直风向时，风电机存在偏航误差。偏航误差意味着能量只有很少一部分可以在转子区域流动。如果只发生这种情况，偏航控制将是控制向风电机转子电力输入的极佳方式。但是，转子靠近风源的部分受到的力比其他部分要大。一方面，这意味着转子倾向于自动对风偏转；另一方面，这意味着叶片在转子每一次转动时，都会沿着受力方向前后弯曲。存在偏航误差的风力机与垂直于风向偏航的风电机相比，将承受更大的疲劳负载。

2. 偏航机构

几乎所有水平轴的风力机都会强迫偏航，即使用一个带有电动机和齿轮箱的机构来保持风力机对风偏转。偏航机构由电子控制来激发。

3. 电缆扭曲计数器

电缆用来将电流从风力机运载到塔下。但是当风力机偶然沿一个方向偏转太长时间时，电缆将越来越扭曲。因此风力机配备电缆扭曲计数器，用于提醒操作员应该将电缆解开。风力机还配备有限位硬开关，在电缆扭曲到设定角度时，一般为 720°，直接控制风力机解电缆。

偏航电机过负荷故障原因有：机械上有电机输出轴及键块磨损导致过负荷；偏航滑靴间隙的变化引起过负荷；偏航大齿盘断齿发生偏航电机过负荷；在电气上引起过负荷的原

因有软偏模块损坏、软偏触发板损坏、偏航接触器损坏、偏航电磁刹车工作不正常等。

10.7.5　塔架故障分析及塔筒防腐

风力机的塔基除了支撑风力机的重量外，还要承受吹向风力机和塔架的风压，以及风力机运行中的动载荷。它的刚度和风力机的振动有密切关系，特别对大、中型风力机的影响更大。

风力机运行中动载荷是风力机在起动和停机过程中，叶片频率对塔架的激振。工程上要求激振频率应避开塔架固有频率的 5% 以上。塔架固有频率可由下面简化公式计算

$$f_n = \frac{1}{2\pi} \sqrt{\frac{3EI}{(0.23m_t + m_{wt})L^3}} \qquad (10-4)$$

式中　m_t——塔架质量；

　　　m_{wt}——风轮质量。

当激振频率在塔架固有频率的 30%～140% 时，要考虑以下动态因子

$$D = \frac{1}{\sqrt{\left[1-\left(\frac{f_e}{f_n}\right)^2\right]^2 + \left[2\xi\left(\frac{f_e}{f_n}\right)^2\right]}} \qquad (10-5)$$

风力机运行后塔筒脱漆的现象普遍存在。原因是制造过程中除锈不彻底，喷漆过程中温差、湿度较大等因素。塔筒运行后的维护补漆采用物理除锈法和化学除锈法相结合的技术，除锈后的塔筒不存留任何锈点。一个未除净的锈点在塔筒内外温差较大时，气胀收缩会使内外塔筒漆产生裂纹，裂纹暴露在空气中并形成氧化面，氧化面与防腐漆脱离、起鼓、脱落。

底漆的补刷、温差和湿度是决定施工质量的关键。塔筒表面锈点是否除净是直接影响底漆与金属面黏结力强弱的关键。在补刷防腐漆的施工程序上，要根据原有漆面喷涂程序阶梯式补漆，使补刷面与原漆面形成交叉，有效提高连接能力。

第11章 其他风力机

在风力机的应用中，也有一些其他类型的风力机，这里介绍三种其他形式的风力机。

11.1 风道式风轮

将进入风力扫风面的风能加以"浓缩"，即提高该处的风能密度，并使风速较周围环境风速更为均匀，则该风轮的输出功率必然增加。

图 11-1（b）所示为风道式风轮的结构示意图，为安装风筒后受其壁面的影响，风轮叶片翼型流线的变化。处于自由流场中的风轮叶片，风轮之中及其前后，气流速度的径向分量都很小，因而气流作用在风轮上的径向力可忽略；在风道中，气流先渐缩后渐扩，流线在风轮扫风面处形成拐点，因而气流曲线运动形成的离心力对风筒壁面形成压力，其反作用是壁面对气流产生径向作用力，如图 11-2 所示，这就是进入风筒的气流收到挤压、浓缩，因而单位扫风面上的功率将得以提高。

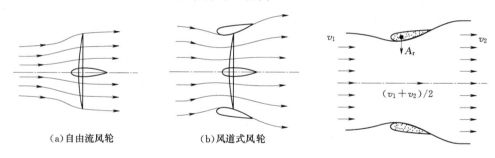

（a）自由流风轮   （b）风道式风轮

图 11-1　风道式风轮的流线图　　　图 11-2　风道气流速度变化

根据 Betz 定律，理想风力机的输出功率为

$$P_{id} = \frac{\rho}{2} \times \frac{16}{27} v_1^3 F \tag{11-1}$$

在风道中，因进入风轮的空气质量流量为

$$\dot{m} = \rho F \left(\frac{v_1 + v_2}{2} + v_i \right) \tag{11-2}$$

式中　$\dfrac{v_1 + v_2}{2}$——风轮前后气流的平均速度；

　　　　v_i——风筒型线产生的诱导速度。

则风道中风力机的功率为

$$P_t = \frac{1}{2} \rho F \left[\frac{1}{2} (v_1 + v_2) + v_\Gamma \right] (v_1^2 - v_2^2) \tag{11-3}$$

令 $\zeta = \dfrac{v_2}{v_1}$，$\mathrm{d}C_P / \mathrm{d}\zeta = 0$，略去 $(v_i / v_1)^2$ 等高价小量，可得最佳速比值为

$$\zeta = \frac{v_2}{v_1} = \frac{1}{3} \left(1 - \frac{2v_i}{v_1} \right) \tag{11-4}$$

从而获得风筒式风轮的最理想功率值为

$$P_{tid} = \frac{\rho}{2} \times \frac{16}{27} v_1^3 F \left[1 + \frac{3}{2} \frac{v_i}{v_1} \right] \tag{11-5}$$

那么，风道式风力机与自由流场中风力机的理想功率之比为

$$\frac{P_{tid}}{P_{id}} = 1 + \frac{3}{2} \frac{v_i}{v_1} \tag{11-6}$$

气流通过增加，可提高风道式风力机的功率输出。影响功率输出，即影响诱导风速 v_i 提高的因素有风洞翼型形状、风轮直径 D、风轮前后速比 (v_2 / v_1)、空气密度 ρ 等。风筒翼型缩放程度提高，达到同样缩放程度而翼型长度减小，均可提高风筒壁面对气流的作用力 A_r；D 减小、速比 (v_2 / v_1) 减小以及空气密度 ρ 增加也可提高诱导速度 v_i，增加风道式风轮的功率输出。

需要说明的是：上述关于风道式风力机输出功率的分析，建立在不考虑空气黏性无摩擦流动前提下。

11.2 "龙 卷 风" 风 轮

与涡流发生器相结合的风力机被称为龙卷风风力机。图 11-3 所示为龙卷风风力机的基本机理。该风力机带有风道，其目的是通过一个给定风能收集面，收集速度为 v_1 的风能之后，使筒内空气的流动速度提高。

被加速的空气通过筒内螺旋线装置的引导，形成如龙卷风一样的强烈涡流，而在涡流的核心，虽然气流的切向速度为 0。但该处形成一个相对于环境的较低负压力。在压差 Δp 的作用下，装置底部空气经由导流器进入涡流核心，形成垂直向上的风速，推动安装于立轴上的叶轮旋转，对外输出能量。做功之后的涡流核心气流以其剩余动能的大部分用于克服重力及转化为压力能，并与核心外的气流混合，最终从装置顶部排向周围环境。

以 2、3 分别表示叶轮进出口的状态，忽略叶轮进出口处气流温度的变化及其高度势能的差别，以 S_2 表示进口气流流通面积，则叶轮的输出功率为

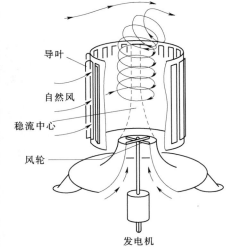

图 11-3 龙卷风风力机

$$p = \left(\frac{p_2}{\rho_2} - \frac{p_3}{\rho_3} + \frac{v_2^2 - v_3^2}{2} \right) \rho_2 v_2 S_2 \qquad (11-7)$$

如果以 Δp 表示环境压力与叶轮进口处压力之差，η 表示该压差能量转化为叶轮有效功的效率，$\dot{Q}_2$ 表示叶轮进口气流的体积流量，则式（11-7）可改写为另一形式，即

$$p = \eta \Delta p \dot{Q}_2 \qquad (11-8)$$

图11-2清楚地表明了强烈湍流产生后，装置内某高度横截面上从轴心到筒壁处气流压力、轴向速度以及涡流切向速度的变化情况。

由于风力机风能利用系数 C_P 的计算定义以垂直于风速的横断面积为基准，所以，"龙卷风"风力机的风能利用系数为

$$C_P = \frac{P}{\frac{1}{2} \rho v_1^3 HD} \qquad (11-9)$$

式中　ρ——环境空气密度；

v_1——风速；

H——进风筒高度；

D——进风筒直径。

对于很小的"龙卷风"风力机模型，因涡流核心区域极小，模型机的风能利用系数最大只达到 0.065；而对于大型机，涡流核心的轴向速度约为进入风筒气流切向速度的 7~8 倍，其风能利用系数可达 0.3~0.59。

11.3　热　气　流　风　力　机

热气流风力机主要由太阳能空气极热器、风力涡轮以及烟囱等设备组成，如图11-4所示。其工作原理为利用烟囱顶部密度较大的冷空气与其底部热空气的密度差形成的抽吸作用，以产生垂直向上的气流驱动风力涡轮发电。太阳能集热器则用于加热空气，提供烟囱抽吸功能的动力。

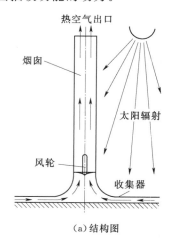

（a）结构图

（b）实物图

图11-4　热气流风力机

用热气流风力机发电时，其输出的电功率与装置在单位时间内采集的太阳辐射能之比，反映了装置能量转换利用的效率。它不但取决于风力涡轮—发电机组的机电效率，还与太阳辐射能强度、集热器面积、集热器面盖材料的透光性、地面土壤或岩石的物理性能等有关，也与烟囱的抽吸效率有关。

高度为 H_C 的烟囱，在烟囱出口环境空气密度 ρ_0 及烟囱内热空气平均密度 $\bar{\rho}_c$ 条件下产生的抽吸力总压差 Δp 为

$$\Delta p = \int_0^{H_C} (\rho_0 - \rho) g \, \mathrm{d}y = (\rho_0 - \bar{\rho}_c) g H_C \qquad (11-10)$$

这一总压差用于克服空气重力、空气与烟囱壁面摩擦力之外，剩余的压力能则由风力涡轮转化为机械能。所以烟囱优化设计中，在考虑成本、结构安全的同时，应尽可能提高烟囱高度、提高热空气温度并减少对外界散热、提高烟囱内壁面的光滑度等。

热气流风力发电机输出功率的基本关系式为

$$P = \frac{2}{3} \frac{g}{c_P T_0} \eta_{\mathrm{coll}} \eta_{\mathrm{wt}} G H_c A_{\mathrm{coll}} \qquad (11-11)$$

式中　　A_{coll}——集热棚面积，m^2；

H_c——烟囱高度，m；

G——太阳辐射强度，$\mathrm{W/m}^2$；

η_{wt}——风力发电机组效率；

η_{coll}——集热棚效率；

g——重力加速度，$\mathrm{m/s}^2$；

c_P——空气的比定压热容，$\mathrm{J/(kg \cdot K)}$；

T_0——环境温度，K。

参 考 文 献

［1］ 郭新生．风能利用技术［M］．北京：化学工业出版社．2007.

［2］ 吴治监，等．新能源和可再生能源的利用［M］．北京：机械工业出版社，2006.

［3］ 张希良．风能开发利用［M］．北京：化学工业出版社，2008.

［4］ 王承熙，张源．风力发电［M］．北京：中国电力出版社，2003.

［5］ ［丹麦］Martin O. L. Hansen．风力机空气动力学［M］．肖劲松译．北京：中国电力出版社，2009.

［6］ 霍志红，郑源，等．风力发电机组控制技术［M］．北京：中国水利水电出版社，2010.

［7］ Sathyajith Mathew. Wind Energy，Fundamental Resource Analysis and Economics［M］．2006.

［8］ Erich Hau. Wind Turbines（2nd edition）［M］．Springer，2006.

［9］ ［日本］牛山泉．风能技术［M］．刘薇，李岩译．北京：科学出版社，2009.

［10］ 何显富，卢霞，等．风力机设计、制造与运行［M］．北京：化学工业出版社，2009.

［11］ ［美］Tony Burton，等，著．风能技术［M］．武鑫译．北京：科学出版社，2007.

［12］ ［印］Mukund R. Patel．风能与太阳能发电系统-设计、分析与运行［M］．姜齐荣，等译．北京：机械工业出版社，2008.

［13］ 刘万琨，张志英，等．风能与风力发电技术［M］．北京：化学工业出版社，2007.

［14］ 叶杭冶．风力发电机组的控制技术［M］．北京：机械工业出版社，2006.

［15］ 钱翼稷．空气动力学［M］．北京：北京航空航天大学出版社，2004.

［16］ 宫靖远．风电场工程设计手册［M］．北京：机械工业出版社，2004.

［17］ 芮晓明，柳亦兵，马志勇．风力发电机组设计［M］．北京：机械工业出版社，2010.

［18］ ［苏］法捷耶夫．风力发动机及其在农业中的应用［M］．陈德华，等译，北京：农业出版社，1961.

［19］ 林宗虎．风能及其利用［J］．自然杂志，2008.30（6）：309－315.

［20］ 郭培军．我国的风能利用现状与思考［J］．科技信息，2008，23：598－598.

［21］ 沈坤元，编译．欧洲领导世界风电事业［J］．风力发电，2000（4）：11－14.

［22］ 时璟丽．中国风力发电价格政策分析研究报告内容摘要［J］．风力发电，2007，1：61－62.

［23］ 薛桁，朱瑞兆，杨振斌，等．中国风能资源储量估算［J］．太阳能学报，2001，22（2）：167－170.

［24］ 赵群，王永泉，李辉．世界风力发电现状与发展趋势［J］．机电工程，2006，23（12）：17.

［25］ 施鹏飞．2006年中国风电场装机容量统计［R］．2007.

［26］ 丁芹．中国200MW风能项目的开发与实施［D］．武汉：华中科技大学，2005.

［27］ 王永维．600W浓缩风能型风力发电机性能的实验研究［D］．呼和浩特：内蒙古农业大学，2001.

［28］ 盖晓琳．小型浓缩风能型风力发电机叶轮功率特性的试验研究［D］．呼和浩特：内蒙古农业大学，2007.

［29］ 韩巧丽．大容量浓缩风能型风力发电机模型气动特性的实验研究［D］．呼和浩特：内蒙古农业大学，2001.

［30］ 赵慧欣．浓缩风能型风力发电机螺旋桨式叶轮的实验研究［D］．呼和浩特：内蒙古农业大学，2005.

［31］ 张文瑞．浓缩风能型风力发电机气动与功率特性的实验研究［D］．呼和浩特：内蒙古农业大

学，2005.

[32]　徐丽娜．浓缩风能型风力发电机相似模型的功率输出特性对比实验研究 ［D］. 呼和浩特：内蒙古农业大学，2007.

[33]　张春莲．浓缩风能型风力发电机叶轮的风洞实验与研究 ［D］. 呼和浩特：内蒙古农业大学，2001.

[34]　张志玉．带小翼的风力机叶片气动性能的数值模拟及其优化 ［D］. 呼和浩特：内蒙古工业大学，2006.

[35]　朱德臣．水平轴风力机叶片附近区域流场的数值研究 ［D］. 呼和浩特：内蒙古工业大学，2007.

[36]　聂晶．小型风力机叶片的设计 ［D］. 呼和浩特：内蒙古工业大学，2005.

[37]　唐进．提高风力机叶型气动性能的研究 ［D］. 北京：清华大学，2004.

[38]　苏明军．水平轴风力机叶片翼型的气动特性研究 ［D］. 沈阳：辽宁工程技术大学，2006.

[39]　李秋悦．叶尖喷气对风力机气动性能影响的数值研究 ［D］. 沈阳：沈阳航空工业学院，2007.

[40]　张玉良．水平轴大功率高速风力机风轮空气动力学计算 ［D］. 兰州：兰州工业大学，2006.

[41]　马昊旻．水平轴风力机桨叶结构动力学特性研究 ［D］. 汕头：汕头大学，2001.

[42]　张义华．水平轴风力机空气动力学数值模拟 ［D］. 重庆：重庆大学，2007.

[43]　沈昕．水平轴风力机气动性能预测 ［D］. 上海：上海交通大学，2007.

[44]　张春丽．复合材料风力机叶片结构设计 ［D］. 上海：同济大学，2007.

[45]　张承东．风力机叶片的动力学特性分析及分形特征研究 ［D］. 天津：天津工业大学，2007.

[46]　张凯．立轴风力机空气动力学与结构分析 ［D］. 重庆：重庆大学，2007.

[47]　倪受元．风力发电讲座．第一讲"风力机类型与结构" ［J］. 太阳能，2001，4：25 - 27.

[48]　孙云峰．小型垂直轴风力发电机组的设计与实验 ［D］. 呼和浩特：内蒙古农业大学，2008.

[49]　田海娇．巨型垂直轴风力发电机组结构静动力特性研究 ［D］. 北京：北京交通大学，2006.

[50]　马晓爽．巨型垂直轴风力发电机组结构的风振响应 ［D］. 北京：北京交通大学，2007.

[51]　王丰．风电场风能资源评估与风力机优化布置研究 ［D］. 南京：河海大学，2009.

[52]　纪利．混沌遗传算法在风电场微观选址最优化中的应用 ［D］. 南京：河海大学，2010.

[53]　李泽椿，朱蓉，何晓凤等．风能资源评估技术方法研究 ［J］. 气象学报，2007（5）：707 - 719.

[54]　廖顺宝，刘凯，李泽辉．中国风能资源空间分布的估算 ［J］. 地球信息科学，2008（5）：551 - 556.

本书编辑出版人员名单

总 责 任 编 辑　陈东明

副总责任编辑　王春学　　马爱梅

责 任 编 辑　高丽霄　李　莉

封 面 设 计　李　菲

版 式 设 计　黄云燕

责 任 校 对　张　莉　梁晓静

责 任 印 制　王　凌　孙长福